TURING 图灵新知

不焦虑的数学

孩子怎么学
家长怎么教

贼叉 著

杜仁杰 绘

人民邮电出版社
北京

图书在版编目（CIP）数据

不焦虑的数学：孩子怎么学，家长怎么教 / 贼叉著；
杜仁杰绘. -- 北京：人民邮电出版社，2020.9
（图灵新知）
ISBN 978-7-115-53830-7

Ⅰ．①不… Ⅱ．①贼… ②杜… Ⅲ．①数学 – 普及读
物 Ⅳ．①O1-49

中国版本图书馆CIP数据核字(2020)第064012号

内 容 提 要

本书讲述了小学和初中阶段数学的学习方法，用经典例题剖析解题思路和知识难点，并探讨了如何提升计算能力、培养数学思维，以及养成终身受益的学习习惯，为小学和初中阶段的学生家长提高家庭辅助教育水平，学生打好数学基础，实现自学和自练，并根据自身条件有效提高成绩，提供了切实可行、容易上手的方法和思路，帮助读者解决数学学习和教育中的种种难题，让大家不再盲从错误的方法，减少学习中的焦虑感。本书适合小学和初中阶段的学生、家长和数学教师阅读。

◆ 著　　　　贼 叉
　　绘　　　　杜仁杰
　　责任编辑　戴 童
　　责任印制　周昇亮

◆ 人民邮电出版社出版发行　　北京市丰台区成寿寺路11号
　　邮编 100164　电子邮件 315@ptpress.com.cn
　　网址 https://www.ptpress.com.cn
　　涿州市京南印刷厂印刷

◆ 开本：720×960　1/16
　　印张：29　　　　　　　　2020 年 9 月第 1 版
　　字数：429 千字　　　　　2024 年 12 月河北第 24 次印刷

定价：99.00 元

读者服务热线：(010)84084456-6009　印装质量热线：(010)81055316
反盗版热线：(010)81055315
广告经营许可证：京东市监广登字 20170147 号

这本书和其他的数学书不大一样，它并不是面面俱到的。我将围绕着各种代数问题以及数学学习习惯的培养这两个大模块来写，并且试图打通小学和初中数学学习之间的衔接通道。

我为什么要写一本这样奇怪的数学书呢？

这本书不仅是写给那些在题海中苦苦挣扎的中小学生的，也是写给那些只能手足无措地看着孩子们在题海中苦苦挣扎而万分焦虑的家长的。

贩卖焦虑，多么令人痛恨的一个词，但是涉及孩子的教育问题，有几个家长能不焦虑，又有几个敢不焦虑？

于是乎，作为一个数学工作者，我希望用自己的专业技能帮助这些学生和家长缓解一下这样的焦虑。

现在的中小学生家长与上一辈家长相比，文化素养不可同日而语。当面对小学和初中的数学题的时候，这一代家长可以披挂上阵、斩敌马前，而且有着极强的辅导意愿——从网络上令人爆笑的家长辅导作业视频就可以看出，早已毕业的父母们重拾当年课本的现象比比皆是。

同样也是这些视频告诉我们这样一个深刻的道理：很多家长不会教。

当我们看到"老父亲""老母亲"们因为教不会娃而涕泪交加乃至歇斯底里时，必然会心生同情，同时兔死狐悲之感油然而生：他们的今天会不会就是我的明天？

自古以来有一种说法，再牛的师父也得易子而教，因为孩子对家长没有对老师的那种敬畏感。从心理学的角度来说，这是对的，但也并不绝对。

如果你关注一下各省历年的高考状元之后就会发现，他们中有很大比例是出身自教师家庭。家长的潜移默化是一方面，另一方面，会教和不会教看起来还是有些差别的。

所以这是我写本书的目的之一：教那些想教自己孩子的家长怎么教数学。

另外一个目的呢？

从小学到大学，我们经常会听见老师这样讲："这个东西等你们到了高中就会了""这个东西你们在初中应该已经学过了""这个东西你们小学老师没教过你们吗？"等等。

这些"三不管"的内容恰恰是数学问题中的烫手山芋，但是在上课的时候又很容易被轻轻带过。最典型的就是一元高次不等式，作为一个重要的知识点，一元高次不等式的解法是"姥姥不疼、舅舅不爱"，但奇怪的是，出题的时候大家都能想起它来。诸如这样的内容或者技巧其实还有不少，特别是在计算方面——高中数学老师通常默认学生的计算能力都是过关的。

这哪儿成啊！

所以我想把这些"三不管地带"给管一管，这样可以让学生在每个阶段的衔接上顺畅一些，平滑一些。

当然，除了技术之外，还有一些理念上的东西也希望和大家做个探讨，比如有很多朋友来咨询的诸如哪个培训班好、哪个老师好、什么时候该学什么之类的问题。

从道理上来讲，哪个机构好、哪个机构不好、哪个老师好、哪个老师不好、哪个阶段该学什么，这些问题真的是相对的。

两千多年前的孔老夫子告诉我们的因材施教的道理，到今天仍然适用。在义务教育阶段的娃，自控能力相当差，外界的影响占了很大的因素。所谓的好老师、差老师，那也只是统计意义上的，当具体到个人时，我真的没法建议。在小学和初中阶段，尤其是在小学阶段，衡量一个老师的标准其实在很大程度上取决于孩子对老师的喜欢程度。如果学生喜欢这个老师，他就能听得进、学得进，不喜欢就是白搭，不管老师是教授还是院士，都没用。所以，这个问题以后真的没必要再问其他人，没人能给出答案，只有试过才知道。如果一个老师没什么名气，但娃就是喜欢，他说什么，娃听什么，对娃而言那就是好老师。所谓众口难调，"甲之砒霜，乙之蜜糖"就是这个道理。名气大的老师适合娃的可能性或许会高一些，但这并不是绝对的。至于什么阶段该学什么，还是要看孩子的接受能力和兴趣爱好。以周围最顶尖孩子为参照来要求自己的孩子，无论对家长还是对娃，都是一种虐待，还是要具体问题具体分析。

其实在孩子的成长过程中，家长的作用是无可替代的。再好的老师面对几十个学生也是照顾不过来的，但是你可以多陪伴自己的孩子。陪伴是最长情的告白，这并不只是一句情话，在孩子的学习之路上，这句话简直就是孩子进步的不竭动力。反过来再想想，如果父母都管不好一个孩子，你觉得哪个老师的精力在分成四十份乃至五十份之后，还能比你更加上心，更能管好你的孩子？

至于说让很多家长色变的奥数问题，我也提一下个人的一个观点。如果为了升学要加大难度训练，建议最早从四年级开始：孩子是这块料，四年级也学得出来；不是那块料，太小的时候就毁了学习数学的兴趣，那以后真的就很难救回来。但是，一些培养兴趣的事情可以从孩子读小学时就开始做起来，比如玩数独、算 24 之类的数字游戏。至于初中和高中奥数，如果不是为了兴趣和应对自主招生需求的话，也确实没必要学。如果要学，也尽量在不影响或者较少影响其他科目成绩的前提下进行。

总之，我的目标是帮助读者们树立比较正确的数学教育理念，教会家长怎么教娃学数学，并且告诉大家在什么阶段该掌握什么、什么内容较为重要，等等。这样做或许比我直接教娃的效果要好，毕竟"虎爸狼妈"才是"熊孩子"进步最大的动力——好像有哪里不对，开个玩笑……

最后，学生和家长们读完了这本书，也许能有助于提升寻找老师的品位，能更好地甄别什么是好的数学老师、什么是糟糕的数学老师，回头不至于那么容易被培训机构忽悠。总而言之，我希望在这一点上能帮助到曾经在数学苦海里翻腾过十多年，本以为自己上岸了，结果发现又扑腾回去了的家长们。

比如，下面这个例子就忽悠"瘸"了很多人——画线法计算乘法，如下图：

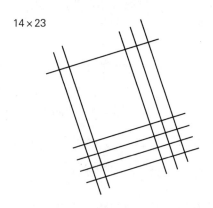

$$14 \times 23$$

嗯，这其实完全没用，比列算式还麻烦，无非就是个噱头。我国古代用算筹计算乘法就是这个样子。读完了本书，读者也许就没那么容易被骗了。

总之，希望这本书能对在数学苦海中翻腾的读者们有所帮助。

目 录

第一篇

数学学习那些事

小学篇

第三篇

初中篇

数学学习那些事

01
早期的训练

我首先想讲的是计算能力。为什么全书开篇就讲计算呢？因为大多数中小学生的计算能力真的……令人发指。

关于计算这个话题可以写很多书，而我之所以想仔细聊这个话题，是因为太多的朋友问过我这个问题："贼老师，孩子的数学成绩怎么才能提高？"

一般我会反问："孩子的计算能力怎么样？"

细细想来，很多时候，学生在做数学题时都能找到思路，但就是算不出正确结果来。如果能解决计算上的问题，数学成绩原地就能拔高。于是上述问题很自然的一个追问就是：**计算能力怎么提高？**

我有一个有点糊弄人、却是最好的答案：具体孩子具体分析，因材施教。

说了和没说一样。

各位不要向我扔砖，事实就是如此。就好像我再怎么科学地训练跑步，也成不了博尔特。因为每个学生之间的差异太大，所以不存在一种放之四海而皆准的教学方法能够让所有孩子练好计算——当然更不可能存在学好数学的通解。不过，我们总还是有一些基本的规律可以运用。接下来，我就要正式开始我的数学教学课了，欢迎大家批评指正。

　　我始终认为，在什么年纪就应该做什么年纪的事。比如，你能在读小学的时候就去学微积分吗？陶哲轩[①]同学，请你把手放下！好吧，我说的是一般的孩子……

　　很多人感慨自己的计算能力糟糕，一方面是因为天赋——这个并不需要回避。人和人之间计算能力的差别，不比人和聪明的狗之间的计算能力的差别小太多，所以一个班的孩子们在数学这个科目上的天分差异也许能横跨一个太平洋。如果不正视这一点，始终用"我家孩子其实挺聪明的，就是不用功"的话来自欺欺人，那么永远也不可能得到提高。

　　有家长问了："既然这样，那天分一般的娃学数学还有什么意义？"

　　对于同一个孩子来说，努力了就比不努力好，努力对了方向就比努力错了方向强。虽然大多数人是凡人，但做好自己难道不是有最大的现实意义吗？

　　计算能力从小学到初中其实分为两个阶段：小学阶段是培养对"数"的计算能力，初中阶段则是对"式"的计算能力。换句话说，从小学到初中，是具体的"数"的计算能力往抽象的"式"的计算能力过渡的一个过程。

　　而且与计算相关的内容，除非是孩子现学相关章节，否则其他考试几乎没有单独考计算的，但是几乎每道题目都离不开它。最要命的是，到了高中，甚至可能从初二开始，再想提高计算能力就是一件非常困难的事情了，因为没有专门的章节再让你去进行练习。

　　对大部分学生而言，计算能力就是一只可怕的拦路虎。我有着多年的高考阅卷经验，实在是见了太多计算不过关的样本。

　　必须指出的是，小学和初中的计算能力培养是一脉相承的。大量的抽象运算的能力和技巧来源于对数的运算。此时的计算能力对若干年后的高考的

[①]　陶哲轩，著名华裔数学家，数学菲尔兹奖获得者，7 岁就开始自学微积分。

影响可不像蝴蝶效应那样无法捉摸，而必须是正相关的——计算能力越强，高考数学越容易得高分，反之亦然。所以我们必须要抓住从小学到初一这段计算训练的黄金时期，因为只有在这段时间内，孩子才有机会进行系统性的计算训练，而且能配合大量的时间进行练习。

从小学到高中，数学学习的难度越来越大，区分度越来越高，靠数学成绩拉分的现象越来越明显。在小学阶段的数学考试是看不出什么差距的。有的孩子考了 99 分，是因为他只能考 99 分；而有的孩子考了 100 分，是因为卷子只有 100 分。这种差距到了高中就会被放大到不忍直视的地步。但是，良好的学习习惯、扎实的基本功的作用在小学阶段往往被忽视了，而这些必须从低年级就开始注意培养。

那么具体该怎么做呢？

一千多年以前，杜甫曾经写过"随风潜入夜，润物细无声"的诗句。数感和兴趣的培养其实是一个长期的过程，"家学渊源"四个字可不是说着玩的。很多时候，高手都是受环境影响、被熏陶出来的。

我们在日常生活中会有很多机会接触到各种数。对于低年级的小学生来说，他们正处在积累感性认识的重要时期。要培养孩子对数的敏感性，对数感兴趣。

比如我们可以对孩子做这样的训练，让娃把房间里所有带数字的地方都找出来，同时对同类型的物品进行归类。举个例子吧，乐高现在差不多是每个孩子玩具的标配，那么我们可以让娃把积木按颜色、按形状来进行分类。类似地，我们可以问问孩子："房间里有几张凳子、几张桌子？"

别小看这类训练，这里包含的分类思想是近世代数里十分重要的一类问题，然而其训练的雏形可以追溯到低幼年龄段。是不是很神奇？

在这一阶段，我们要教会孩子合理地使用手指进行辅助运算。这是人的天性，不用白不用啊！人类之所以采用十进制的原因就是我们恰好有 10 根手指……如果我们每个人有 17 根手指，那现在最流行的恐怕就是十七进制了。

采用手指帮助计数和辅助计算近乎是人类的本能，所以孩子在这个阶段用此方法是完全必要的，不要一开始就禁止孩子使用这些天然的辅助手段。只有当孩子能熟练地进行计数之后，我们再来考虑计算能力。无论做什么训练，就是两条原则：循序渐进和持之以恒。千万不要动不动就觉得自己生了个天才，很多家长看到孩子取得一点成绩就无限放大。曾经年幼无知的我在高中的时候也觉得自己就是那种为了数学而生的男人，然而大学第一学期就把我打回了现实世界。保持平常心对于客观认识娃的水平有着极其重要的意义。

训练的过程一定是从 10 以内过渡到 20 以内再到 100 以内的加法、减法，再到混合加减。我们天然地接受加法和乘法，而抗拒减法和除法，所以，我强烈建议先把加法和乘法的基本训练过关，再进行减法和除法的训练。

当加法和乘法运算熟练之后，我们怎么过渡到减法和除法呢？这里建议从逆运算的角度来考虑。以减法为例：

$$8-5=?$$

从加法的角度来考虑，题目就转化成

$$?+5=8$$

这样做有两个好处。一是更符合人们的思维习惯。从我以往的阅卷情况来看，减法和除法出问题的概率高于加法和乘法。就像我们喜欢求导而讨厌积分一样，对于互逆的运算，我们总是喜欢一头而讨厌另一头。所以，从天然喜欢的角度引导训练，效果会更佳。

二是开始灌输方程的萌芽思想。这就是个最简单的一元一次方程，让孩子慢慢接受这样的方式，等到学习方程的时候就会衔接得很好。

还有一个困惑家长的问题就是：孩子需要大量刷题吗？刷题的时候需要控制时间吗？

家长会觉得一般小朋友都会比较反感刷题，有可能破坏他们对数学的兴趣。其实，学习在大多数情况下本来就是违反人的天性的，反感是正常的。然而，请问学习什么技能不需要对基础进行反复练习呢？乒乓球、围棋……中国男足踢得再烂，那也是有坚持基本功训练的，至于说效果，那是另一回事。所以，刷题肯定是必需的，趁早放弃不刷题就能把数学学好的想法，而且一开始就要控制时间。

至于是不是每天都要刷题，那就看实际情况了。就算不能每天做题，那也要做到经常练习，而且可以穿插进行各种训练，尽量不那么枯燥。同时，正向激励和负向激励要结合起来运用，不能光表扬或者只责罚，"恩威并用"才能起到良好的效果。

每次训练要计时，因为没有速度的正确率毫无意义。同类训练（比如 10以内加法，50 个一组）一段时间后，当家长发现孩子的计算正确率和速度都有明显提升时，就可以考虑减法训练，然后是加减法混搭。每次进行正确率和时间的统计，数据非常直观，而且不会骗人。这些训练的方法没有任何的技术门槛，需要的只是耐心。

用科学的方法进行督促，靠数据而不是靠感觉说话，才有可能让孩子的能力稳步提高。

02
把数学当语文来学

在孩子刚开始进行较简单的数的四则运算训练过程中，作为家长来说，没有太多的技巧可教，主要就是规范做题习惯、正确引导和陪伴。过了这个阶段，孩子开始进行较复杂的四则运算，比如带小数、分数的运算，或多位数运算等，这时候，技术层面就需要跟进了。

接下来我们看如何提高数的计算能力。

我们在学习语文或者英语的时候，经常听到"语感"一说。这里借用一下语感的概念，我们来谈谈"数感"。所谓数感，顾名思义就是对数的感觉。

很多家长一听："哎呀，你个教数学的怎么谈起感觉这么主观的东西来了？"其实，感觉在科学的发展过程中还是非常重要的，比如费马就感觉 $x^n + y^n = z^n$，当 n 为大于 2 的整数时，方程没有非零整数解。这个问题困惑了一批优秀的数学家超过 300 年的时间，最后由安德鲁·怀尔斯教授证明了它是对的，而且怀尔斯捎带手把代数曲线相关理论往前推进了一大步。

有的娃天分高，数感好；大部分普通的娃就需要慢慢培养数感，而且每个人能培养到什么高度也确实是有天花板的，强求不得。

在我的数学学习、教学过程中，我认为熟记一些数据其实对培养计算能力作用非常大，这些数据包括但不限于 100 以内的平方、3 到 10 的高次幂、

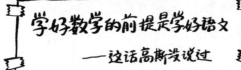

1 到 10 的算术平方根（精确到小数点后三位），等等。

> 贼老师，你不是讲数学吗？怎么学数学的方法变成了学语文和英语的方法了？背这些数有什么用吗？

> 当然有啊。我们先来看看背平方表有什么用。

你看，背这 100 个数（其实是 81 个，假如背下了 1 到 10 的平方数，那 20、30……一直到 90 的整十数平方数还要背？）需要用到什么数学知识或者数学技巧吗？举个例子，若 M 为紧致的凯勒（Kahler）流形，则其第一陈类中的任一 (1, 1) 形式 R，都存在唯一的一个凯勒度量，其里奇（Ricci）形式恰好是 R。你知不知道这件事，对能不能背下 100 以内的平方数来说毫无影响啊！甚至，你连儒歇定理这么简单的玩意儿都不知道也没关系。只要你像背单词那样去背就行，需要动脑筋吗？需要什么数学天赋吗？完全不需要。

如果孩子连这个都做不到，恕我直言，你觉得讲其他的方法，孩子能接受吗？果真如此，真的就别"白瞎"那些钱去上什么数学辅导班了。在我们即将提到的那么多学习数学的方法中，这个是最没有难度的，也是最容易自我检验的方法：你拿一张 A4 纸把这些数打印出来，就可以自行检验了。如果这一条都没过关，你再问其他的方法，恐怕也是徒劳无益的。

当然，如果只让你背，而不告诉你背的原因，那么你肯定会觉得自己在浪费时间。接下来我就告诉大家为什么要背这个东西。

数学这门学科在高考中的区分度非常大。不光是问题的思路难找，而且计算量大，特别是后面的解析几何和函数这两类题目的计算量更是惊人。如果把数学高考的时间拉长到四个小时，那么很多考生的分数会有所提升，因为计算的时间充裕了。

所以，计算熟练度在很大程度上决定了你的数学成绩。同样一张卷子，假定两个考生对知识点的掌握程度是一样的，但是一个人计算过关，一个人计算糟糕，两个人最后的分差达到 30 分是绝对有可能的。

然而令人遗憾的是，偏偏计算是最容易被忽视的地方。在课堂讲解的时候，几乎所有的老师都默认你计算过关了，但实际情况呢？呵呵，你自己心里清楚。

算得快就算不对，算对了就算不快。比如：1 234 289 341×2 380 412 123＝317 418 567 218 203 123。这一结果里要不是被我偷偷插进一个电话号码，我还真觉得挺像那么回事呢。这个结果是我随便打的，速度绝对快，但答案肯定错。当然，你吭哧吭哧地花三分钟做出来一个正确的结果，但因为速度太慢，其实也没有意义。

那么，如何把计算的准确度和速度有机地结合起来呢？首先，我们要来看计算错误是怎么产生的。

很多家长都会觉得孩子太粗心了，关于粗心的问题，我在后面会单独讲。

当然，除了摆正态度，还要有技术。

必须要明确一点：计算越复杂，出错的可能性就越大。我们对于简单运算出错的概率肯定小于复杂运算。也就是乘方、开方比乘除法容易犯错，乘除法比加减法容易犯错，抽象运算比具体运算容易犯错。

背平方表的直接目的就是把乘法变成减法来做。一般来说，如果一个人不用打草稿就能计算两位数乘以两位数，那已经可以认为这人的计算能力很强了。要达到这个目标，只要把平方表背熟了，就不是难事。

这里我们需要讲一个基本公式，即平方差公式

$$(a+b)(a-b) = a^2 - b^2$$

结合平方表，这个公式将大显神威。比如说 38×44，我们可以看成

$$(41+3)(41-3)=1681-9=1672$$

是不是很快？换句话说，如果两个两位数的和是偶数，我们总可以把它们的积写成 $a+b$ 和 $a-b$ 这种乘积的形式，把乘法直接变成了减法来做！假定平方数是直接背出来的，这样减少了计算环节，自然正确率就提高了。仍然以 38×44 为例，如果你列竖式，要涉及 4 次乘法、4 次乘法进位和 2 次加法。而用平方差公式就只要一次减法。你觉得哪个正确率高呢？

我们来看一个很简单的概率题：假设你每次简单计算的正确率是 99%，9 次运算后的成功率就下降到 91.4%。所以对于上面这道题，你如果只做一次减法，解题成功率就是 99%。是不是很神奇？

等等，贼老师，那如果两个数的和是奇数怎么办？

那也很简单，来看一个例子。

比如 31×52=？先算 31×51，按上面方法马上可以得到 1581，然后再加一个 31，那么就是 1612。具体怎么算，你可以自己试一试。

等娃能把整张表背会以后，家长自己每天就出 100 个题目考娃，十天半个月就能巩固得很好了。至于什么时候开始背平方表，我建议可以从三年级下学期或四年级上学期开始，孩子在这个时候的记忆力好，并且有一定计算的基础了。当然，孩子再大一点也没问题，初中之前都来得及。不过，假如年级太低了，对大多数学生来说可能并不好。一定要循序渐进，切勿操之过急，永远不要觉得自家孩子是天才，大部分的孩子只是平凡人。对孩子过高的期望是毁灭孩子的第一步。保持平常心。

但不得不说，如今很多中小学生家长展现出了极高的数学素养。以平方表为例，有的家长总结出了一堆规律：从 41 到 50，开头两位数就是从 16 到 25 这 10 个连续的整数，末两位就是从 81 到 00 这 10 个连续的反序平方数；若两个数之和为 50，那么这两个数的平方数的末两位相等。如果把这个规律拓展到 100 以内的平方表，我们发现两个数之和如果是 100 的话，那么这两个数的平方数的末两位数也是相等的；而且从 41 到 59，这 19 个数的平方数的前两位正好是从 16 到 34 这 19 个连续的自然数。不得不说，总结得非常漂亮！

为什么找到规律还要背平方表？我们又回到最初的问题：为什么要大家背平方表呢？不就是为了提升做题的速度嘛。

以前看过一个视频，武打明星梁小龙接受采访的时候和主持人玩了一个游戏：他捏一张十块钱的纸币，随时可能松手，然后让主持人做好准备去接，结果主持人每次都接不住。梁小龙的解释就是，你用眼睛看到纸币落下，然后再反应，这个时间肯定就不够了，只能凭感觉。

无独有偶，还有一个视频，就是路人甲戴上拳击手套去打一个职业拳手，职业拳手不还手、只闪躲，结果路人甲在一分多钟的时间内一拳都打不着人家。

这两个例子无非在说明一个道理：不要靠临场反应，要靠本能判断，要靠肌肉记忆。同样，理论上数学真的没什么需要记的东西，你如果基本概念够扎实，什么都能推导出来，但别忘了：考试是有时间限制的。

我一再强调：现在的数学考试玩的不光是难度，还有熟练度，你运算不够熟练是没有用的。所以正解还是要认真地去背。熟记平方表之后，如果孩子能够独立地发现上述规律，那就是非常棒的一件事；如果他发现不了，家长可以提示他：在这些数之间，你看有没有什么规律？

家长千万别自己找完了规律告诉孩子，那真的是毫无意义。人不渴的时候和快渴死的时候，拿到一瓶水的感觉是完全不一样的；一分钟对于在厕所坑位里的人和坑位外焦急等待的人，感受也是完全不一样的。我们把这个规律直接告诉孩子，最多换来他的一个"哦"，没准扭头就忘了。如果告诉孩子有规律，但不说破规律是什么，他在被折磨得快要"疯掉"的时候，自己突然悟出来了，这个东西他能记很久，信不信？哪怕孩子实在找不到，我们再告诉他，最终效果也比直接说出来要好。

那么问题又来了：既然要死记硬背，那么干吗还要找规律？探索规律的过程本身就是一个不断提升数学水平的过程。规律重要吗？很重要，但在考试中，规律只能起辅助作用，这个一定不要弄反。

为什么两个数的和是 50 或者 100，那么其平方数的末两位数就相等呢？你把 x 和 $100-x$ 或者 $50-x$ 的平方形式写出来，就会发现一个是 x^2，一个是 $x^2 - 200x + 10\,000$，两个数的平方数的末两位数只由 x^2 所决定，这就是规律背后的原理。

当然，我们还可以把平方表用得再灵活一些，让孩子从小学到初中的数学计算过渡能再自然一些，也就是说，让孩子从具体计算向抽象计算转变的时候能觉得不那么唐突。

事实上，我建议学生机械地背诵平方表的深层次原因是让他们更好地运用平方差公式。如果想让孩子有更好的体验，家长可以做这样一件事：请孩子分别计算 11×19，12×18，13×17，14×16，15×15，然后计算 21×29，

22×28，一直到 25 的平方数，然后再计算十位数分别为 3, 4, 5, ⋯, 9 的情况。要不了多久，孩子就会发现计算结果的尾数呈现出一定的规律。

这种规律是巧合吗？当然不是，这背后就是公式在起作用。那么这种规律对于三位数、四位数是否成立呢？我们不可能穷尽所有这种类型的乘法，那该怎么证明这是对的？只有靠公式。做完这个实验之后，也许孩子背平方表的积极性会大增呢。

当然，如果说数学就靠死记硬背，很多娃会不服。我们接下来看一个高级的应用：求平方根。

平方根的计算难度当然比算平方要大许多。我们可以在网上找一下手动开根号的算法，都有详细的说明。当然，这些算法在理论上可以想要算到多精确就有多精确，但是有一个缺点——慢。

很多时候，我们并不需要那么高的精度，只要小数点后一两位就够了，此时如果我们利用平方差公式，就可以快速估算出平方根来。

比如我们要估算 11.122 131 231 341 342 342 341 231 312 083 193 201 829 的算术平方根是多少？

首先，这个数在 9 和 16 之间，所以算术平方根开出来一定是 3.x，但是这个结果显然太粗糙。我们把 11.122 131 231 341 342 342 341 231 312 083 193 201 829 扩大 100 倍，变成 1112.213 123 134 134 234 234 123 131 208 319 320 182 9，可以看出这个数在 1089 和 1156 之间，所以我们可以更精确地估计，这个结果应该在 3.3 和 3.4 之间。

如果我们要精确到小数点后两位或三位，该怎么办呢？这个时候我们看看如何发挥公式的威力。

首先我们看完全平方的公式：

$$(a+b)^2 = a^2 + b^2 + 2ab$$

我们设 $(a+b)^2 = a^2 + b^2 + 2ab$，其中 $a=3.3$，接下来只要估计出 b 的大小即可。

不难看出 b 的值已经很小了，如果再平方一下几乎可以忽略不计，因此我们可以把 $a^2 + b^2 + 2ab$ 用 $a^2 + 2ab$ 来近似代替，则有

$$b = \frac{(a+b)^2 - a^2}{2a}$$

即

$$b = \frac{11.122\,131\,231\,341\,342\,342\,341\,231\,312\,083\,193\,201\,829 - 10.89}{2 \times 3.3}$$

当然，这个计算看起来还是很麻烦，不过我们注意到这一长串小数的千分位以后的数字基本上不会对结果有什么影响，于是可以把这个值近似为 11.12，这样就容易计算了。我们估算的最后结果是 3.335，误差在千分之一左右，是不是很精确？

数字能"玩"到这种程度，平方表就没白学！

除此以外，我顺便介绍一些速算的小技巧。当然，我并不能让你达到参加《最强大脑》节目的那种程度，只是给你指一个提高运算速度和正确率的方向。

数学研究的一条重要规律，就是从熟悉到陌生。对于速算的方式，我们也采用此种方法。

比如：

从 875 剥离出 125×7，从 16 中剥离出 8×2，2×7 得 14，后面再添 3 个 0。是不是很快？关键是还不容易错。

我们常说要做生活的有心人，事实上，我们也应该做学习的有心人。为什么能一下子想到 875 等于 125×7？如果联想到 $\frac{1}{8}$=0.125，这个拆分看起来就不那么突兀了。事实上，像一些常用的分数和小数的转化，包括循环节——$\frac{1}{6}$ 的循环节是 $0.1\dot{6}$，$\frac{1}{7}$ 的循环节是 $0.\dot{1}42\,85\dot{7}$，从 $\frac{1}{8}$ 到 $\frac{7}{8}$，等等，这些就应该是在小学阶段熟记的内容。

假设，黎曼猜想好难 × 曼 = 好难黎曼猜想，问："黎曼猜想好难"这几个字各代表什么数？简直张口就来：142 857。所以你说，积累重要不重要？

以上提到的需要背的数据只是一个基本范围，家长完全可以让孩子根据自己的具体情况总结。比如 3×37=111 就是个很有意思的结论，完全可以利用起来。从 3 到 27 之间所有 3 的倍数和 37 相乘，那么就可以得到 111、222、333……直至 999。还有像 1+2+3+…+100=5050，等等。你和孩子觉得有意思的数都可以要求孩子记下来。死记硬背的可靠性大多比自己算要强，这是铁律！

还有高次幂背到多少的问题。一般我建议 2 要背到 16 次幂（即 65 536），3 和 4 背到 8 次幂，5 到 10 背到 4 次幂，11 和 12 背立方。对数的记忆到这里暂时就告一段落了，基本数据加上个性数据都掌握好了，对于孩子计算速度的提升是大有裨益的。

除了数学，物理中也会用到估算的技巧。而熟记这些数据对于估算速度的提高也会很有好处的。把数学当成语文来学习，这也是一种技巧——只有快速而正确的计算才是有用的。

再次强调：家长一定不要代劳，要让孩子自己去搞！要做学习的有心人，家长可以引导，但绝不能代劳，一定要让孩子自己总结，家长的作用就是监督和引导。要是你什么都代劳了，娃就完蛋了。你只负责出主意、动动嘴，不要嫌孩子磨叽，你看不下去就自己动手，那样的话，孩子只会越来越磨叽……对孩子来说，你就是"上级机关"，只给指导意见和检查，千万不能越俎代庖，切记!

感觉上面这段文字好像自带语音效果，说得有点声嘶力竭了。不过，太多糟糕的学习习惯都是在小学阶段"养成"的，所以还是有必要把规矩定好。别片面强调鼓励教育的作用，孩子真的不缺鼓励他的人。

小学数学的系统性相对而言是比较弱的，知识点比较零散，所以更加凸显锻炼计算能力的重要性。看似简单的两位数乘以三位数，本质上包含了对数的分解再组合的一个过程，依靠的就是数感。

我经常能听到家长抱怨孩子脑筋不会转弯，不会灵活运用知识点，然而"灵活运用"这四个字最早的体现就是在对数进行拆分以后的运算，也就是巧算上。连数的巧算这样的意识都没有，那么其他的巧妙运算还能得心应手吗?

对于普通的学生来说，学数学的一个很大误区在于"头痛医头，脚痛医脚"。这是非常常见的错误。仅仅从数的计算上，我们看到了触类旁通的重要性和可能性。想快速计算出数值，要有积累、会判断，能熟练正确移动小数点，最后还要验算。大多数人认为:"计算错误不过粗心耳。"事实上，这是因为没有养成良好的学习习惯。在很多人眼里不起眼的数的计算能给我们正确的理念——计算，是一切数学的基础。我们就是要通过机械记忆提升计算速度，同时降低出错的概率。

> 这些工作都是可以用计算机代劳的。算那么快、那么好，有什么意义吗?

> 有啊，别忘了，考试可是拼手速的哟!

附：平方表

$1^2=1$	$10^2=100$	$20^2=400$	$30^2=900$	$40^2=1600$	$50^2=2500$	$60^2=3600$	$70^2=4900$	$80^2=6400$	$90^2=8100$
$2^2=4$	$11^2=121$	$21^2=441$	$31^2=961$	$41^2=1681$	$51^2=2601$	$61^2=3721$	$71^2=5041$	$81^2=6561$	$91^2=8281$
$3^2=9$	$12^2=144$	$22^2=484$	$32^2=1024$	$42^2=1764$	$52^2=2704$	$62^2=3844$	$72^2=5184$	$82^2=6724$	$92^2=8464$
$4^2=16$	$13^2=169$	$23^2=529$	$33^2=1089$	$43^2=1849$	$53^2=2809$	$63^2=3969$	$73^2=5329$	$83^2=6889$	$93^2=8649$
$5^2=25$	$14^2=196$	$24^2=576$	$34^2=1156$	$44^2=1936$	$54^2=2916$	$64^2=4096$	$74^2=5476$	$84^2=7056$	$94^2=8836$
$6^2=36$	$15^2=225$	$25^2=625$	$35^2=1225$	$45^2=2025$	$55^2=3025$	$65^2=4225$	$75^2=5625$	$85^2=7225$	$95^2=9025$
$7^2=49$	$16^2=256$	$26^2=676$	$36^2=1296$	$46^2=2116$	$56^2=3136$	$66^2=4356$	$76^2=5776$	$86^2=7396$	$96^2=9216$
$8^2=64$	$17^2=289$	$27^2=729$	$37^2=1369$	$47^2=2209$	$57^2=3249$	$67^2=4489$	$77^2=5929$	$87^2=7569$	$97^2=9409$
$9^2=81$	$18^2=324$	$28^2=784$	$38^2=1444$	$48^2=2304$	$58^2=3364$	$68^2=4624$	$78^2=6084$	$88^2=7744$	$98^2=9604$
	$19^2=361$	$29^2=841$	$39^2=1521$	$49^2=2401$	$59^2=3481$	$69^2=4761$	$79^2=6241$	$89^2=7921$	$99^2=9801$
									$100^2=10\,000$

扫码获得
平方表打印版

我家娃很聪明，就是粗心——你在胡说八道！

作为一个低情商又爱得罪人的数学老师，我又要来吐槽了。

我经常听见有的家长说："我家娃挺聪明的，但就是粗心！""我家孩子就是不努力，其实人还是聪明的。"

每每听到这样的话，我总是会露出尴尬而不失礼貌的微笑，然而心里会默念："聪明个鬼啊……"

如果评选"家长十大错误认识"，排名第一的恐怕就是"认为自己家孩子聪明"。总有家长对自己孩子的计算能力和数学天赋盲目自信。

原来我一直觉得自己算是会打乒乓球的，后来和我一个师弟过招，这家伙的水平属于浙江大学校队的边缘选手，他要是不让着我，我估计一局最多能赢两个球。后来机缘巧合，我和1992年巴塞罗那奥运会的男双冠军吕林指导打了几个球，从此我逢人就说："我不会打乒乓球。"

觉得自家孩子聪明的家长，十有八九是没见过真正聪明的孩子，他们口中"聪明的孩子"在很多时候我压根看不上眼。倒是有些家长嘴里说自家孩子很一般，孩子的能力却令人惊艳，这种情况反而不少。

老贼读了这么多年书，又教了这么多年书，见过一把一把的好学生，可还真没见过什么聪明的学生做题很"粗心"的。你可以问问你家娃，他在打

《王者荣耀》的时候会把百里玄策和百里守约这两个角色搞错吗？他为什么不会搞错？那是因为他对这个游戏已经完全掌握了，好吗？那做数学题的时候为什么就要错、错、错？那是因为他根本没搞明白，好吗？搞明白了就不会错！

家长会有"我家孩子挺聪明"的错觉，那是因为只要老师一讲，娃就都"明白"了，所以家长会觉得："我娃真的挺聪明，就是太粗心，经常这里看漏了、那里看错了。"

当然，有时候我也会用这话来安慰那些不太熟的朋友。但对于比较熟的人，我往往直接说得现实点：真聪明就不会犯这种错误。我也很奇怪，我这种人到现在竟然还能有朋友。

聪明本身就是一个很宽泛的词，一般来说往往是指接受能力强。家长觉得自己的娃聪明，也许是因为孩子游戏玩得好，或某种玩具玩得好等操作性的技能较强。但理论学习和实践技能本身是两个概念。动手能力强和数学学得好没有什么必然的联系，所以那种"我娃玩这个、玩那个可溜了，特聪明"的论断，就收一收吧。

而且，游戏打得好，真能打得有多好？估计也没多少家长见过真正的职业玩家，人家的手速真是快，操作起来"咔咔咔咔"的，根本不是娃打游戏时"哇啦哇啦"地乱叫。换而言之，娃就算爱打游戏，也未必是那块料，仅凭这些就断言娃聪明，恐怕是家长见识太少。

我就以平面几何为例谈谈"聪明"这事。平面几何的证明题是初中数学的难点，学生经常做不出来，但是老师一讲，几乎没有学生听不懂；讲完了之后，你过两天再问他，他又做不出来了——这叫聪明？而且学生"漏看"或者"错看"的那个条件，往往就是解题的关键。问题究竟出在哪里？是真的看错了吗？并非如此。更多的时候是学生根本不知道那个条件该怎么用。

事实上，一做就错，一讲就懂，再做不会，这是大多数学生的常态，难道这大多数的学生都是聪明的？不要麻痹自己，更不要欺骗自己，这种自欺欺人对于正确认识自己的水平没有任何的好处。

再说了，为什么会出现一听就懂，一做就错的现象？错是真错，懂是假懂。数学题从头讲到尾，为什么能听得懂？再难的题，分解到最后都是基本的知识点。平面几何那么庞大的体系，归根结底就是欧几里得四条半公设。讲到最后，你会发现搞来搞去就是三角形全等、等角的余角相等，等等，但是你在做题的时候往往会碰到"灵魂三问"：

- 这道题要不要加辅助线？
- 辅助线加在哪里？
- 我这么加到底对不对？

平面几何题目总结到最后就是二十个字：形同意不同，意同形不同；同形不同意，同意不同形。

老师这么一讲，只要不是那种心思完全不在学习上的孩子，肯定都能听懂。问题是，每个题目的背后都会有一个关键点，这个关键点恰恰就是一般学生想不到的地方。内行和外行的区别往往就在这个地方。

当年，相声大师侯宝林先生说《关公战秦琼》的时候，他扮秦琼时总会掖一下右袖，为什么？京剧里的秦琼左边是大袖，右边是小袖。但相声演员穿大褂，两边袖子一样，所以侯先生这样一掖，就高下立现了。

就问您一句：这段相声给您看一百遍，不说破这一点，您能注意到侯先生掖这一下吗？要命的是，很多时候孩子缺的就是这一下，所以他能模仿，但总是缺点什么。按说平面几何早就没有任何新鲜的东西了，可是为什么难题总出不完？

数学题目就是出不完也是做不完的，因为大多数学生根本意识不到最精要的地方所在。

所以，别再沉浸在类似"皇帝的新装"这样的自我安慰里了，大多数的娃都是普通的娃。认准定位，找到合适的办法，孩子的成绩还能升一升。人和人的智力水平存在差异是客观事实，如果不承认这一点，那成绩就一直在低水平徘徊着吧。如果能从这个误区中走出来，对症下药，孩子没准就能达到自己的巅峰。

千万别相信那些数学家的"鬼话"："努力就能学好数学。"华罗庚先生、陶哲轩都说过类似的话，他们都说自己不聪明，或者说智商在数学研究、数学学习中并不重要。但那真的都是鬼话！他们觉得智商在数学研究里的作用不大，是因为人家本身就有。亿万富翁可以说钱是世界上最没有用的东西，你能吗？

陶哲轩的爸爸妈妈曾经做过一个决定：鉴于 10 岁的孩子去读大学实在是太早了，还是等他成熟一点再接受高等教育吧。于是陶哲轩 12 岁才读了大学，当然，10 岁的陶哲轩已经拿到国际数学奥林匹克竞赛的铜牌了。

其实能真正称为天才的娃极少，大部分的娃是普通人，可家长非要觉得自己的娃有天赋、只是不细心，那真的就是一出悲剧了。

贼老师，这孩子挺聪明的，就是粗心，怎么办？

伸出手来！

04
"粗心"是个伪命题：怎么验算和打草稿

为啥孩子总是算错啊？经常会有家长回答："我家孩子就是粗心，其实人还是聪明的。"

升学考试很残酷的一点就是唯结果论。没人会在乎你的孩子到底是粗心还是笨，结果错了就是错了，娃的智商就是真的跟牛顿一样也白搭。

我之前讲过，从统计的角度来看，大部分孩子的智商水平差距确实不大，所以不要强调孩子错得多只是因为粗心，一定要找到深层次的原因，自欺欺人是于事无补的。在小学阶段，父母充当"虎爸狼妈"比甜言蜜语要管用得多，所以父母一定要在思想上纠偏。我经常被称为理工科的"钛合金直男"，所以我不会哄"玻璃心"。如果你想在本书中寻找慰藉，对不起，我办不到。只有正视娃的各种问题才有可能真正地帮到他们。

当然，有的家长可能对"粗心"这个事有不同看法。比如，脑子里想的是这个，写的却是那个，算不算粗心？还有，从上一步到下一步抄错了，算不算粗心？

在我看来，这就是不会。

之前我讲到了速算的一些基本方法，除此之外，还有一种计算能力往往被人们忽视：验算。

　　我所见过的顶尖高手没有粗心的，因为做一遍、验一遍这是最基本的工作。如果你连验算都检查不出对错，还敢说自己会计算？我们不妨回忆一下自己的学生时代，一般来说，有两种验算情况居多：一是把对的验算错了；二是啥也验不出来。问题出在哪里？

　　我大胆揣测，人对自己有心理暗示，潜意识里就默认自己做的东西是好的，完美的。不信你对着镜子扪心自问：我丑吗？有几个人能面对现实？比如我就觉得自己挺好看的……面对自己做的题，大脑可能会不由自主地拒绝"我的结果可能有错"这个结论。

　　当然，这也和检查的方式有关。我们检查数学题的方式往往就是"笔尖检查法"：用笔尖点着整个过程看一遍，仔细一点的人会重新算一下，然后发现："啊，我做得好完美啊……"最后换来一个大大的"叉子"。

　　举例来说：37×5等于多少？很简单，答案是185。可是，如果你粗心了，得到的答案是175，怎么办？很多学生检查就是拿支笔，点着自己的计算过程看两遍，这就是检查了。或者还有的人干脆就是按原来的方法再算一遍，仍然得到175。恕我直言，你这样能检查出个鬼啊！

　　这样的检查方式能奏效的概率还不如彩票中奖的概率高，除了浪费时间以外没什么太大的用处，找到错误的可能性微乎其微。

　　不知道大家有没有这样的经历：当你指点别人下棋的时候，总是妙手迭出，等到自己上手的时候却总是铩羽而归。在旁边观战和自己下场感觉就是象棋大师胡荣华下棋和路人甲下棋的区别。

为什么会这样？首先，你通常会忘记自己给别人支着儿时曾经下的臭棋，难得的高光时刻却比较容易被记住；其次，还真是旁观者清。

考试也是如此，当你身在考场的时候，总是会陷入这样一个境地：自己做的东西就是完美的。人往往会对自己的错误视而不见，因此你必须站在旁观者的角度来看问题，才能找到问题。也就是说，你用原来的方法去验算，十有八九是验算不出错的，而且最大的可能是把对的改成错的。

那么到底应该怎么办呢？

逆运算是一个不错的办法——加法用减法验算，乘法用除法验算，等等。

比如列竖式做 $11 \times 23 = 243$，你拿笔尖点着自己写的过程来检验，很可能检查不出问题。但只要做个除法，马上发现 243 不能被 11 整除啊！因为做除法的时候，其实你已经跳出了原来的思维定式，等于进入一个陌生的情境。在这种情况下，不能说一定能检查出所有的错，但是检查的有效性会大大提高。

能不能再高效一些呢？

当然可以！如果我们掌握一些整除的性质，甚至不动笔就能检验对错了。首先，我来介绍一些简单的整除的性质。

被 2 整除的条件，尾数是偶数；
被 3 整除的条件，各位数位上的数字之和能被 3 整除；
被 4 整除的条件，末两位数能被 4 整除；
被 5 整除的条件，末位数是 0 或 5；

被 6 整除的条件，同时能被 2 和 3 整除；

被 7 整除的条件，末位数乘以 2，所得的积与前面所有数字组成的数相减，若差能被 7 整除即可；

被 8 整除的条件，末三位数能被 8 整除；

被 9 整除的条件，各位数位上的数字之和能被 9 整除；

被 11 整除的条件，奇数位数字之和与偶数位数字之和的差能被 11 整除；

被 25 整除的条件，末两位数能被 25 整除；

被 125 整除的条件，末三位数能被 125 整除。

事实上，细心的读者又可以发现一条规律：能被 2^n 或 5^n 整除的数的规律是，这个数的末 n 位数可被 2^n 或 5^n 整除。

这里需要详细解释一下被 7 整除的数的特点，毕竟关于其他数的叙述还是很容易理解的。我们以 14 为例，首先把末位乘以 2，得到 $4 \times 2 = 8$，剩下的部分就是 1，做减法得到 $8 - 1 = 7$，结果是 7 的倍数，所以 14 可以被 7 整除。再看 294，$4 \times 2 = 8$，$29 - 8 = 21$，所以 294 也可以被 7 整除。

那 123 456 789 呢？

我们可以分多次。首先 $12\ 345\ 678 - 18 = 12\ 345\ 660$，即考察 1 234 566，重复以上步骤，可以依次得到 123 444、12 336、1221、120。好吧，这个数不能被 7 整除。

看明白了吗？

那么，如何运用这些基本规律呢？在实际应用的过程中，我们碰到的除数很可能是这些具有明显特点的数的乘积，那么我们就应该把除数进行质因数分解，然后逐个验证一个数能否被这些数整除。

有了这个规律，验算的速度就可以大大提高。接下来看如何应用这些规律。

比如 $432 \div 18 = 24$，这个答案对不对呢？首先，$18 = 2 \times 9$，所以，假如 432 能被 18 整除，就意味着 432 要同时被 9 和 2 整除，其末位数字是 2，所以被 2 整除没问题，$4 + 3 + 2$ 之和为 9，能被 9 整除也没问题。然后看尾数，24 的尾数和 18 的尾数乘积确实是 2。如果答案算成 34，就算 30 乘以 18 等于 540，大于 432，所以答案确实是 24。这里顺便说一句：尾数的相乘和相除往往是检查的第一道防线，非常的重要。如果有余数，那么就把商和除数相乘得到的尾数加上余数的尾数，看看是否等于被除数的尾数。这个检查技巧虽然简单，但是非常实用。

于是，我们不列一个式子就完成了验算，而且基本保证是对的。

再来看 15×18，如果得到的结果是 260，那怎么验算呢？很显然，260 的各位数字之和等于 8，并不能被 9 整除，而 15 和 18 的乘积应该至少可以被 27 整除，这个结果怎么可能会对呢？有了这套整除规律，你第一时间就能知道自己计算结果正确的概率。

到了初中，学生就要知道因式分解完了要乘回去看看，如果分解完的因式比较简单，比如包含 x 1 这个式子，那么就令 $x = 1$ 代入到原来的式子中去，看看原式是否等于 0。所以，我在学生时代都是算一遍、验一遍，你觉得我出错的可能性能有多大？

熟练运用这样的检查方法之后，能极大地提升检查的效率，并且降低检查出错的概率，把检查真正变得有意义，而不是拿支笔点着自己的过程一遍遍地浪费本不宽裕的时间，甚至干出"把对的改成错的"这类蠢事。

运算要形成一个统一的整体。到验算为止，运算就构成了一个完整的闭环。从加、减、乘、除，到初步的速算，再到如何用逆运算检验，你会发现是环环相扣的。

当然，数感在这里起到了非常重要的作用。我们进入了一个数字化时代之后，身边的很多东西都是数字的，你的手机号、银行卡号，开车时一路上看到的车牌号，都可以用来训练娃。

比如车牌号 59841，你就可以问问孩子："它能不能被 1 到 11 的整数整除啊？"车牌一晃而过，在没有纸笔记录的情况下，我们只能先看末尾数。59 841 的尾数是 1，所以不能被 2、4、5、6、8、10 这些数整除；5＋9＋8＋4＋1＝27，所以它可以被 3 和 9 整除；一步步变化，59 841—5982—594—51，所以它不能被 7 整除；5＋8＋1－4－9＝1，所以它也不能被 11 整除。瞬时记忆、心算、整除，啥都训练了，还有什么不知足的？

聪明的家长，你学会怎么训练自己的孩子了吗？你们在路上看见招商广告留的电话号码、飞驰而过的汽车、商品促销的折扣，这些统统都可以用来训练，素材实在是太好找了。这哪是出门购物，分明是满世界找数学题啊！长期坚持训练，何愁数感不加强呢？

数学难，难在综合运用。单个知识点分开看都很简单，但是一综合起来难度就上来了。而数学的思想就是在一点一滴中形成的。合抱之木，生于毫末；九层之台，起于垒土。追根溯源，运算问题的病根子很可能就在小学。你可以仔细对照着我所讲的内容，看看平时的运算中是不是存在这些问题。

学好了计算，你才有可能解决其他的数学问题，如果计算关都过不了，恐怕只能对着题目干瞪眼了。

再说抄错的问题。

我给低年级的孩子讲课，一般开头都是定规矩，草稿要打得工整，一定要让自己第一时间能够找到记录。

随着年级升高，数学题目越来越难，越来越少的题目可以做到一蹴而就。学生经常会草稿打到一半，然后卡住，这时候再换个题目做——这是很正常的操作，但如果你草稿打得乱糟糟，回来时要找半天刚才的解题过程，这不是浪费时间吗？

打草稿的习惯，或者说书写的习惯，这是小学就该养成的。那么请问有多少人成功养成了这个习惯？你从一团乱麻中急吼吼地誊写下一步出错的概率大，还是看得清清爽爽再往下抄出错的概率大？我不是要求每个学生都当书法家，草稿必须特别美观，我只要求草稿打得工整，这并不难做到。在草稿纸上，按序号给每道题打草稿；题和题之间留出空间，免得一会儿想出解法来了不够写；杜绝横七竖八、排列混乱的那种草稿。说说都是容易的，但是一场考试监考下来，能符合这个要求的草稿纸少之又少。

从数学的角度说，这篇文章没有什么技术含量。但如果你真做到了，就不会犯下那么多的低级失误。

至于像不等号两边乘以负数忘了变号，乘各项的时候字母前面的系数常数就忘了乘了，压缩映射的不等式放缩的时候$\frac{1}{2}$能小于$\frac{1}{3}$……你说这种低级错误叫粗心？我可不这么认为。这就是基本功不扎实，别找那么多借口和理由。

为什么会"小时了了，大未必佳"？

为什么有的孩子的数学学习"小时了了，大未必佳"的情况特别明显？这句话翻译成白话就是：为啥小学时数学成绩好，到了中学就不行了？

这个问题主要可能有这样几个原因。

首先，小学学的东西还是太少。虽然我们不能拿法国那种不按套路出牌的国家做标杆，但是我国小学数学的内容仍然偏少。目前，我们小学数学教育更多的还是让孩子们掌握一些关于数的基本运算和极为初步的应用，并且更多关注的是各种技能性的重复训练，数学逻辑思维能力的拓展十分有限。

如果不算组合数学和数论的部分，小学数学其实仅学了四则运算，以及面积计算和应用题。应用题和求面积算是小学数学难题的顶峰，然而，这两项一共也就那么几种模型和套路，只要你题目的数量刷到位，加上仔细一点，想在小学数学里拿个高分，其实是很容易的。我们经常会发现，娃要是考 90 分可能就低于平均分了，换而言之，小学数学的区分度有时是非常低的，因此这种"好"的水分还是很大的。

其次，有的小学数学讲的东西就是把初中的方法下放了。比如说，解应用题用方程，一元一次、二元一次方程直接就上了。这看起来很方便，但是会有一个隐忧：等到初中学的时候，学生就觉得这点东西我都会了，不听了。

然后呢？然后就惨了。

初中教授二元一次方程或者一元一次方程的目标和小学的教学目标是完全不一样的。小学的数学就是应用，这点简直就和物理学家一样——这帮家伙可从来不管理论基础是否牢靠，直接用就完了，然后数学家屁颠屁颠地过来帮忙，给地基浇上混凝土——啊，扯得远了。

但是，初中的数学已经开始有抽象思维的内容了。就方程而言，我们有时会加深难度，关注的重点要慢慢从"解是多少"向"什么时候有解"和"有多少解"转移。小孩子心智不成熟，看到二元一次方程几个字就会觉得："这东西我会啊！"等到他感到重点不一样的时候，发现已经来不及了——毕竟很多人学不好数学，也许就是从初二那年一次上数学课的时候弯腰捡了一下笔开始的。

别说小学生了，我之前在大学任教的时候发现，由于高中普遍教授了导数，因此很多学生就觉得微积分不过如此，结果他们发现判断导数是否存在比求导更困难，等学到微分中值定理以及泰勒展开的应用的时候，就彻底懵了。本来是想给微积分"上一课"，结果被微积分好好上了一课。

大学生尚且如此，何况是中小学生？

因此，我是比较反对提前学的。小学数学的题目尽量不要用中学的办法，这样其实对学生来说反而是好事，也是真正能锻炼学生思维的手段。

最后，说说重复训练惹的祸。需要重复训练吗？当然需要。目前我们各级升学考试拼的都是熟练程度，因此重复训练肯定是必要的。但是年级越高，重复训练的机会就越少，小学的这点儿东西真的是翻来覆去地练，因此大家都很熟悉。到了中学以后，更多的是需要对基本概念的深刻理解，盲目地重复训练对于提高理解能力效果并不明显。计算可以练出来，但是，靠不动脑筋地"算、算、算"真的对改善思维方式作用不大。

我们经常看到孩子做作业做得"苦哈哈"的，不幸的是，这中间包含了大量的无用劳动。要命的是，从中学开始，数学是真有学不会的地方了。于是，学生的抵触情绪就慢慢累积，会的东西他就乐意做，而且翻来覆去地做，不会的部分就扔在那里，碰到难的地方，他不愿意去想，最后的结果就是会的就会，不会的始终不会。所以你看到的孩子的辛苦，其实是空耗时间。

随着年级的升高，数学学习的难度不断加大，越来越少的学生能够学好数学，这是正常规律。每个阶段的佼佼者中总有一部分人在升入高年级后就慢慢褪色了，这其中的原因是多方面的，也不能一概而论，例如学习习惯的养成、家长自身的作用，等等，但是愚以为以上三点是共性，必须要引起高度重视。

06
怎么让孩子对数学感兴趣？

有一个好消息，还有一个坏消息，你们想先听哪个？

先听坏的吧：我们必须明白一个残酷的事实，那就是大部分孩子在数学上是没有什么天分的。

但是还有一个好消息啊：那就是如果方法得当的话，我们还是有可能让一小部分没什么天赋的孩子喜欢上数学的。

千万别问我"你自己喜欢不喜欢数学"这个问题。在上大学以前，我是真的很喜欢数学，喜欢到产生一种错觉，觉得自己是"为了数学而生"的那种男人。你们别笑，谁还没个年少无知的时候嘛！

但是到了读完大一，我知道自己不是这块料之后，确实深受打击，至于后来读硕士、读博士，那更多的是因为外部的需求，迫使我提升自己的学历。对于我来说，数学是我的职业，既然是职业就必须要有职业素养，所以我现在也分不清，我到底是职业驱动还是兴趣驱动，反正每天不做几道题，不看看数学，是挺难受的——恐怕我对数学女王还是有点兴趣的吧？

那么，怎么培养数学学习的兴趣呢？除了数独和魔方之类的游戏，我在这里给大家推荐一个我自己觉得有用的方法。

为数学女王而生

算 24。

这个游戏取材也方便，用一副扑克牌抽掉大小王就行了。其中 J、Q、K 当 11、12、13，然后从中任意抽取 4 张牌，再将牌面上的 4 个数用加、减、乘、除、括号等运算符号把它们串起来，最后计算的结果等于 24。这对于低年级刚接触四则运算的孩子来说，是个非常好的锻炼。因为你要充分运用各种运算，而且时间要短，所以对于培养孩子的数感非常有好处。

我们玩了这么久的算 24，有多少人考虑过这样一个问题：为什么是 24，而不是 23、25 或 27 ？

这是因为 24 是个非常棒的数。

24 这么小的一个数，竟然有 8 个因数！而在有 8 个因数的数里，24 是最小的，所以 24 很容易通过乘法得到。任意 4 个整数，加上四则运算和括号，就有上千种的排列组合，要从这么多种可能性中挑出恰好等于 24 的那一个，是不是很锻炼人？

而且，这个游戏可以从小学玩到大学，学完微积分以后，这个游戏就彻底 "game over" 了。因为任意给 4 个数 a、b、c、d，我们总可以有下面的等式：

$$((a)'! + (b)'! + (c)'! + (d)'!)! = 24$$

这就没什么好玩的了，对吧。

算 24 里有很多经典的组合题目，比如 3388、3377、5551，等等。如果上了初中，你还可以用开方、对数和乘方等手段来运算。

例如，3388 就是个非常好的题目，因为你不能凑成 3×8, 4×6, 2×12 等形式的常规套路。这时候，有的孩子会下结论，无法用四则运算搞定，那你就可以告诉他：这个用四则运算是能算出来的，再想想？

很多娃有畏难情绪，就是因为早先没有调教好。他们害怕的困难是在学习中碰到的，但假如换个环境，比如游戏中的困难相对来说就要好接受得多。但是，年纪大了的话，扭转情绪就比较困难。孩子越小，数学游戏介入得越早，就越容易克服畏难情绪。

如果孩子还搞不定，那么你可以给点提示：别光在整数范围内考虑，可以考虑使用分数来打开思路。这就是在培养孩子的创造性思维了。有分数就意味着不能整除，于是就有 $\dfrac{3}{8}$ 或者 $\dfrac{8}{3}$ 两种可能，那么还剩下两个数该怎么处理？那就"暴力穷举"吧！最后可以得到 $8 \div \left(3 - \dfrac{8}{3}\right) = 24$。你看，在这个过程中，我们练习了四则运算，拓展了发散性思维，还尝试着克服畏难情绪，算 24 是不是个宝藏游戏？

07

一招看清孩子的数学能力：奥数适合你吗？

又到了喜闻乐见、戳心戳肺的"贼老师说真话"时间。

很多人问我："学奥数哪家强？有没有和某学校或某人一样厉害的培训机构或培训老师？我怎么知道孩子适不适合学奥数？"

我就一个个问题来回答吧。

第一个问题的答案是：我不知道。第二个问题的答案是：我基本也不知道。请家长们把举起的凳子放下，听我慢慢解释。

首先看第一个问题。这还真不是因为各大机构没给广告费所以我不推荐，而是因为实际情况一言难尽。第一，直接影响孩子数学能力的是老师，而不是机构，所以机构再强，但是分给你的老师不行，也是白搭，因此挑老师才是最重要的。

很多机构名气很大，但是大了以后老师也多，水平显然是良莠不齐的。这就跟你去医院看病一样，某大医院的名气很大，然而不见得所有科室都是顶级的，就算科室厉害，也不见得科室里的所有医生都是顶级的。

而且，就算最厉害的老师来教，孩子是否能接受，这是另一个问题。事实上，作为教师同行、家长和学生，观察一个老师是否是好老师的标准是完全不同的。有时候，我觉得这个老师水平真好，但是学生根本不买账；有时候，我觉得这哪是老师啊，就是个大忽悠！见鬼的是市场却很认可，看得我这内行人一脸不屑。

就算是大多数人认可的老师，到了学生个体又很难讲。我有一次开班讲课，有个学生听了一次就不来了，理由是看到我就讨厌——尽管我可能是他这辈子能碰到的最好的数学老师，但是他就是不喜欢我，我也挺无奈的。

所以，不要过于追求哪个机构或者哪个老师名气大。如果老师名气大但孩子不喜欢，也是没辙。高中的学生心智相对成熟，虽然不喜欢某位老师，但是如果他课讲得好，他们还是能忍着往下听的；而在小学或者初中阶段，学生对于老师的依赖性很强，如果孩子不能接受这个老师，那么老师再好也没用。因此挑个合适的老师最为要紧。

再有，有名的机构教得就一定好吗？真不见得。我所在的宁波地区某知名教育机构在教授小学数学时，完全就是拿初中的东西来讲，破坏了应有的节奏。事实上，数学各个阶段的教育目标是不一样的，小学就应该用小学的方法来解题，只有用配套的方法来解，这才是正解。

"超前"的最大副作用就是讲不透，很多学生一知半解，反正照着套用就行，也不明白为什么，就这样三搞两搞地搞出来。等到该学的时候，学生又觉得自己学过了。殊不知，"超前"教的是应用，而"到点"教的是原理。自以为是的后果就是学不扎实，等到发现学习的目标和重点不一致的时候，哭都来不及了。拿小学解方程来说，那就是一通穷追猛打。但到了初中，方程就开始研究什么时候有解，解是否存在，存在是否唯一的问题了，那你能说这样的教法是好的吗？饮鸩止渴罢了。

总体来说，在高校实力强的城市，大型培训机构的实力应该都不弱，因为那里可以源源不断地提供大量廉价、优质的师资。虽然政策要求在培训机构上课的老师必须要有教师资格证，但是对于那些一流大学的学生来说，考这个证还是易如反掌的。

至于没什么好大学的城市，那就找那些成名、"成家"的老师，相对来说比较靠谱。因为大型机构在这些地区的师资显然比不上那些顶级高校聚集的城市，而特别厉害的课外辅导老师一般也不愿意去培训机构任职——靠自己的金字招牌就不愁生源了，何苦被别人分走一杯羹？

当然，这个建议只能是统计意义下的，对于每个孩子而言，还是得尝试。越小的孩子，是否接受、喜欢老师才是第一要务。老师讲的东西，孩子乐意接受才会有效果，因此必然有个试错的过程。

接下来讲第二个问题。其实很多人的潜台词是："贼老师，我怎么知道我的孩子是不是天才？"如果家长是抱着这个想法的，那你就洗洗睡吧。

真的天才你都不用自己去发掘。我们当老师的人碰到好学生时的那种心情，恐怕大家是难以体会的。我之前在某单位教书，碰到过两个好苗子，一直记到现在。第一个娃是这样被发现的。当年我出了一个题目，问：狄利克雷函数是不是周期函数？如果不是，说明理由；如果是，是否存在最小正周期？我当时压根没想到有学生能做出来，因为这批学生是从部队战士中考上来的，基础较差。结果有一个就做出来了，做得还很漂亮。那时候已经有大学生去服役的了，我就问他是不是大学生入伍的？结果这家伙告诉我："教员，我高中没毕业就去当兵了。"这还了得？重点培养！后来他参加了大学生建模竞赛，拿了全国一等奖，还在读书的时候就荣立了三等功。

还有一个女生。我给学生们讲概率的时候讲过一个看似简单的概率题：求任意两个整数互质的概率。这个题目听听容易，做做很难，从答案你就可以看出难度：$\frac{6}{\pi^2}$。我当时看到的解法是用 ζ 函数做的。我也觉得他们做不出来，结果这个女孩子就做出来了，用初等方法，做得非常漂亮。我给这孩子的评价是：这是该学校有史以来最好的学生，没有之一。

当然，他们两人距离天才还十分遥远，但已经足够让作为老师的我欣喜若狂了。所以说，你家娃假如真的是天才的话，老师大概比你还激动，根本轮不到家长来发掘。

那么，如何判断孩子是不是适合学奥数呢？

其实，奥数的精髓在于学生自己去学那些稀奇古怪的东西，而且能学得明白，换句话说，你要判断自己是否具备学习数学的能力。事实上，2019 年中国科学院大学"三位一体"面试的时候出了一道群论的题目，我是很喜欢的。因为我也曾经拿群的基本概念来测试过初一的学生是否有数学天赋，真的是一测一个准。当年做出这个题目的两个孩子，后来一个在北京大学，一个在浙江大学。在浙江大学的那个家伙因为偏科，在高考时吃了亏，不然也是上北京大学的料。

所以，怎么测试孩子是否适合学奥数？如果孩子能够在极短的时间内掌握一个全新的高难度的数学概念——以能做出与此概念相关的习题为标志——那么孩子应该会比较适合学习奥数。比如，你向一个初一的孩子介绍群的概念，然后问他：有理数是否成群？如果可以，要说明理由，如果不行的话，怎么操作才能让它成群？如果孩子回答对了，那就说明他挺适合学奥数的。

看到这里，很多家长会不会感到深受打击？群的概念，大部分学生根本不可能理解啊。

我知道，但我的论点从来都是大多数孩子不适合学奥数，本来就是只有极个别孩子才能学得出来啊！这道题的目的就是把适合学习奥数的那部分孩子直接挑出来。什么叫区分度？这就是区分度……没毛病，不存在前后逻辑矛盾。

作为一个数学工作者，一直以来，我个人的核心观点就是：

1. 大部分孩子不适合学奥数；
2. 对于学有余力的孩子可以酌情实行超前教育。

要是随便抓个孩子出来就能把群的概念给教明白了，那大概明天人人都能拿菲尔兹奖了。再说一次：大部分成年人是平凡的人，所以大部分的孩子也是平凡的孩子。把这点想明白了，就不至于那么焦虑了。怕就怕那些明明自己在人群里都找不见，却总以为自家孩子是高斯、黎曼的那些家长，那真的会心理失衡。

又有人说："我们也不想学，都是升学压力给逼的！"

所谓"尽人事听天命"，孩子能学到哪个份儿上，就是那样了，你再逼也不见得有多大的提升空间，还是要把心态放平。有些奥数的内容成年人都拐不过弯来，还想让孩子拐过来？

话说回来，想学好奥数确实很难，但想学好中考和高考要求的那点数学知识，其实并不太难。方法对路，足够用功，智力水平中等的学生在高考中数学考个一百二三十分，还是很有希望的。虽然我无心打击读者们，但以上这些内容真的可能打击到一些学生和家长了。作为补偿，我就介绍一个检验有没有真的掌握数学知识的办法吧。

怎么看你的数学学得是否扎实？办法就是把学过的内容自己讲一遍。你可能要问："贼老师，你不是在逗我们吧？"

真的不是。

回想起我自己的数学学习生涯，感觉学得最扎实的时候就是在研究生阶段的讨论班上，那时候，我们就是几个人轮流讲一本书或者一篇文章。如果你不上台讲，很多细节你都会跳过去，但只要上台讲，就一定会把每个细节弄明白。

讲课真的是个放大器，任何想浑水摸鱼的地方都混不过去，那么多双眼睛盯着你呢。最早的时候，我讲黎曼几何。比如，联络的概念看看觉得很容易，但是整体记号写成分量的时候，上下标就能搞晕你，自己不动手算一遍，你压根儿整不明白。而且在讨论班上，大家都是火眼金睛，你在哪个地方想蒙混过关？就在那一刻，你的同门简直就是泡利①附体，你只要暴露出一丝丝"这个地方我其实没搞明白"的意思，马上就会有人开炮："等等，你这个是怎么过去的？我没听明白。"

说起来，微积分也是我当了老师以后，才彻底搞明白的。原来做学生的时候，很多东西其实也都是"差不多得了"的感觉。在上讲台之前，我把所有细节全推了一遍，而且还捎带过了一遍实分析，不然，真的没底气上讲台啊！学生问你："老师，为什么换元之后面积微元还要乘上雅可比（Jacobi）矩阵的行列式？"假如你自己都没弄懂，是不是很丢脸？

如果家长有这个耐心，那就时不时抽查一下孩子，让他把所学的东西给你讲一讲。如果孩子能够很顺利地把基本概念讲清楚，能把你讲懂了，我觉得就可以了。

举个例子，"牛吃草"问题，别上来就套公式。孩子要能讲得出，这个题目的关键在于把原来的草量、每天长的量如何表示成每头牛每天吃的草量的倍数。不要光知道套公式，而要知道公式从哪里来的。然后，你就装作"白痴"、各种发问，孩子能做到"文武昆乱不挡"，这个东西就算过关了；但凡有支支吾吾的情况，肯定就是哪个地方没想明白。

这是我能想到的检验数学学得是否扎实的最好办法了。什么？爸妈把数学都忘光了？那最好啊！你看看孩子到底是把你讲明白了，还是讲糊涂了，就知道他是否真的掌握知识了，多好！

---

① 沃尔夫冈·泡利是 20 世纪著名的物理学家。1954 年，杨振宁在美国普林斯顿报告自己的研究成果，这个成果里藏着的唯一一个缺陷就是矢量玻色子的质量。结果，泡利张嘴就问矢量玻色子的质量是什么。

08
谈谈数学学习的术与道

我之所以觍着脸讨论术和道，还要从一次和师弟吃饭说起。我们两人边吃边聊，说着说着就谈起了数学学习。

呔！老贼！安敢坐而论道？

两个"超级钢铁理工男"聊起数学，注定会毫无保留。我一仰头，一口可乐灌下去："我最烦那些只会追求华而不实的技巧的家伙！数学学习的根本在于对于本质的理解，本质理解透了，自然题目就会做了。"

对面的师弟咕咚一声，一大口啤酒就咽了下去，伴随着啤酒沫子喷涌而出一句："师兄你说得对！"

"难题想一把就做对，首先要靠的就是——"

"运气！"两人异口同声。

先不论运气，单说说这个"理解数学本质"的事情，很多学生在学习的时候都会迷茫：究竟是抓基本概念呢，还是去学习解题技巧呢？

我用术和道分别指代技巧和基本概念的理解，聊聊这个话题。

很多人问我："贼老师，娃怎么才能学好数学？"

首要当然是智力因素，任何回避这个问题的人都是在讨好家长罢了。必须要承认人和人之间的智力差距。所以对学生而言，真正有意义的是在其智力水平的基础上，尽可能提高数学水平。

小学阶段的话，刷题很管用，单纯的"无脑刷题"甚至都管用。往往只要题量到位了，小学数学成绩自然就有提升。因为小学数学的学习几乎不涉及什么数学本质。没有推导、没有证明，你需要做的就是"算、算、算"。即便是最麻烦的应用题，说来说去就那么几个套路，归结成几个模型就万事大吉了。因此，你只要拼命地刷题、刷题，小学的数学成绩就上去了。

到了初中，就要麻烦一些。光靠刷题当然也有用，但是效果比较差了。因为这时候的数学开始真正有数学的样子了，开始强调基本定义和基本概念了。很多我们天天看见的东西，忽然让你说出其精准的定义，并不是一件很容易的事情。

我在培训班上考过一群刚上初一的孩子：什么是圆？这群学生中的精英面面相觑：答案好像就在嘴边和手边，但就是不知道该怎么描绘。我又问：什么是直线？有孩子说：不弯的线。我又问：那什么是弯的线？回答：不直的线。说完孩子自己都笑起来了。

当然，这个问题的答案确实超过了初一学生的知识范畴，但确实是好问题。我觉得把这些问题想明白了，比求个阴影部分的面积要有用得多。顺便说一句：大家不要再拿那些号称是小升初或者小学五六年级求阴影部分面积的题目来考我。一般来说，放到网络上挂着这种名头的题目，都是要用到反三角函数或者微积分才做得出来的，根本不是割补法能解决得了的。

到了初中阶段，如果不理解基本概念就会出问题。比如说抛物线，不理解抛物线的灵魂是对称轴和判别式，你怎么可能把抛物线研究好？最好的学生是直接自己悟道，比较好的学生是在别人告诉他结论后，慢慢领悟，再下一档的学生就会埋头做题，从来不思考——他也不愿意去想那些本质的东西，就觉得刷题最棒。

到了高中，讲的东西越来越基础，也越来越难。我以前的几何老师有句名言："题目是出不完的。"从这句话我们直接可以推出结论："题目是做不完的。"那怎么能从无限的题目中摸到规律？只有抓本质。本质就是灵魂，就是最重要的东西。既然是最重要的东西，那解题的时候岂能不用？

现代社会的资讯非常发达，各种数学教学视频满天飞，但水平参差不齐。比如网络上某个所谓的"解题大神"推出的快速解法，完全就是根据结论来凑过程，根本不具备推广的价值。

最好的方法就是看破题目的本质，能洞悉题目到底在考你什么。这种看破本质的方法，才是可以平移的方法。那些费尽心机的巧解几乎没有什么能移植到其他题目中去的，而对付中考和高考题目就和对付圣斗士一样：相同的招数往往不能用两遍。但这和圣斗士打其他妖魔鬼怪时一样：你只要把最基本的招式——比如星矢的天马流星拳，发挥到极致，就能打败任何对手。

大多数中学生对本质的理解程度压根不需要进阶到拼技巧的层面。在整个中学阶段，唯一能称得上技巧的地方只有不等式的放缩。但是，题目如果涉及了这一步，基本上 99.99% 的学生是束手无策的，这种才是真技巧。到了大学的数学学习阶段，那个东西构造起来真的是让人欲哭无泪：为什么要这么构造，完全没有理由，哪怕编都编不出个道理来，反正那么一构造就是对的——这也是技巧。有兴趣的读者可以自行搜索查阅"戴德金分割"，体会一下技巧的力量。

中学阶段有什么技巧？平面几何？快拉倒吧。

几何难吗？真难。但如果是中考和高考难度的几何题，真的还算容易。大家觉得几何难，无非是难在如何加辅助线。事实上，应付中考和高考几何题中的辅助线问题，就十个字：取中、作平、连对角、延一倍。

怎么对付竞赛难度的几何题？那就用复数、三角加解析几何，总有一款适合你。用纯几何的方法，确实存在大量的技巧，但是这些技巧对于中考和高考完全不实用。何况那些技巧对于高手来说，也不过是洞悉了本质的必然结果，没什么可以值得称奇的地方。

平面几何无非就是考虑两种关系：位置关系和数量关系。从这个角度来看，你就明白我说的那十个字了。

平面几何中最棒的线就是中位线，因为既有位置关系（平行），又有数量关系（一半），所以，做辅助线不往这上面凑，简直没有天理啊！有一个中点之后，你不再取一个中点，难道让人家茕茕孑立、形影相吊吗？

作平就是作平行线。这条线、那条线都不在同一个三角形或四边形里，你不打算凑一起吗？而且在平移的过程中，很自然就会出现一个平行四边形啊！

连对角，四边形的灵魂就是对角线啊！特殊的四边形的对角线，你真的不考虑连一下吗？

至于延一倍，往往是指中线延一倍，延长后就会出现全等和平行四边形。

还有人把平面几何搞成这个模型、那个模型的，简直就是画蛇添足。记那么些模型有什么用呢？有的题和模型是神似形不似，有的是形似神不似，所以到底似不似？等到做题的时候，你还要去判断这个题该套用哪个模型吗？哪有把基本概念理解透彻了管用啊。

三角形考你什么？一定是特殊的三角形，于是就想三线合一。

四边形考你什么？一定是特殊的四边形，对角线连起来看看。

立体几何考你什么？一定是求角、线线关系、线面关系、面面关系，因此要么平移，要么直接用向量法。

贼老师，我不同意，还有一个地方要用构造法：构造函数法。

拜托，这种构造简直就是摆在你面前，移项扔个分母或者把根号里的东西单列出来，这也算技巧？

我要求自己的学生一定要做一个基本训练。每一章学完了，就想一个问题："这一章最重要的东西是什么？为什么这个东西最重要？"想好了再来找我讨论。

金庸先生在《神雕侠侣》里写道：重剑无锋，大巧不工。从本质出发，有时候那些不是最巧妙的办法，但几乎都是最稳妥的办法。在很多时候，你并不能一下子想到那些巧妙的办法，这就是我说的"难题靠运气"的意思了。可你如果从基础出发，再难的题，你总能做出个七七八八，因为本质的东西往往就是解题的线索。假如你在高中仍然想靠刷题来搞定数学，那真的几乎是不可能完成的任务。

贼老师，问题是重剑上面还有一层最高境界：不滞于物，草木竹石均可为剑。这怎么解释？

你先修炼到"重剑无锋"再说。

重剑无锋

09
学习中的执行力

我碰到的一个永恒问题是："贼老师，为什么我家娃总是学不好数学啊？"

其实，每个孩子的具体原因大不相同，除了对数学的理解之外，各种学习习惯对数学学习成绩的影响也非常大。本文就来谈谈执行力的事情。

先给大家讲一个真实的案例。最早开始教数学的时候，我曾经带过一批很不错的娃，后来这批娃中有不少人进了清华、北大，就算没去这两个学校的，基本上也都去了"C9 高校"[①]。当然，这和孩子本身的素质分不开，我也许只是做了一点微小的贡献。在这批娃里，有一个孩子的资质很一般，一般到别说放在这个班里，就是放在普通的班里也不算出挑，最多就是中上等的水平。他就读的初中也是宁波一所很一般的学校。

但是，这个孩子最后考取了一所全国排名很靠前的 985 高校，学校在国内排名十五左右。讲道理，我根本没想到这孩子能考到这个分数，尤其让我吃惊的是，他数学考得很好，接近 140 分了。

他在中考的时候没有考进宁波最好的高中，而是去了重点中学里的末流。入校的时候，他成绩排在中上等，最后高考成绩是全校第一。

---

① 在我国，清华大学、北京大学、复旦大学、上海交通大学、南京大学、浙江大学、中国科学技术大学、哈尔滨工业大学和西安交通大学，这 9 所大学通常称为 C9 高校。

后来我想了想，他取得这样的成绩绝非偶然，因为这是一个执行力超强的孩子。

上过我的课的孩子都知道，入门第一课就是背常用数据。最简单的就是平方表，从 1 到 50 的平方数要求背出来。学生要背到什么地步呢？一分钟之内要默写完成，同时正向和反向都要背得滚瓜烂熟，比如 47 的平方数是 2209，1521 是 39 的平方数。当然如果能背到 100 的平方，那是好上加好。

但是讲实话，没几个学生能做到，包括我上面讲到的与那个孩子同一批的学友们，那些在重点中学里大放异彩的孩子。不是每个人都需要通过这种方式来提升运算能力，但我在前面讲过，我们对于复杂运算出错的概率必然大于做简单运算，背诵平方表确实是提升运算能力的一个很好的方法。而且，对于这个年龄段的孩子来说，能用记忆力解决的问题就别用计算来解决。处于记忆力的黄金时期的孩子，为什么不用这个方法呢？

其他孩子一说起这件事，总是嘻嘻哈哈的，觉得背诵是个负担，但这个孩子和其他少数孩子把平方表背得很熟。

证明不出黎曼猜想是能力问题，但背不下这 50 个数，总是态度问题了吧？其实，再把每个一位数、10、20、30、40 和 50 这 14 个数除掉，只剩 36 个数了。总共我就要求背大概 100 个数左右，如果你背 1 到 100 的平方数，那么也不过 150 个数。把这些都熟练掌握了，计算、验算、估算都会大有好处，然而做到的孩子并不多。

但无论我说什么，这个孩子总是在自己的能力范围内做到极致。他的接受能力和反应能力就是一般水平，但在我教过的学生里，他每一步走得都是最稳当的。

从一开始，这孩子就进入了我的视线。我会抽查学生默写，每次默写平方表，这孩子都是表现最好的。虽然他做难题的表现很一般，但是对于我讲过的话，他落实得最充分——从执行力的角度来说，这个孩子可以打满分。

　　这本书中讲了很多关于数学教学和学习的方法，总体来说，是比较有可操作性的，但不知道有多少人能按照书中的要求去做，去指导孩子？指导完了以后，又有多少人能检查落实情况？再先进的经验不去落实，那是神仙也帮不了你啊！

10
理想和现实的冲突

之前在某个聊天群里，我被几个家长批判："贼老师，你就会机械运算，不讲数学思想，光会计算有什么用？"于是我想起相声里的一句话："比如我和火箭专家说，你那火箭不行，燃料不好，我认为得烧柴，最好是烧煤，煤还得精选煤，水洗煤不行。如果那科学家拿正眼看我一眼，那他就输了。"

谁给你的勇气看不起计算能力？姑且不说计算能力中包含了大量的数学思想，单就计算本身来说，它就是做数学的基本功。你想法再美好，实现不了也是白搭——就像建筑设计师能把房屋造型设计得再别致，没有施工人员帮你实现，那也就是一张废纸。有一部分家长觉得，谈计算能力的是下里巴人，论数学思想的才是阳春白雪，搞得我就像老虎吃天，无从下口——真不知道从哪里反驳起。

还有人说，我让孩子们背平方表、提高计算速度就是在"贩卖焦虑"，这个还真是伤了我的心。长期以来，我一直致力于驳斥贩卖焦虑。在这场斗争中，我尽自己所能不要让操碎心的"老父亲"和"老母亲"变得更焦虑，指导学生们走一条可控并省钱的数学学习道路，结果我竟然被说成了贩卖焦虑的人。

还有家长对我的方法嗤之以鼻，他们的核心论点就是："你这样教数学会破坏孩子对数学的兴趣，数学学的是思想，而不是这种机械操作！"

　　当然，这些家长说的也不是完全错误，还有一定的合理成分。老师教数学，其实最希望的就是把有趣的数学思想讲给学生听，让学生领略到数学的美，但这真的是件很难的事情。对于不少学生来说，数学学习是一件很痛苦的事情。不少孩子能把习题做完就已经阿弥陀佛了，还想逼着他们领会数学思想？真正适合学习数学思想的学生能有多少？[①]

　　到底什么是真正的数学思想？其实指的就是数学最本质的东西。不管什么事情，一讨论本质那就能逼疯一堆人。我怕给你讲完了一点本质的东西以后，你真的连加减乘除都不会了。比如，我们说最简单的乘法运算律，包括交换律、分配律、结合律等。所谓的交换律就是指 $ab=ba$，那么问题来了：如果 ab 不等于 ba，会出现什么情况？我们把这种满足乘法交换律的性质称为阿贝尔（Abel）规范。当然，在实数乃至复数的范围内，是不会出现不能交换的情况的。但是，学过线性代数的读者应该知道，矩阵的乘法就不符合阿贝尔规范，甚至能做普通乘法的矩阵的造型也得满足一定条件才行。不知道那些嚷嚷着要学"数学思想"的人，有多少能想到这一层？

　　我们再来做个加法题玩一玩：所有正整数的平方的倒数和是多少？

　　来吧，那些看不起计算的人，你们来试试看吧？

　　这个结果最早是欧拉做出来的，结果是 $\dfrac{\pi^2}{6}$。于是问题来了：我们知道，每个正整数的平方的倒数都是有理数，那么所有正整数的平方的倒数的和怎么会是个无理数呢？

　　想要计算这个值，需要用到的是傅里叶级数这种"高级货"，初等的方法是做不出来的。可能有很多人把这个等同于 $\dfrac{1}{1\times2}+\dfrac{1}{2\times3}+\dfrac{1}{3\times4}+\cdots$ 这种

---

① 这里讲的是数学的本质思想，不是数学思维。本书中的数学思维指的是思考方法，我们在后面会逐步看到。当然，这两者关系紧密，但是侧重点还是不太一样的。

小儿科，但是这两个题目的难度完全不一样。

如果你看不起计算，不妨先给大家解释一下，为什么有理数加着、加着就变成无理数了呢？

我们熟知的结论：有理数加、减、乘、除有理数（除数不为零），结果仍然是有理数（前提是数的个数是有限的）。有理数加、减无理数，结果是无理数；无理数之间加、减、乘、除，结果就不一定是无理数了。

这也是一个很有意思的问题。我们都知道，数轴上的每个点都对应着一个实数，可是，有理数在数轴上少得可怜；和无理数相比，有理数少到几乎可以被视为不存在。为什么有理数和有理数之间做四则运算是封闭的（即运算结果仍然是有理数），而无理数却不封闭呢？而且，明明几个有理数之间做运算确实是封闭的，为什么无限多个有理数求和，结果就变成无理数了呢？

所以，谁说运算中不包含数学思想？

有的数学思想，老师在相对应的学习阶段可以直接告诉你，比如说圆锥曲线。圆、椭圆、抛物线、双曲线为什么叫作"圆锥曲线"？这些都是平面和圆锥在不同的位置相交得到的交线形状，故而被命名为"圆锥曲线"。既然和圆锥有关，那么所有类型的圆锥曲线有没有一个统一的表达式呢？在极坐标系下确实有个统一的表达式，其中用离心率 e 来控制曲线的形状。但是，加、减、乘、除背后的故事，真的不是小学生能明白得了的。

数学思想是奢侈品，而计算是必需品。你连个十万元的代步车都买不起，天天想着买个私人飞机遨游天际，何苦呢？顺便说一句：爱因斯坦要是数学学好了，计算能力过关了，广义相对论早就出来了。天才的思想没有足够的计算能力做支撑，也是白搭。何况对于绝大多数人而言，根本到不了领悟数学思想的层次。当然，要达到对数学思想有误解的个别家长所认为的数学思想的层次，那倒是很容易的。

很多时候，人们总是把爱好和职业混为一谈。我自认为算是"玩数学"的职业选手了，虽然属于底层玩家，但是碾压业余选手还是没有任何问题的。如果你问我："你对数学有兴趣吗？"我只能说，我对大学以前的数学的确有浓厚的兴趣，但大学以后的数学太难了，真的太难了，我不敢"有兴趣"啊！曾经的我也有过雄心壮志，一心想当那种名字可以写进教材的真正的数学家。等到高考如愿进了浙江大学数学系，第一个学期读完我就知道：拉倒吧，自己太天真了。至于我后面为什么读硕、读博，那完全就是为了以后的生计着想，自己是不是当数学家这块料，我早就心知肚明了。

我们班上的同学里，现在还在做数学的人只剩下不到 10%，其他人都转行了。从全国层面来说，学数学专业、最后真的去搞数学研究的人的比例肯定超不过这个。我的导师是北京大学数学系毕业的，他当年有 100 多个同学，最后就剩下他一个人做纯理论的研究。数学专业的学生在所有高校专业学生中的占比能超过 10% 吗？这样算下来，如果说 99% 的人都不适合"学数学"，恐怕已经是很保守的估计了。

更多人是在小学毕业或者初中的时候就已经对数学完全失去了兴趣。让所有孩子对数学感兴趣是不可能完成的任务，而且，从来也不需要那么多人对数学有兴趣。所以说，激发学习数学的兴趣，对不少学生而言也许终将是一句空话。

我也知道兴趣很重要，有兴趣当然最好，但是现实做不到，怎么办？何况高考就在那里，脱离了高考去谈数学学习，那是对绝大多数学生的不负责任。高考的计算量也在那里，你不算得快、算得对就是要吃亏——现实一点难道不对吗？

我学了这么多年数学，越学越觉得数学思想真是个无底洞，甚至有时候，都让我有不寒而栗的感觉：为什么这些人能聪明到这种地步？我真心不觉得，绝大多数不适合学数学的人能够掌握深邃的数学思想。而对大多数学生而言，数学上考一个不错的分数，其意义或许远远大于掌握几个所谓的数学思想名词。

我不是不讲数学思想，在后面的章节里，我就会介绍一些简单的数学思想，但一定要因材施教。我教过的那些考进名牌大学的孩子，我都给他们讲过数学思想。可这些人压根不在乎高考，数学随便都能考高分，有的人甚至直接就凭借数学竞赛成绩被保送了。然而，这种群体的学生毕竟是少数。我面对的大多数孩子是普通人，他们要完全按照数学学习的规律走。学习有时候真的很累，很难产生真正的兴趣，但别忘了，就算这样痛苦，成绩还是很重要的。借鉴有效的学习方法，比如靠记忆来减少计算时间、提升计算正确率，会是一种提高成绩的有效办法。只要不作弊，能把孩子的成绩提上去，我认为这就是功德无量。对于大多数普通孩子来说，高考时数学能考个高分，也许比会讲那么一点"虚头巴脑"的术语要强。

数学思想这种奢侈品，并不是每个人都有能力去拥有的。请原谅我的功利主义，但是我真心希望能帮助到更多的学生，仅此而已。

11
一题多解

谨以本章向金庸先生致敬

一题多解，有没有必要？

经常会有家长问我："贼老师，你说要不要搞一题多解，开阔一下孩子的思路？"

我们小时候都应该学过鲁迅先生的一篇小说《孔乙己》，文中主人公孔乙己最引以为傲的技能就是知道茴香豆的"茴"字有 4 种写法。作为学生来说，你一个题目会一种和会 4 种方法，在考试的时候有什么区别吗？你用 4 种方法答题，得分会乘以 4 吗？显然不会。

事实上，对大部分学生来说，正确的做法就是把一种方法练到极致。比如说，平面几何有三角法、解析法、纯几何法。在考试的时候，只要你能把题目给做出来，谁管你用什么方法？

搞一题多解很容易让学生误入歧途，你学一个东西就想学多种解法，那就很难分清主次。人的时间和精力有限，就算你一题两解，那花的时间也肯定比一种解法要多，何况三解、四解呢？在学习初学知识点的时候，学生理解得肯定不深刻，"多线作战"必然没有单线作战思考得更深入。

伤其十指不如断其一指——金轮法王对杨过的武学修为的评价就是："你小子会的东西太多太杂，但是有没有什么安身立命的本事呢？"杨过呆了半天，然后觉得金轮法王说得对，于是武学修为就上了一层。杨过何等的天赋，"武学奇才"这四个字岂是浪得虚名？作为大部分的普通学生来说，学好一种办法都已经快耗尽"洪荒之力"了，还要搞什么一题多解？

事实上，在我们学习数学的过程中，如果你真的能把一种办法练到极致，那也是相当相当惊人的。既然说到了金庸，那就干脆暴露得再彻底一点。有些家长应该玩过一个叫《金庸群侠传》的游戏吧？（我是不是暴露了年龄？）里面有一门功夫叫"野球拳"：如果连这路拳法都玩不到十级那就……但是，到了十级的野球拳威力惊人，加上左右互搏简直天下无敌，比其他任何功夫都好使。

所以，真的把一种方法练到极致了，这时候你再去看这个知识点和其他知识点之间的联系，才会有融会贯通的感觉。虚竹有了无上的内力，学"天山折梅手"才毫不费力——怎么，你们平时都不看武侠小说的吗？

事实上，如果不是搞竞赛的话，大部分题目的思路是很自然的。你只要学会逐字逐句地把题设条件翻译成数学语言，然后一通儿计算就完了。但是，很多人就卡在不知道如何把那些汉字用数学式子表示出来，说到底，就是基本概念有问题，那你还要难上加难搞一题多解？

当然，有一类人必须要一题多解——数学老师。从教研的角度出发，应该有多少解法就搞多少解法。学生可以做选择——这个方法我喜欢，我就可劲儿练，但是作为老师还是要尽可能地修炼各门功夫，以便对任何学生都能进行指导。所以，要不要搞一题多解，就取决于你的身份：要是学生，你就先把一种功夫练好，有余力再去看一题多解；要是老师，就要开阔眼界，啥都得会。

12
数学学习速成法

为什么总有人相信这种不劳而获的东西？

嗯，我确实见过一位"数学大神"拿一部不知道哪里来的跑车当背景，然后操着极不标准的普通话开始所谓的"秒杀"高考题目，看完真让我无力吐槽。这种人讲的东西基本上都是东拼西凑的，有的根本没有任何道理，纯粹就是为了把答案凑出来罢了。

简单的方法存在吗？存在。但是笨的方法都学不会，你还想学会简便的方法，这不是胡闹吗？而且，简单的方法和拼凑答案是两回事：简单方法也是有理论依据的，而拼凑答案就连我都看不明白他答案是怎么来的。

很多人不明白这样一个道理：数学中的笨办法，大多是从基本概念出发，然后一步步推进，所以看起来比较笨；而所谓的简便方法，很多时候都是针对一个题目而言，并不是什么通用的办法。

对于一个普通的学生而言，绞尽脑汁也未必想得出简单的办法，就算想出来，恐怕用笨办法早就做出来了，也是得不偿失之举。

很多时候家长问我"孩子怎么才能学好数学"，其实潜台词往往是："贼老师，什么是两句话就能让我娃学好数学的方法？"

我说了我不是神仙。

贼老师，有位"数学大神"讲快速解题法，那个东西靠谱吗？

快速解题，秒杀高考题

我有个疑问……

中小学阶段不去说了，从本科到博后出站，我一共花了十一年——整整十一年的时间！你要我三言两语把孩子的数学提高到你所谓的理想分数？世上哪有那么容易的事情。

学习本身就是很枯燥的事情。人很多时候是为了偷懒而勤奋，发明那么多好用的东西就是为了让生活更好，努力学习就是为了让自己能活得更舒服，这听起来是多么矛盾的东西。但是，万事万物中都有矛盾，矛盾无时不有，无处不在。

而数学本身就是所有课程中最难的一门，所以数学的学习更是难上加难——正常人谁会把鸡和兔子关在一个笼子里呢？谁会一边放水一边灌水啊？谁会知道线性空间里 0 只有一个是需要证明的啊？

> 贼老师，那你每年组织的寒假冲刺班，讲两天就能帮学生们提分，这是怎么回事？

> 那是因为很多人不会考试，所以我在冲刺班讲的是考试的学问，并不完全是数学的学问。

为什么要在高三的那个寒假讲冲刺？因为那时候基本知识已经学完了，学点儿考试的方法是好事。如果没有数学基础，那么考试方法就是"无源之水、无本之木"，一点儿用都没有，甚至可能会误入歧途，投机取巧也要讲"基本法"。

古人云：临渊羡鱼，不如退而结网。在这本书里，从小学五六年级的应用题，一直到初中几类重要的一元二次问题，差不多该写的我都写到了。当然，有的内容可能限于篇幅，例子还不够丰富，但如果读者认真读完、坚持照做的话，应该就能略有小成了。

太多的人急功近利，谁都想着一蹴而就，可是读书真的没有这样的好事。最正经的办法就是从基本概念出发，配套相应的习题，然后思考。至于熟练度，初三或者高三有一年的时间专门给你练习。想要速成法？对不起，我是真没有。

第二篇

小学篇

这一篇主要面向小学生的家长（也许还包括老师），目的在于教会家长怎么"教"自己的孩子，帮助孩子顺利完成小学阶段的数学学习，增强学习兴趣，少走一些弯路。本篇涉及习惯养成、经典题型解析、解题思路、知识难点、学习误区，等等。无论你的孩子数学学得好与坏，是否想多学一点儿、学难一点儿，本篇所讲的内容都会给孩子的学习方法以及家长的辅导方式带来启迪。

自己懂得，却未必会教。孩子的进步离不开我们的正确引导。

13
巧学计算

万丈高楼平地起，计算过关是第一。

曾经有一次和老战友吃饭，他说孩子要在三天后考我们本地最好的初中，问我有啥办法提高数学成绩。我当场表示：我不是神仙哪！

数学的学习不可能一蹴而就，要把数学成绩搞上去，必然要配套许多的基本训练。在这些基本训练中，最为重要也最为核心的就是计算能力的训练。

从小学开始的数的计算到中学的式的计算，无论你到哪个阶段，对于数学来说，计算能力都是至关重要的。如果计算不过关，其他都是白扯。在小学阶段数学能把计算学过关，对后续的数学学习的意义是巨大的。很多学生乃至家长对计算能力有一种误解，认为计算能力就是死算、硬算的能力。然而我所讲的计算并不是类似 123 456 789 乘以 987 654 321 这种，当然这个计算也重要，但毕竟是最基础的，并不是最重要的。如果比赛这种计算，那你们十有八九比不过菜市场卖菜的阿姨。

所以，我们还是要学数学里要用的各种计算技巧。之前我写过一系列文章，包括高考、考研系列问题。我经常强调一句话：不要搞什么技巧，就用最自然的办法来解决——这是不是自相矛盾了？借《天龙八部》里的人物包不同的一句话：非也非也！

我这么说，正是因为太多考生到了高考和考研阶段，计算也没有过关，然而那时候哪里还有工夫训练计算？只能是什么样就什么样了。在初二之前，都是计算能力养成的好时机。过了这个时间点，后面的数学课再也没有专门关于计算的章节了。再到后来，数学的知识点都学不过来了，哪有空练计算呢？这就好比，小学毕业时的作文水平基本决定了高考时的作文水平，你初一读完时的计算能力基本就是你高考时的计算能力。别人封顶而止，你封腰甚至封膝盖而止，就是因为你根本没有把计算练好。所以一定要在初二之前，把自己的计算能力尽可能地提高。

再次强调，在不同的时间节点，数学教育的重点是不一样的。所以在平时讲技巧，在考试时讲基础——平时不练技巧，考试的时候哪来的技巧？但对于大多数学生来说，技巧的训练也是缺失的，要么就是训练得不科学、不系统。所以在讲到高考和考研的时候，我也只能根据大多数人的水平，希望大家不要追求技巧，尽量从基础出发。我当然也希望大部分学生能把技巧掌握得很到位，但那似乎是不可能的。

就像本书第一篇所讲的那样，培养数感是很重要的一件事，所以除了速算以外，我想来讲一讲怎么巧算。

第 1 节　计算硬功夫中的巧劲儿

对于小学家长来说，你可以随意挑一些比较大的数的四则运算来训练孩子——反正你有计算器，也不用凑什么数字。这种训练方式简单粗暴，目的不过是锻炼孩子细心，但是家长比较容易掌握。一定让孩子把计算过程都保留下来，如果出错了，那么必须让他找出错在哪一步。

像这种训练，家长自己可以直接完成，当发现孩子对大数的运算正确率几乎是 100% 以后，再来谈其他数学能力的培养，否则培养半天也是白搭。

比如，我们看：

$$1 - \cfrac{1}{1 + \cfrac{1}{1 - \cfrac{1}{1987}}}$$

这里没什么技巧，按部就班计算，得到 $\dfrac{1987}{3973}$。

就是靠这些枯燥、没有技巧的训练做基础，孩子才有可能驾轻就熟地玩转更复杂的计算。

"硬算"过关了，接下来自然是巧算的功夫了。

等差数列求和

历史上最著名的巧算故事莫过于"数学王子"高斯在 10 岁那年的杰作。老师让学生们计算从 1 加到 100 的和，扭了个头儿的工夫，高斯就算出来了。高斯的做法是把 1 到 100 倒序排列，然后再和原来的数列相加，这样得到了 100 个 101，所以最后的值就是 10 100÷2＝5050。

我们可以把这个方法推广到所有的等差数列求和。所谓"等差数列"就是指一个数列中每个数减去它前面的那个数，所得的差都相等。这样的数列求和可以用高斯的办法来解决。

我们把整个数列倒过来，然后和原来的数列中每项做个一一对应。我们发现，每组数的和都是相等的，并且组数就等于数列的项数。所以，这个数列的和的 2 倍就等于任意一组和乘以项数，很容易推导出等差数列的和等于首项加末项的和乘以项数再除以 2。

当然，这个故事写成这样，我觉得是怕现实把小朋友吓到。据说当年高斯计算的其实是一个首项大于 80 000 的等差数列求和，然后高斯是秒答。像高斯、欧拉这样的数学家的计算能力真是"人神共愤"。哦，对了，还有帕斯卡（就是那个名字变成压强单位的人）。据说帕斯卡临终啥话都不想说，有个朋友为了让他说出遗言，就问他："帕斯卡，12 的平方是多少？"帕斯卡回答："144。"然后就没有然后了……所以，哪怕像帕斯卡这样的人，终其一生也是计算不止，何况我等凡人？

那到底什么是巧算？我们来看一些例子。

例 1 求和：

$$4+43+443+\cdots+\underbrace{4\ 444\ 444\ 443}_{9个4}=?$$

直接动手一个个加，这就是硬算的办法。但这显然不是什么好办法，因为这些数太有规律了，有规律到如果你真的一个个加，都会觉得惭愧且于心不忍——事实上，只要没规律的计算做得多了，你自然就能看出这里面的规律。

这里顺便多说一句，一定量的练习可不等于题海战术，也不等于重复练习。比如说，家长让孩子算 1 234 567+23 413 124+323 094＝？这种类型的题目，只要孩子的正确率和速度过关了就行了，过关之后就减少训练量，甚至就别再练了。因为人在学习的时候都是趋利避害的，孩子看到那些熟悉或者会的内容就心情愉悦，假如再让他练其他薄弱环节，他又要吃一遍苦，多半就不乐意了。所以，必须要人为干预和控制，孩子练会了一项之后就要换个东西练，比如可以练 1 234 567×23 413 124×323 094＝？就跟成年人干工作一样，要的是十年工作经验而不是一年的经验重复十年。然而，这正是大多数人会陷入的误区，这也是孩子看起来苦得要命，但成绩总上不去的一个重要原因——练来练去，他重复练的都是自己已经掌握的东西。

既然例 1 这个式子是有规律的，我们就要考虑巧算。怎么个巧法？如果这个式子变成让你求 $4+44+444+\cdots+4\,444\,444\,444$ 的和就好了！好吧，如果现在就是让你求 $4+44+444+\cdots+4\,444\,444\,444$ 等于多少，你该怎么办？

好尴尬啊！明知道有规律，但仍然发现不了规律，着实让人着急。当然，本题中总共也只有 10 个数，就是硬算也要不了多久——虽然我们知道最好的方法肯定不能是硬算。

"套路"之所以好用，是因为它是前人智慧的结晶。作为小学生有没有可能自己把套路想出来？理论上有可能，但那真的是极少数人。对于那些能够用逻辑思维解释得通的技巧方法，我尽量从逻辑推理上进行讲解，但是，有些套路真的是无法用逻辑来解释。反正，有的老师东拉西扯能给你套上。不过在我看来，不如说是创始人的灵光一现，才是他们当初如何找到"套路"的最科学的解释。这就好比作家写文章时也许并不知道自己表达了那么多的深刻含义，大多"含义"其实是后人硬扯上去的。很多解题套路也都是凭空想象，没什么根据，但是，有的老师就能讲得头头是道，告诉你要这样想、那样想，实际上纯属事后诸葛亮。

比如，$4+44+444+\cdots+4\,444\,444\,444$ 可以被写成

$$\frac{4}{9} \times (9+99+999+\cdots+9\,999\,999\,999)$$

而

$$9+99+\cdots+9\,999\,999\,999=(10-1)+(100-1)+\cdots+(10\,000\,000\,000-1)=$$
$$\underbrace{11\,111\,111\,110}_{10个1}-10=\underbrace{11\,111\,111\,100}_{9个1}$$

所以，原式的和等于

$$11\,111\,111\,100\div9\times4-9=4\,938\,271\,591$$

做完了吗？没有，因为没有验算。你看，你开始不知道套路，我教你了，你就知道了；但是验算这个意识，你未必有。我之前已经多次提及，计算题做完了一定要想着去验算，必须养成这个习惯。

这怎么验算呢？

首先看尾数。在原题中，10 个数的尾数位上的数字之和为 $3 \times 9 + 4 = 31$，所以最后结果的尾数应该是 1。接着看，最后结果的各位数字之和是 49，除以 3 余 1；原来式子中所有数之和是 $4 \times 46 + 3 \times 9 = 211$，除以 3 余 1。（想一想：这是为什么？）

两相印证，这个题基本上就对了。

如果让一个五六年级的学生在没接触过这类问题的情况下去构造这个方法，不是说完全不可能，但是，如果孩子能靠一己之力想到，真的是值得我们"膜拜"。当然，如果你要给孩子讲这个套路，一定要先让他自己想；想半天之后，如果孩子做不出，那就先硬算，然后再告诉他这个方法，印象必定深刻。今后，假如碰到涉及 $xx \cdots x$ 这种形式的数，将其转化成 $\frac{x}{9} \times （99 \cdots 9）$ 是首选的方法。这种构造性强的技巧还是要以直接灌输为主，因为在大多数人的能力范围之内，如果没有接触过同类问题，确实太难想到这种技巧了。

例2 求和：
$1 + 2 + 4 + 8 + \cdots + 1024 = ?$

当然，如果你的职业是"程序猿"的话，应该能直接脱口而出：2047。毕竟说起二进制来，谁也玩不过你们——就像当年我们看着学通信的同学口算傅里叶变换和逆变换时惊为天人一样，程序员对这个求和实在是太熟悉了，说出答案应该近乎尔等"码农"的本能反应了吧。

然而，你现在面对的是十岁左右的"小伢儿"，怎么才能把这个解释明白呢？

只要我们有高中数学的技巧，马上来一句"错位相消"，题目就做完了。这样的锻炼效果恐怕不会太好。那就让孩子自己琢磨——这一上来，孩子肯定抓瞎啊，扭头一看你虎视眈眈，一副准备连全家人一块打的样子，他不得抓耳挠腮？

其实，只要加了前几项，你就会发现结果永远等于最后一项的 2 倍减 1，所以最后结果就应该是 2047。这叫什么？归纳猜测。数学归纳法的雏形不就是这样吗？

当然，猜是很多孩子都能做到的。这时候，你在肯定孩子的同时，如果追问一句："为什么会是这个结果？"估计孩子得再抓瞎一次。

人渴极了的时候喝水，才能感受到愉悦。同样，你真要孩子掌握住一项技能，一定先要让他吃点苦头——最好是吃尽苦头，在他被折磨得"奄奄一息"的时候，拉他一把。

当孩子实在想不出来的时候，你就问："把整个式子乘以 2，会变成什么样？"

答："$2+4+\cdots+1024+2048$。"

问："此时减去原来的式子得到多少？"

答："变成 $2048-1=2047$。"

问："2 倍后的整个式子逐项对位减去原式，剩下的不就是原式了？"

更直观一些，设 $x=1+2+4+8+\cdots+1024$，则 $2x=2+4+\cdots+1024+2048$，于

是 $x=2047$。这就是错位相消了。

趁热打铁，推广一下此类题目。

例3 求和：
$3+9+27+\cdots+6561=?$

这个时候孩子就要模仿了，两边乘以多少合适？还是 2？他会发现乘以 2 以后得到的式子和原式相比完全没有相同的项，这说明乘得不好。那么该乘几？如果孩子能发现乘以 3 再减去原式，就可以得到正确答案，家长可以再进一步引导：如果是求 $1+x+x^2+\cdots+x^n$ 的和，那该乘几呢？

这些都属于规律性比较好找的题。规律比较隐蔽的情况该怎么办呢？

例4 计算
$$9\frac{7}{8}\div\left(9\frac{7}{8}+\frac{1999^2-1999+1}{1999^2-1999\times1998+1998^2}\right)$$

直接算当然是个办法，但绝对不是好办法。我们可以看到，在这个式子里，$9\frac{7}{8}$ 是个常规的数，麻烦的是后面的 $\dfrac{1999^2-1999+1}{1999^2-1999\times1998+1998^2}$ 部分。我们看到，1999^2 是分子分母共有的部分，所以关键在后面的部分怎么处理。再一看，小学没有负数的概念啊！那怎么办呢？那就从头开始。

$$1999^2-1999+1=1999\times(1999-1)+1=1999\times1998+1$$

$$1999^2-1999\times1998+1998^2=1999(1999-1998)+1998^2$$
$$=1999+1998^2=1+1998+1998^2=1+1998\times(1998+1)$$
$$=1+1998\times1999$$

所以后面这部分就等于 1 了。

你说这个例子里有什么很高深的数学吗？并没有，无非就是分配律和结合律的使用。重剑无锋，大巧不工——就是一点加、减、乘、除，你是不是已经觉得快不认识了？

如果做出了这道题目，没准会有一个声音在你脑海里回荡：我要做十道！一般情况下，我并不建议这么做。我们可以缩短每个阶段的练习时间，但尽量不要越过练习的阶段。不管是家长还是孩子，膨胀更要不得，数学教你做人，那真的是分分钟的事情，比如请计算：

$$\left(\frac{1}{2008}\right)^2 + \left(\frac{1}{2008} + \frac{1}{2007}\right)^2 + \left(\frac{1}{2008} + \frac{1}{2007} + \frac{1}{2006}\right)^2 + \cdots +$$

$$\left(\frac{1}{2008} + \frac{1}{2007} + \frac{1}{2006} + \cdots + 1\right)^2 + \left(\frac{1}{2008} + \frac{1}{2007} + \frac{1}{2006} + \cdots + 1\right) = ?$$

所以，我们还是先看看简单点的，比如从 1 到 2008 这 2008 个自然数的数字之和是多少？看清楚，是"数字之和"，不是让你仿照高斯大神求和。回答 2 017 036 的人请自己面壁去，不仔细比不会做更无法原谅。

首先，我们看一位数数字和，即从 1 加到 9。然后，两位数数字和就麻烦一些：先要考虑 1 开头的，从 10 到 19，其数字和分别从 1 到 10；2 开头的，其数字和从 2 到 11；一直到 9 开头的，其数字和从 9 到 18。

三位数呢？对于 1 开头的三位数，其数字和等于一位数数字和加两位数数字和加 100；2 至 9 开头的以此类推。

四位数呢？对于 1 开头的四位数，其数字和等于一位数数字和加两位数数字和加三位数数字和加 1000；2 开头的四位数总共就 9 个，穷举就算完了。

但是，这样看起来仍然挺麻烦，因为所有的两位数数字之和还是挺难计算的。有没有更好的办法呢？

从 1 到 2008，最后这 9 个数先不考虑，那么从 1 到 1999（实际看作从 0 到 1999），个位从 0 到 9 出现了 200 次；十位和百位也都是各 200 次；千位的 1 出现了 1000 次，所以 1 到 1999 数字之和为 $45 \times 200 \times 3 + 1000 = 28\ 000$。然后加上后面 $2 \times 9 + 1 + 2 + \cdots + 8 = 54$，所以和为 28 054。

> 贼老师，你不是一直提倡考试的时候用常规方法吗？这不是自相矛盾吗？

并没有。平时训练要精益求精，是为了在考试的时候能加大迅速找到巧妙解法的机会；而考试的时候要当机立断，万一找不到巧妙解法时，拿分是关键。这个分寸是要靠练才能掌握的。别忘了，考试，也是一门学问。

快速学习

> 贼老师，你说的计算怎么和我想的计算不大一样啊？难道天天练 123 456 789×987 654 321 吗？

> 这种机械计算当然要熟练掌握，但是你造房子不能只打地基啊，你得用砖头、钢筋混凝土往上搭不是？

我这里所说的计算能力，是指对于规律性内容的掌握，是指短时间内学会没有接触过的计算方式。要知道，高考中最难为人的题目之一就是扔出一个你完全没看到过的知识点，你要在极短的时间内弄明白"这是啥"，然后解题。

我记得多年前和一个少年班出来的同学聊天，他跟我说，他在小学就学过布尔代数，把我吓了一跳。再聊了两句，我才知道，他原来仅了解一些布尔代数的基本运算规则，然后计算。

2019 年，中国科学院大学浙江省"三位一体"综合评价招生的测试也玩了一把快速学习能力测试。先给孩子们讲群的定义，然后考了这么一道题：一个群里的所有元素的逆就是自身，求证这个群是阿贝尔的。这道题就是作为数学系抽象代数专业课的期末试题都是够格的，但是，考试要求高三学生在学完阿贝尔群的基本概念后马上做出来，这确实需要极强的学习能力。

当然，贼老师有时干过的事更加"丧心病狂"一些。当年，我也带过一些初中的孩子，类似地，我直接把抽象代数里群的定义扔给他们，然后让他们验证某个集合按照普通乘法是否成群。确实有极少数孩子能瞬间理解这个概念，并且把题目给做对了。后来，做对的两个孩子一个去了北京大学，一个去了浙江大学的竺可桢学院——这绝非偶然，快速学习能力对于孩子来说至关重要。

有些家长肯定又要心急火燎了："贼老师，这要怎么培养呢？"事实上，这种学习能力在计算训练里早有体现。我们先来看一个简单的例子。

例5 规定运算"*"：

$a*b = 3 \times a - 2 \times b$，计算：$\dfrac{4}{3} * \left(\dfrac{5}{4} * \dfrac{6}{5}\right)$

括号的优先级肯定是最高的，所以要先算括号：$\dfrac{5}{4} * \dfrac{6}{5} = 3 \times \dfrac{5}{4} - 2 \times \dfrac{6}{5} = \dfrac{27}{20}$，

然后是：$\dfrac{4}{3} * \dfrac{27}{20} = \dfrac{13}{10}$。

像这类题目的训练其实就是在平时的基本定义的学习中完成的。要快速抓住定义的主旨，领会定义的精要，并且迅速转化成"做题力"，靠的就是看着不起眼的对基本定义的理解。当然，这个例子中定义的新运算很简单，接下来我们再来看看这道题目中的 * 的运作方式。

例6 有一种运算 * 满足以下条件：

1. $2*3=5$；
2. $a*b=b*a$；
3. $a*(b+c)=a*b+a*c$；
   求 $8*9$。

这里的 * 运算和上一题中的区别在哪里？上一题明明白白告诉你怎么算，但是这道题除了告诉你交换律和分配律之外，就是一个具体的运算：$2*3=5$。看起来是不是要难多了？

你拿到这道题目的第一想法是什么？

能不能推导出任意的 $a*b$ 的运算公式，对不对？也就是如何把 $a*b$ 用具体的四则运算表示出来。事实上，这是非常自然的想法，但是你尝试之后会发现非常困难，因为这里除了出现一个加号以外没有任何具体的运算，就连这个加号也不是实质性的，你连推导都没办法推导。

既然从条件无法入手，那么就从结论入手。这也是我们经常采用的办法：把结论当成已知。

$8*9$ 怎么算？这里唯一已知的具体数值就是 $2*3=5$。我们当然希望能把 $8*9$ 用若干个 $2*3$ 拼凑起来，因为只有 $2*3$ 是知道具体数值的。

$$8*9 = 8*(3+3+3) = 8*3+8*3+8*3$$

$$8*3 = (2+2+2+2)*3 = 2*3+2*3+2*3+2*3 = 20$$

所以 $8*9 = 60$。

题目做完了。如果这个也会做了……也请不要膨胀，无论什么时候都不要膨胀。接下来看另一个例子。

例 7 有一种运算 "*" 满足以下条件：
1. $x*x = 5$；
2. $x*(y*z) = (x*y)+z-5$；
求 $2019*1949$。

能不能仿照上题中 8 和 9 拆成若干个 2 和 3 的办法？

不能。为什么？这里拆开了没用，因为没有分配律了！

我拿到这道题目第一反应就是：能不能把 $x*y$ 用具体的加减乘除给表示出来？于是对条件 2 我做了以下操作：

$x*(y*y) = (x*y)+y-5$，即 $x*5 = (x*y)+y-5$；另一方面，$x*(y*5) = x*y$。于是我判断，这种努力是徒劳的，因为我无法得到不带 * 的运算。

看来又只能从结论入手了，想法是把结论做一些变换，满足上述两个条件。

首先可以肯定的就是要用条件 2。$2019*1949$ 怎么运用条件 2？这就要看把 $2019*1949$ 是当作 $y*z$ 还是 $x*y$ 了。如果是当作 $y*z$，我们需要挑个 x，那又要面临一个新问题：$x*2019 = ?$ 这又是无解的，所以估计应当作 $x*y$ 来考虑。如果 $2019*1949$ 要凑成 $x*y$ 这种形式，那只能是：

$2019*(1949*z) = 2019*1949 + z - 5$。问题又来了：此时 z 取多少比较合适呢？

不难发现，我们唯一能直接得到结果的情形就是 $z = 1949$，此时

$$2019*(1949*1949) = 2019*5 = 2019*1949 + 1944$$

所以问题转化成只需要计算 $2019*5$ 即可！

很显然，5 在这个运算下绝对是个好数字，因为 $5 = x*x$，其中 x 是任意的，所以

$$2019*5 = 2019*(2019*2019) = 2019*2019 + 2019 - 5 = 2019$$

于是

$$2019*1949 = 2019 - 1944 = 75$$

你是不是开始觉得，这种自定义运算挺有意思的？

例8 已知：
1. $a*1 = a$；
2. $a*n = 2 \times [a*(n-1)] + a$；
且 $m*4 = 45$，求：
(1) m 等于多少？
(2) $m*8$ 等于多少？

第一问的实质就是解方程，无非是我们不知道这个方程长什么样，所以接下来的任务就是要把这个方程给列出来。

在两个条件中，第一个条件显然用处不太大。因为 a 是任意的，但是 1 是固定的。所以限制得非常死。

那么就看第二个。$a*n = 2 \times [a*(n-1)] + a$ 给出的信息就比较丰富了。为

什么？因为给出了 n 和 $n-1$ 这两种情况之间的关系。对于这种联系，数学上专门有个术语叫"递归"。如果读者接触过汉诺塔这种游戏，就很容易理解递归的概念了，即告诉你每次操作和前一次操作之间的联系，然后要求你找到第 n 次操作和 n 之间的关系。

既然本题中出现了递归形式的式子，那就值得深入研究一下。

$m*4$ 显然由 $m*3$ 决定，$m*3$ 显然由 $m*2$ 决定，而 $m*2$ 显然由 $m*1$ 决定。我们不妨把式子列出来看看，当然是从最简单的情况列起：

$$m*2 = 2\times(m*1)+m = 2m+m = 3m$$

于是

$$m*3 = 2\times 3m+m = 7m，\quad m*4 = 2\times 7m+m = 15m$$

方程变成了

$$15m = 45$$

因此 $m=3$。

接下来是 $m*8$ 等于多少？我们当然可以这样一个个地计算下去，反正再来四次就足够了——这是你想不到更好办法时候的笨办法，永远不要鄙视笨办法，笨办法好过没办法。当然，最好的办法还是找规律，不然的话，假如题目改成 $m*n$，那可怎么做呢？

所谓找规律，其实就是要把数列中的数和数在整个数列中的序号找到对应关系。通常我们把 $m*1$ 记作第一项，结果是 m；$m*2$ 是第二项，结果是 $3m$；$m*4$ 是第四项，结果是 $15m$。

一般来说，找规律第一招就是拿后项减前项。我们进行了这个操作后，分别得到几个差为 $2m$，$4m$，$8m$，这是一个等比数列，即后项比前项是常数的数列。而 $3m$，$7m$，$15m$ 分别可以看作：

$$2\times 2m-m=3m,\ 2\times 4m-m=7m,\ 2\times 8m-m=15m$$

所以据此我们可以写出 $m*n=2^n\times m-m$。因此，把 $n=8$，$m=3$ 代入即可。

我们最后来看一个例子。

例9 定义 $a*b=a+b-\dfrac{a\times b}{2018}$

1. 运算是否满足交换律？
2. 计算
(1) $2019*(2019\times 2018)$
(2) $2019*2019*\cdots *2019*2018*(2019\times 2018)*(2019\times 2018)*\cdots *(2019\times 2018)$；其中，2019 有 2019 个，$2019\times 2018$ 有 2018 组。
3. 计算
$2019*2019*\cdots *2019*(2\times 2018)*(2019\times 2018)*(2019\times 2018)*\cdots *(2019\times 2018)$；其中 2019 有 2019 个，$2019\times 2018$ 有 2018 组。

所谓交换律就是指把 a 和 b 互换位置，计算结果不发生改变。我们注意到

$b*a=b+a-\dfrac{b\times a}{2018}=a+b-\dfrac{a\times b}{2018}=a*b$，所以交换律成立，第一问结束。

第二问的第一小题，就直接根据定义来做：

$$2019*(2019\times 2018)=2019+2019\times 2018-\dfrac{2019\times 2019\times 2018}{2018}=$$
$$2019\times 2019-2019\times 2019=0$$

至于第二问的第二小题，看起来这么长的排列，直接能吓退九成以上的学生。事实上没什么好怕的，毕竟看起来这么有规律的样子。当然你如果挨个计算的话，那就是另一回事了……第一步就很难进行下去，因为会出现

$\dfrac{2019 \times 2019}{2018}$。这并不是一个整数，就算是分数，这也算是丑陋的那种，再往下算恐怕会很吃力。

然而之前我讲过，数学题中没有什么条件会是多余的。扔给你一个验证交换律的问题干什么？那肯定要用啊！

既然 $b*a = a*b$，那么我们可以把后面的 2019×2018 一组一组地挪到前面和 2019 进行配对，这样利用第二问的第一小题就知道：$2019 * (2019 \times 2018) = 0$，一共有 2019 个 2019、2018 组（$2019 \times 2018$），所以还剩一个 2019，一个中间的 2018，以及 2018 个 0；很显然，$0*0 = 0$，于是式子变成了

$$0*0*\cdots*0*2018*2019 = 0*2018*2019 = (0 + 2018 - 0)*2019$$
$$= 2018 * 2019 = 2018$$

最后一问，开始的过程仿照第二问第二小题即可，也是通过反复利用交换律变成：

$$0*0*\cdots*0*(2018 \times 2) * 2019 = (2018 \times 2)*2019 = 2018 \times 2 + 2019$$
$$- \dfrac{2018 \times 2 \times 2019}{2018} = 2019 - 2 = 2017$$

其实也没有很难，对吧？这种计算才是真的有意思的计算哟。还有谁说自己已经完全学会加法和乘法的，站出来！

找规律

观察数列的规律也是计算题中一类常见的题型，通俗地讲叫"找规律"。这个不光是小学数学中经久不息的考点，也是公务员考试中最常见

的考点之一。数学问题"四大神兽"[①]之一、没完没了的斐波那契之兔就和"找规律"息息相关。所谓的斐波那契数列是指第 $n+2$ 项等于第 n 项和第 $n+1$ 项之和的数列。写出来就是 1, 1, 2, 3, 5, 8, 13, …。关于斐波那契数列的知识可以单独写一本小册子，比如，它的通项公式写出来就会超出很多人的想象，需要用到无理数才能表示出这个规律。这是一个神奇的结果，因为斐波那契数列中的每一项都是整数！具体原理我在这里就不展开了，等到了高中，大家就会知道的。

当然，找规律是基础，找到规律之后的计算往往才是目的，但是找规律是这种计算的核心步骤。我们来看一个简单的例子。

例 10 观察数列 $\dfrac{1}{2}, \dfrac{1}{4}, \dfrac{3}{4}, \dfrac{1}{6}, \dfrac{3}{6}, \dfrac{5}{6}, \cdots, \dfrac{2015}{2018}, \dfrac{2017}{2018}$ 的规律，问：

(1) 第 2018 项是什么？

(2) 前 2018 项的和是多少？

事实上，想要确定第 2018 项是什么，就要确定该项的分子和分母分别是什么。首先看分子。分子的规律写出来就是：

$$1$$
$$1, 3$$
$$1, 3, 5$$
$$1, 3, 5, 7$$

即同分母的分子项数构成了等差数列。那么接下来要确定第 2018 项是属于哪个分母的。

---

① 斐波那契之兔、"鸡兔同笼"之鸡、芝诺之龟和苏步青爷爷的狗，堪称数学问题的"四大神兽"。

数学问题的"四大神兽"

我们知道，首项为 1、公差为 1 的等差数列的求和公式是 $\dfrac{n(n+1)}{2}$。现在我们要做的就是大致估算一下 n 为多少的时候，这个和约等于 2018。

我们需要先把 2018 乘以 2，得到 4036。考虑到 $n(n+1)$ 大致和 n 的平方差不多大，于是就可以借助平方表。接下来考虑到 64 的平方是 4096，而 63 的平方是 3969，所以 n 不超过 64。此时，分母至多为 $2 \times 64 = 128$。当 $n = 63$ 时，前面已经有 2016 项了，所以再往后数两项的分子为 3，即第 2018 项为 $\dfrac{3}{128}$。

很多孩子能做出来这一问，但下一问就够呛了，为什么？因为他们被吓到了，第一反应就是：这可怎么通分啊！我强调了很多遍啦，不要怕，如果没思路的话，不妨先写两个瞧瞧。

首先我们肯定是把同分母的加一起，因为这是最简单的计算。$\dfrac{1}{2}$ 就是 $\dfrac{1}{2}$，接下来 $\dfrac{1}{4} + \dfrac{3}{4} = 1$，$\dfrac{1}{6} + \dfrac{3}{6} + \dfrac{5}{6} = \dfrac{3}{2}$，……。你看，规律不就来了吗？$\dfrac{1}{2}$，1，$\dfrac{3}{2}$，……，这么明显的规律，对吧？

这要是到了中学，可能还要求验证一下，分母为 $2n$ 的项的和为 $\dfrac{n}{2}$，小学阶段只要直接用这个结论就可以了。

从第一项到 $\dfrac{125}{126}$ 的项的和是 $\dfrac{1+2+\cdots+63}{2} = 1008$；剩下两项为 $\dfrac{1}{128} + \dfrac{3}{128} = \dfrac{1}{32}$，所以最后结果就是 $1008\dfrac{1}{32}$。

例 11 将从 1 开始的自然数按照图中规律排成数阵，数 1000 所在的行与列中分别有一个最小的数，求这两个数的和。

$$
\begin{array}{cccccc}
1 & 2 & 9 & 10 & \cdots \\
4 & 3 & 8 & 11 & \cdots \\
5 & 6 & 7 & 12 & \cdots \\
16 & 15 & 14 & 13 & \cdots \\
17 & \cdots
\end{array}
$$

这不禁让我想起了《红日》这首歌中的歌词："一生之中兜兜转转……"歌难唱，题目看起来更是绕得不得了，颠来倒去真的是，天哪……

从好的方面看，这个规律虽然复杂了点儿，但还算比较明显。从更好的方面看，计数是很容易的，就是一个个正方形不断地增大。

1000 落在 961 和 1024 这两个平方数（即 31 和 32 的平方数）中间，所以它一定是落在 32×32 这个数阵的某条边上。数阵的圈数为奇数时，走的顺序是顺时针，961+32=993，所以到了 993 还要再往左走 7 个数，即在第 32 行、第 25 列。

再观察一下，作为数阵最外的那一行，如果行数是偶数，那么一定是从大到小排列的，所以在第 32 行中，993 是最小的数。

然后找第 25 列中最小的数。因为是奇数列，所以我们也要考察奇数列的情况。第一列看不出什么，第三列前三个数递减，第四个数开始递增，第五列前五个数递减，第六个开始递增，所以第 25 列应该前 25 个递减，第 26 个开始递增。第 25 列第一行应该是 25 的平方 625，所以 25 行 25 列的数为 601，这是第 25 列中最小的那个数。因此，要求的和就是 993+601=1594。

是不是很绕？

说到底，这也就是一个计数问题。很多人看到这里也许会油然而生一种挫败感：好嘛，原来我不仅不会加、减、乘、除，现在连数数都不会了？

所以你说，数学难不难学？但是别忘了，数学是有规律的，规律是可以掌握的。不要被题目吓到，要尽可能地把规律性的东西挖掘出来，这才是正途。

例 12 将非零自然数按照图中规律排列，有些数会多次出现，有些数永远不会出现。请问：99 在图中出现几次？最后一次出现的位置在哪里？最小的永远不出现的数是多少？

1	2	3	4	⋯	97	98	99
2	3	4	5	⋯	98	99	100
4	5	6	7	⋯	100	101	102
7	8	9	10	⋯	103	104	105
11	12	13	14	⋯	107	108	109

⋯

这个图中的部分规律很容易观察出来：每一行都是公差为 1 的等差数列，这个规律很显然。但是列的规律不那么好找。如果规律不明显的话，一般来说是作差看看。

我们把第一列中的数挨个减一减，即 $2-1, 4-2, 7-4, 11-7, \cdots$，得到的差依次是 $1, 2, 3, 4, \cdots$，规律很明显了吧？所以，第一列那些数的通项公式写出来就是 $1+\dfrac{n(n-1)}{2}$。但这和我们最后要解决的问题有什么关系呢？

当然有关系啊，只要第一列某行的数大于 99 了，后面就不会再有 99 出现了呀！所以，我们就要考察 n 等于多少的时候，$1+\dfrac{n(n-1)}{2}$ 大于 99。

通过估算（方法还是利用背熟的平方表），我们可以看到，$n=15$ 的时候，$1+\dfrac{n(n-1)}{2}$ 大于 99；在前 14 行中，第一列上的数都小于 99，所以 99 一共出现 14 次。

在第 14 行里，起始项应该是 92，所以 99 位于第 8 列，即 99 最后一次出现在第 14 行、第 8 列上。

现在考虑最后一个问题，不出现的最小的数是多少？

首先要想，什么数会不出现呢？

直接能写出来的那是答案——不排除极少数孩子确实能一眼找到规律，但是大多数人需要有个探索的过程，至少以贼老师现在这样的水平，也都是在想了一下之后才得出答案，所以还是那句话：思考过程的学习很重要。

我们的思考过程如下：不上榜的数的特点是什么呢？现在每行和每列的数的规律都有了，每一行内数的增加幅度是很小，而且固定，但每一列的前后两个数之间的差却越拉越大。所以，对于某个数要想不存在于这个数表上，一定要有个空隙能让它钻。

这个空隙又是怎么产生的？由于行上的数增加得缓慢，列上的数增加得快，所以一开始位于数表第一列的某个数相比前一行最后一列数要小；但是，由于列上的数增速很快，因此这个空隙就应该产生在某一行的最后一个数和其下一行的第一个数之间。用公式写出来就是

$$1+\frac{n(n+1)}{2}>99+\frac{n(n-1)}{2}$$

解得 $n>98$，所以 $n=99$。把 $n=99$ 代入，得到第 99 行、第 99 列的数为 4950，而第 100 行、第 1 列的数为 4951，这两个数中间插不进一个整数！

原来是忽略了两个正整数中间插进一个正整数，那么这两个正整数之间

的差要不小于 2。

经过调整，我们马上可以得到：$n=100$ 是满足要求的最小的数。此时，第 100 行、第 99 列的数为 5049，第 101 行、第 1 列的数为 5051，所以第一个不在数表上的数为 5050。

家长们别灰心，虽然你们还不会数数，但我是不会放弃你们的，就像你们不能放弃自己的娃一样！

算部分

计算的种类繁多，我再介绍一类——算部分。

例 13 求下列两个算式结果的整数部分

(1) $\dfrac{11\times66+12\times67+13\times68+14\times69+15\times70}{11\times65+12\times66+13\times67+14\times68+15\times69}\times100$

(2) $\dfrac{\dfrac{1}{3}}{\dfrac{1}{10^2}+\dfrac{1}{11^2}+\cdots+\dfrac{1}{29^2}}$

很显然，我们不能直接计算，对吧？没错，这道题就连硬算的可能性都给你堵死了。当然，如果哪位英雄一定要硬算，也没有问题，其他人可以先去准备中饭，然后等下午茶喝完了，他差不多也就算完了。

那么我们应该如何入手？

首先看第一个，$\dfrac{11\times66+12\times67+13\times68+14\times69+15\times70}{11\times65+12\times66+13\times67+14\times68+15\times69}$ 该怎么处理？事实上，分子和分母看起来差别并不算太大，而且都是整数，所以我们考虑能

不能把分子拆分成分母的样子？由于

$$11\times66+12\times67+13\times68+14\times69+15\times70$$
$$=11\times65+12\times66+13\times67+14\times68+15\times69+11+12+13+14+15$$

所以

$$\frac{11\times66+12\times67+13\times68+14\times69+15\times70}{11\times65+12\times66+13\times67+14\times68+15\times69}=$$
$$1+\frac{11+12+13+14+15}{11\times65+12\times66+13\times67+14\times68+15\times69}$$

然后呢？是啊，数学里最可恨的就是：没有然后了。

对于这种看起来很麻烦的分数，要是能约分就好了。但是，这很显然做不到。但是，题目并没有要求你给出一个精确值，而是答案的整数部分！换句话说，对于 $\dfrac{11+12+13+14+15}{11\times65+12\times66+13\times67+14\times68+15\times69}$，只要求得小数点后两位精确值即可。于是我们可以进行估算：

$$(11+12+13+14+15)\times65<11\times65+12\times66+13\times67+14\times68+15\times69<(11+12+13+14+15)\times69$$

于是

$$\frac{1}{69}<\frac{11+12+13+14+15}{11\times65+12\times66+13\times67+14\times68+15\times69}<\frac{1}{65}$$

所以

$$100+\frac{100}{69}<\frac{11\times66+12\times67+13\times68+14\times69+15\times70}{11\times65+12\times66+13\times67+14\times68+15\times69}\times100<100+\frac{100}{65}$$

整数部分即为 101。

从这个题不难发现：要计算整数部分，即找到这样一个范围，使得在该范围内的上限和下限的整数部分是相等的，只有小数部分不同，这种技巧叫"放缩"。

放缩是一种很高级的技巧，构造性极强，属于顶级难度，需要很好的数感和知识积累。它与其他类型题目的不同之处在于：很多时候，其他题目告诉你方法，你就能做了，但放缩就算告诉你要放缩，你也不见得能找到解题的路子。

所以，放缩这个技能练也不一定能练会，但不练一定不会……当然，我说得有点危言耸听了，我换个说法：放缩只是相对来说套路比较少，但并不是完全没有套路。

比如，此例的第二问里就有一个常用的套路。

对于 $\dfrac{1}{10^2}+\dfrac{1}{11^2}+\cdots+\dfrac{1}{29^2}$ 这种形式的放缩，我们往往采用以下的技巧：

$$\dfrac{1}{10\times11}+\dfrac{1}{11\times12}+\cdots+\dfrac{1}{29\times30}<\dfrac{1}{10^2}+\dfrac{1}{11^2}+\cdots+\dfrac{1}{29^2}<\dfrac{1}{9\times10}+\dfrac{1}{10\times11}+\cdots+\dfrac{1}{28\times29}$$

看明白了吗？在拆成 $\dfrac{1}{n\times(n+1)}$ 之后，我们就可以用 $\dfrac{1}{n\times(n+1)}=\dfrac{1}{n}-\dfrac{1}{n+1}$。这是一个熟悉的结果，然后就可以消去很多项了。

$$\dfrac{1}{10\times11}+\dfrac{1}{11\times12}+\cdots+\dfrac{1}{29\times30}=\dfrac{1}{10}-\dfrac{1}{11}+\dfrac{1}{11}-\dfrac{1}{12}+\cdots+\dfrac{1}{29}-\dfrac{1}{30}=\dfrac{1}{10}-\dfrac{1}{30}=\dfrac{1}{15}$$

$$\dfrac{1}{9\times10}+\dfrac{1}{10\times11}+\cdots+\dfrac{1}{28\times29}=\dfrac{1}{9}-\dfrac{1}{10}+\dfrac{1}{10}-\dfrac{1}{11}+\cdots+\dfrac{1}{28}-\dfrac{1}{29}=\dfrac{1}{9}-\dfrac{1}{29}=\dfrac{20}{261}$$

后面的步骤请自行补充完整，答案是 4。

放缩的实质就是用不等式，所以，当题目中明确比较两个长式子的大小时，就很自然要考虑放缩的问题。

例 14 设：$A = \dfrac{1}{2} \times \dfrac{3}{4} \times \dfrac{5}{6} \times \cdots \times \dfrac{99}{100}$，$B = \dfrac{2}{3} \times \dfrac{4}{5} \times \dfrac{6}{7} \times \cdots \times \dfrac{98}{99}$，$C = \dfrac{1}{10}$，比较 A、B 和 C 之间的大小。

直接计算肯定是不可能的，所以一定要通过放缩，关键怎么放缩？既然整体不行，我们就看分项。A 的值该怎么放缩呢？不难发现：$\dfrac{1}{2} < \dfrac{2}{3}$，$\dfrac{3}{4} < \dfrac{4}{5}$，…，所以

$$A = \frac{1}{2} \times \frac{3}{4} \times \frac{5}{6} \times \cdots \times \frac{99}{100} < \frac{2}{3} \times \frac{4}{5} \times \frac{6}{7} \times \cdots \times \frac{98}{99} \times \frac{99}{100} < B$$

然后考虑 A 和 C，或者 B 和 C 的关系。

我们不妨先考虑，是 A 大还是 C 大？A 如果要放缩成和 C 比较，那么一定要消去很多项，否则是得不到一个分数能明显和 $\dfrac{1}{10}$ 做比较的。

但是，A 中的这些分数显然不能直接被约得很简洁，如果 A 中后一项的分子都能变得和前一项的分母相等，那该多好？于是 A 有两种选择：一种往大放，一种往小缩。先看往大了放，即 A 小于某个数，并且这个数能够表示成后项的分子等于前项的分母的形式：

$$A = \frac{1}{2} \times \frac{3}{4} \times \frac{5}{6} \times \cdots \times \frac{99}{100} < \frac{2}{3} \times \frac{3}{4} \times \frac{4}{5} \times \cdots$$

这就做不下去了。

同理，如果往小了缩，会出现类似的问题。

换 B 放缩会不会好一点？并不会。虽然 A 和 B 表达式不一样，但是结

构完全一样：分子是公差为 2 的等差数列，分母也是，所以两个式子都不能进行有效放缩。

看起来陷入了绝境。

别慌，我们再仔细观察 A 和 B。我们想要的结论是什么？能否把式子变成约得很简洁的形式？然而，如果把 A 和 B 放在一起就能发现：只要把 A 和 B 乘起来，不就是我们要找的东西吗？

不难发现 $A \times B = \dfrac{1}{100}$，而 A<B，所以 $B > \dfrac{1}{10} > A$。题目就这样做完了。

你是不是感慨，数学真的太难了？不要气馁，放缩和构造法一样，并不是单纯靠逻辑推理就能得到的，有时候需要灵光一现。因此，想掌握好这类题目，不仅需要基本的放缩技巧加上一定的积累，偶尔还要再来点小运气才行。

例15 计算 $\left(\dfrac{1}{2} + \dfrac{1}{3} + \dfrac{1}{4} + \cdots + \dfrac{1}{13}\right) \times 2019$

结果的小数点后第 2019 位数是多少？

这道题看起来非常可怕。事实上，这也是小学计算中难度很大的题目了，所以并不只是看起来可怕，事实确实很可怕。

难道要一个个地除，然后找规律？总不能直接通分，然后用 2019 去除，最后观察循环节吧？

静下心来，别激动。

其实，你只要尝试几个就会发现：$\frac{1}{2}, \frac{1}{3}, \frac{1}{4}, \frac{1}{5}, \frac{1}{6}, \frac{1}{8}, \frac{1}{10}, \frac{1}{12}$ 乘上 2019 之后都变成了有限小数，所以，根本影响不到小数点后第 2019 位。于是，我们只需要考虑剩下的 $\frac{1}{7}, \frac{1}{9}, \frac{1}{11}, \frac{1}{13}$ 这几个数乘以 2019 的情况就好了。

看，是不是顿时简化了很多？

注意，当 7, 11, 13 这三个数同时出现时，就要注意 1001 这个数，因为 $1001=7\times11\times13$。这个数在小学数学里有着非常重要的意义。

我们把问题简化成：计算 $\left(\frac{1}{7}+\frac{1}{9}+\frac{1}{11}+\frac{1}{13}\right)\times2019$ 结果的小数点后第 2019 位数是多少？

由于整数部分对最后结果并不影响，因此我们可以把这个式子改写成

$$\left(\frac{1}{7}+\frac{1}{9}+\frac{1}{11}+\frac{1}{13}\right)\times2019=288+\frac{3}{7}+224+\frac{1}{3}+183+\frac{6}{11}+155+\frac{4}{13}$$

即求

$$\frac{3}{7}+\frac{1}{3}+\frac{6}{11}+\frac{4}{13}$$

结果的小数点后第 2019 位数是多少。

$$\frac{3}{7}+\frac{1}{3}+\frac{6}{11}+\frac{4}{13}=\frac{1}{3}+\frac{1283}{1001}=1+\frac{1}{3}+\frac{282}{1001}$$

继续把 1 扔掉，$\frac{1}{3}=0.33333...$，$\frac{282}{1001}=0.281718281718...$，所以

$$\frac{1}{3}+\frac{282}{1001}=0.615051615051...$$

6 个数为一个循环节，所以小数点后第 2019 位等于小数点后第三位，即 5。

在开始下一道题目之前，我们先补充一个定理：

$$1^2 + 2^2 + \cdots + n^2 = \frac{n(n+1)(2n+1)}{6}$$

我先略过这个定理的证明——当然有用几何直观来证明的方法，也有用代数技巧的证明方法，但是这个过程对小学生来说都不太好理解，按下不表吧。

例 16 计算

$$\left(\frac{1}{2\times 3} + \frac{1}{4\times 5} + \cdots + \frac{1}{28\times 29}\right)\times 24 - \left(\frac{1}{1^2} + \frac{1}{1^2+2^2} + \cdots + \frac{1}{1^2+2^2+\cdots+14^2}\right)$$

既然补充了公式，那么肯定要用上：

$$\frac{1}{1^2 + 2^2 + \cdots + n^2} = \frac{6}{n(n+1)(2n+1)}$$

然后呢？我们观察

$$\frac{1}{2\times 3} + \frac{1}{4\times 5} + \cdots + \frac{1}{28\times 29}$$

第一反应就是能不能裂项。毕竟我们说过，看到 $\frac{1}{n\times(n+1)}$ 的第一反应就是拆成 $\frac{1}{n} - \frac{1}{n+1}$，于是我们操作了以后发现，裂项没有问题，但是没有一项能消掉，所以此路不通。

"套路"这个东西只能保证在大多数情况下管用，但从来不能保证对所有问题都有用。这就是一个无法用套路的例外，因此我们要转弯啦！

直接把 24 乘到每一项上有用吗？似乎也没什么用，因为约分完了以后结果显得七七八八的，非常丑陋，所以此路也不通。

那该怎么办？既然单独看前面行不通，单独看后面也没思路，那么下一步自然就是结合起来看了——是不是顺理成章了？

关键是 $\left(\dfrac{1}{2\times 3}+\dfrac{1}{4\times 5}+\cdots+\dfrac{1}{28\times 29}\right)\times 24$ 拆分开来正好有 14 项，后面 $\left(\dfrac{1}{1^2}+\dfrac{1}{1^2+2^2}+\cdots+\dfrac{1}{1^2+2^2+\cdots+14^2}\right)$ 也恰好有 14 项，所以可以猜想，是不是会有一一对应的关系？

先来看第一项

$$\frac{1}{2\times 3}\times 24-\frac{1}{1^2}=3$$

这也没什么特别的。那再看第二项

$$\frac{1}{4\times 5}\times 24-\frac{1}{1^2+2^2}=1$$

仍然没有什么特别啊！再下一项是 $\dfrac{1}{2}$，这看起来还是没什么规律啊？不要急着绝望，在这种情况下，一般的做法是不要求算出具体的值，而是保留运算步骤，找规律。什么意思？其实就是：

$$\frac{1}{2\times 3}\times 24-\frac{1}{1^2}=\frac{1}{2\times 3}\times 24-\frac{6}{1\times 2\times 3}=\frac{1}{2\times 3}\times 24-\frac{24}{2\times 3\times 4}$$

$$\frac{1}{4\times 5}\times 24-\frac{1}{1^2+2^2}=\frac{1}{4\times 5}\times 24-\frac{6}{2\times 3\times 5}=\frac{1}{4\times 5}\times 24-\frac{24}{4\times 5\times 6}$$

$$\frac{1}{6\times 7}\times 24-\frac{1}{1^2+2^2+3^2}=\frac{1}{6\times 7}\times 24-\frac{6}{3\times 4\times 7}=\frac{1}{6\times 7}\times 24-\frac{24}{6\times 7\times 8}$$

所以原式等于：

$$24 \times \left(\frac{1}{2 \times 3} - \frac{1}{2 \times 3 \times 4} + \frac{1}{4 \times 5} - \frac{1}{4 \times 5 \times 6} + \frac{1}{6 \times 7} - \frac{1}{6 \times 7 \times 8} + \cdots \right)$$

$$= 24 \times \left(\frac{1}{2 \times 4} + \frac{1}{4 \times 6} + \frac{1}{6 \times 8} + \cdots + \frac{1}{28 \times 30} \right)$$

$$= 6 \times \left(\frac{1}{1 \times 2} + \frac{1}{2 \times 3} + \frac{1}{3 \times 4} + \cdots + \frac{1}{14 \times 15} \right)$$

$$= \frac{28}{5}$$

不要轻言计算很容易，虽然很多时候计算看起来是硬功夫，但是这里面的巧劲儿仍然能让你招架不住。看完这一章之后，如果你觉得自己反而不会计算了，那就有点儿张无忌学太极拳——无招胜有招的意思了。

第 2 节　巧算小数

接下来看看关于小数的巧算问题。

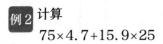 **计算**

$4038×9-201.9×90+20\ 190×0.1$

如果考试的时候看不出简单的方法，直接计算当然是好方法，但平时训练时，我们一定要动脑筋。可以看到，在后两项里，2, 0, 1, 9 这四个数字以不同形式出现。这种题经常出现在 2019 年的各类数学竞赛中，我给这种类型的题取名叫"应景题"。

既然要应景，那么第一项看着不应景，肯定就显得不和谐啊！所以，这时候就要观察，我们发现 4038 可以拆成 2019 乘以 2，这样看起来就顺了。

$$4038×9-201.9×90+20\ 190×0.1$$
$$=2019×18-2019×9+2019$$
$$=2019×(18-9+1)=20\ 190$$

硬算，那叫算术，这才是数学。

例 2 计算

$75×4.7+15.9×25$

家长完全可以让孩子先硬算，得到 $352.5+397.5=750$；然后提示孩子："你看看这个结果是不是很整齐？所以，有没有可能会有简便的方法？"

如果孩子还看不出来结果和原式的关系，家长可以进一步提示：原式中

第一部分含有 75，而最后的结果恰好是 75 的 10 倍，也就是说，后面这一部分是不是也应该是 75 的若干倍？但是，最后只有乘数 25，那该怎么办呢？

问 15.9 借嘛！25 乘以 3 等于 75，问 15.9 借个 3 总是可以的吧？

如果孩子又问："15.9 不肯借怎么办？"假如家长手边有拖鞋、苍蝇拍、戒尺之类的东西，也许会忍不住想使用一下了……当然，我不赞同动粗。

我们把 15.9 改写成 5.3 乘以 3 后，就可以提取出 75，剩下的就是 4.7＋5.3 等于 10，很快就能心算得到结果 750 了。

对于小学数学中的计算来说，分配律和结合律是最常见的巧算手段，同时，对于因数的分解也是有一定要求的。比如，式子中不同部分有没有公因数？或者是哪几项有公因数？有公因数的项先凑起来，这就是一条基本原则。

换句话说，如果你熟读《三国演义》，那么开篇"话说天下大势，分久必合，合久必分"这句话你一定不陌生，而这句话用在数学的巧算里，简直再恰当不过。学会了怎么分、怎么合，数感自然而然就提升了。

例3 计算
$7.816×1.45＋3.14×2.184＋1.69×7.816$

很显然，我们可以先把第一、第三两项拼在一起，就变成了

$$7.816×(1.45＋1.69)＋3.14×2.184$$
$$＝7.816×3.14＋3.14×2.184$$
$$＝31.4$$

例4 计算

$$999.9 \times 0.28 - 66.66 \times 3.7$$

这里的公因数就不如之前几个例子中的那么明显，不过还是可以看出 33.33 是一个公因数。我们可以把式子变形成：

$$33.33 \times 3 \times 2.8 - 33.33 \times 2 \times 3.7$$
$$= 33.33 \times (8.4 - 7.4)$$
$$= 33.33$$

如果你觉得以上的小数巧算太简单，那么是时候展现一波力量了！

例5 计算

$$(2+1.23+2.34) \times (1.23+2.34+3.45) - (1.23+2.34)$$
$$\times (2+1.23+2.34+3.45)$$

在这道题目里，1.23，2.34，3.45 这三个数是反复出现的，所以我们是不是能够先乘开看看？根据分配律，可以得到

$$2 \times 1.23 + 2 \times 2.34 + 2 \times 3.45 + 1.23 \times 1.23 + 1.23 \times 2.34 + 1.23 \times 3.45$$
$$+ 2.34 \times 1.23 + 2.34 \times 2.34 + 2.34 \times 3.45 - 1.23 \times 2 - 1.23 \times 1.23 - 1.23$$
$$\times 2.34 - 1.23 \times 3.45 - 2.34 \times 2 - 2.34 \times 1.23 - 2.34 \times 2.34 - 2.34 \times 3.45$$
$$= 2 \times 3.45 = 6.9$$

可以看到，很多项就直接消掉了，不过因为项数比较多，似乎比直接乘也快不到哪里去……两种方法半斤八两吧。

但是，后面这个办法有一个好处：每项相对比较简单。所以在做计算的时候，一项一项地消，比较不容易出错。不过，这肯定都不是我们想要的。

再仔细观察一下：既然 1.23，2.34，3.45 这三个数反复出现，那么能不能将其当成一个整体来看待呢？试试看：

$$(2+1.23+2.34)\times(1.23+2.34+3.45)-(1.23+2.34)\times(2+1.23+2.34+3.45)$$
$$=2\times(1.23+2.34+3.45)+(1.23+2.34)\times(1.23+2.34+3.45)-(1.23+2.34)\times2$$
$$-(1.23+2.34)\times(1.23+2.34+3.45)=2\times3.45=6.9$$

嗯，这才是数学正确的样子。

在日常训练的时候，如果孩子能直接把重复出现的部分当整体看待，那说明他已经过关了；如果没有思路，就让孩子先硬算，再展开，最后再考虑是不是能够看成整体。循序渐进总是一个不错的办法。

例6 比较下面两个数的大小

$$A=0.98732\times72.345$$
$$B=0.98733\times72.344$$

不难看到，其实比较这两个数的大小等价于比较 98 732×72 345 和 98 733×72 344 的大小。毕竟我们对整数比小数更有天然的好感——别小看这一步，做题的时候保持"熟悉"的状态是很重要的。

变成整数以后，我们发现可以把后一个乘积稍稍变形：

$$(98\ 732+1)(72\ 345-1)=98\ 732\times72\ 345-98\ 732+72\ 345-1$$

答案很显然小于 A，所以再把小数点挪回去，得到 B<A。

这些观点从初中代数的角度来看，其实是非常容易的，但是如果过早引入字母运算，对小学生来说接受起来会有一定困难。像上面这样的教学方法就比较容易被孩子所接受。

对于家长来说，因为已经接触过后面的内容，所以做出题目来并不困难，但是如果用纯小学的办法来解决问题，还是有一定的难度。更何况，有些东西看起来是一目了然，但要让孩子接受，也是一门学问哦。不要光想着自己已经会飞了，也要想想自己蹒跚学步时候的样子，这样会更有耐心。

小数计算和整数计算最大的不同在于小数点的移位。两数相乘，每个数的小数点向相反方向挪动相同位数，积不变；如果相除，那么就要同向移相同位数，商不变。这些都可以在日常学习中给孩子进行必要的训练，把小数化成整数是很实用的一项技巧。不要轻视计算，否则过了最佳训练时机，后悔都来不及。

总结一下这一节使用的方法：

1. 因数分解；
2. 凑整；
3. 结合律和分配律。

慢慢练，不要想一口吃成胖子。

第3节　巧算分数

大家冤枉我了。计算堪称义务教育阶段数学最重要的技能。要说哪个学生计算能力不好，但数学学得很好，我倒是真的很想认识一下这个人。何况，我们在第1节已经从四则运算讲到计数，家长们觉得自己都能过关吗？就算你过关了，你能保证给娃讲明白吗？按照费曼的说法，只有当你给把别人讲明白的时候，你才算真的掌握了。

事实上，数的运算是为式的运算打基础的。怎么拆，怎么合，很多数的运算的技巧到了式的运算的时候，仍然管用。

我们从整数的运算讲到小数的运算，那么轮也应该轮到分数了。

分数和小数运算的最大不同在于：小数可以直接加减，而分数往往需要通分这个环节。比如

$$\frac{1}{3}+\frac{1}{2}=\frac{2}{6}+\frac{3}{6}=\frac{5}{6}$$

这个就是最简单的不同分母的分数求和。当然，如果所有的分数运算都是这样的话，我也没必要写文章了。

作为运算来说，结合律、交换律、分配律是三条最重要的基本准则。很多时候，面对一筹莫展的计算问题时，我们也许只要调整一下计算的次序，就会带来完全不一样的效果。

例1 计算
$$\left(3\frac{1}{4}+6\frac{2}{3}+1\frac{3}{4}+8\frac{1}{3}\right)\times\left(2-\frac{7}{20}\right)$$

当然，依着贼老师做数学之外的坏脾气，这道题硬算也是没有任何问题的，但这显然不是我们的目的。

我始终强调，在考研和高考的时候，不要花太多时间去找简便方法，因为有找简便方法的时间，用常规方法没准都做出来了。但是，老贼为什么在这里说"先别忙，先观察"呢？那是因为很多学生在高考、考研之前根本没有接受过关于找巧妙解法的系统训练。这种意识不可能凭空生出来的，一定是经年累月培养起来的，而且越早养成越好。一个从来没有找简便方法习惯的学生，在高考或者考研前两三个月，你让他学习仔细观察，根本不会有任

何效果。但是如果在小学阶段训练起来，那么学生以后就有可能有意识地快速寻找简便方法了。

我们注意到，如果把前半部分中的第一、第三项和第二、第四项分别做加法，这部分马上就变成了 $5+15=20$，此时得到：

$$\left(3\frac{1}{4}+6\frac{2}{3}+1\frac{3}{4}+8\frac{1}{3}\right)\times\left(2-\frac{7}{20}\right)=20\times\left(2-\frac{7}{20}\right)$$

有性急的同学就先把后面算出来，等于 $\frac{33}{20}$。事实上，如果这时候用分配律的话，就变成了 $40-7=33$，岂不是更方便？

在体育项目的训练中，有一个专业名词叫"肌肉记忆"。一旦肌肉受到专业训练，它就不会忘记训练时的状态。换句话说，我们要在平时的日常训练中，一点点打磨，把这个过程尽量做到最优，这样在考试的时候才能像本能反应一样用出来。在这个例子中，先算 $2-\frac{7}{20}$ 当然是没有问题的，但这不是最优的步骤，因为分数运算的实质是整数运算，能尽量避开通分、约分，就尽量避开，直到避无可避，再进行分数运算，这样可以大大提升准确率。

有家长说："我娃总是粗心，咋办？"

我前面说过了，一是负面激励，二是在技术上避免——能加法就避免减法，能乘法就避免除法，能用整数就不用分数。我们对于除法、减法和分数有着与生俱来的"厌恶感"，就是这么简单的道理。

例 2 计算

$$76 \times \left(\frac{1}{23} - \frac{1}{53} \right) + 23 \times \left(\frac{1}{53} + \frac{1}{76} \right) - 53 \times \left(\frac{1}{23} - \frac{1}{76} \right)$$

不知道有没有哪位英雄愿意直接通分、硬算的？估计没有吧？光一个通分就把人累趴下了。如果你仔细观察的话，就会发现应该先用分配律，再把所有相同分母的分数相加减，这样就变成了 $1 + 1 - 1 = 1$。是不是很有趣？

例 3 计算

$$8\frac{12}{13} \times \frac{2}{19} + 19\frac{2}{13} \times 13\frac{1}{19}$$

像这种分母硕大无比的情况，一般说来就要先考虑有没有简单的方法，几乎可以肯定不会用硬算解决。然后，再考虑结合、交换、分配三律能不能用上。

结合，怎么结合？每部分就两项。交换，怎么交换？交换乘法的顺序似乎并没有什么用。当排除掉所有不可能的，剩下的再荒谬那也是真相——此时我们只剩分配律了。下一个问题，怎么用？拆！

$$8\frac{12}{13} \times \frac{2}{19} + 19\frac{2}{13} \times 13\frac{1}{19}$$

$$= \left(8 + \frac{12}{13} \right) \times \frac{2}{19} + \left(19 + \frac{2}{13} \right) \times \left(13 + \frac{1}{19} \right)$$

$$= \frac{16}{19} + \frac{24}{13 \times 19} + 19 \times 13 + 1 + 2 + \frac{2}{13 \times 19}$$

$$= \frac{16}{19} + \frac{2}{19} + 247 + 3$$

$$= 250\frac{18}{19}$$

古时候"田忌赛马"的故事相信大家都听过，无非就是换换次序的事。对于分数的计算来说，用好三律、会凑整数，就能解决起码 70% 以上的问题了。

我之所以要强调分数的计算，因为这是极好的训练观察力的手段。

其实，数学课程体系的编排无非要照顾两个方面：一是内容的逻辑关联，二是能力的培养。对于分数计算来说，我觉得其最重要的方面就是锻炼学生的观察能力，培养学生"不只要埋头行路，还要抬头看天"的大局观。

啊，一个教数学的竟然教起了格局。然而事实就是这样的。

没有大局观，低头硬算在很多时候都是白白浪费力气。但是，这种格局的培养比计算能力的培养更困难，这是真正属于一种意识的培养。有的孩子天赋高，可能生来就厉害，但大多数孩子是普通人，所以这种培养就很有必要。高就比低好，有就比没有好。高低是天赋决定的，有无是勤奋决定的。所以家长在指导孩子的时候，在分数计算这块一定要注意这一点。

例 4 计算

$$\left(\frac{1}{2}+\frac{1}{3}+\cdots+\frac{1}{10}\right)+\left(\frac{2}{3}+\frac{2}{4}+\cdots+\frac{2}{10}\right)+\cdots+\left(\frac{8}{9}+\frac{8}{10}\right)+\frac{9}{10}$$

嗯，考虑把括号里的部分都通分一下？估计你自己都要笑出来。

2 到 10 这 9 个数的最小公倍数是多少？2520。光第一个括号你就要弄半天，况且一共有 8 个括号，等全部弄完，这都多久了？当然，如果你觉得实在没办法，也可以考虑用通分来做。

到头来，我们还是要先仔细观察。通过观察发现一个问题：如果打破括号的界限，有很多分数的分母是相同的，那么是不是可以先加那些分母相同的项呢？

既然有这个想法，那就试一试！

我们先把分母为 10 的加起来，得到

$$\frac{1}{10} + \frac{2}{10} + \cdots + \frac{9}{10} = \frac{45}{10} = \frac{9}{2}$$

把分母为 9 的加起来，得到

$$\frac{1}{9} + \frac{2}{9} + \cdots + \frac{8}{9} = \frac{36}{9} = \frac{8}{2}$$

以此类推，最后分母为 2 的就剩下 $\frac{1}{2}$，所以最终的和等于 $\frac{1}{2} + \frac{2}{2} + \cdots + \frac{9}{2} = \frac{45}{2}$。

如果用通分做本题，后果不堪设想啊！

趁热打铁，我们来看例 5。

例5 **计算**

$$\left(\frac{2+3+4}{1} - \frac{3+4+5}{2} + \frac{4+5+6}{3} - \cdots - \frac{11+12+13}{10} \right) \div \left(1 - \frac{1}{2} + \frac{1}{3} - \cdots - \frac{1}{10} \right)$$

如果上一例题还能勉强用通分，这道题就是一个几乎不可能用通分完成的任务了。

为什么呢？因为在上一题中，虽然分母各不相同，但是每个括号内的分子都是一样的，可以借助提取分子中的公因数的办法来稍微简化一点计算。但在这个例子中，分子各不相同，分母通分完了还是 2520，直接正面硬算就算了吧。

此时我们又要冷静观察了。

作为整个式子的分母 $\left(1 - \frac{1}{2} + \frac{1}{3} - \cdots - \frac{1}{10} \right)$，这看起来没什么可以动的。为什么？分子已经都是 1 了，分母的最小公倍数是 2520，唯一的处理方法就是通分，所以一定不可能是用通分来做，也就是说，只能以这样整体的形式出现。

既然分母中含有 $\left(1-\dfrac{1}{2}+\dfrac{1}{3}-\cdots-\dfrac{1}{10}\right)$ 这么大一坨难以处理的玩意儿，这也给我们指明了方向：分子一定也应该是这个的倍数，否则怎么可能逃脱通分的命运？

这是不是一个很合理的推断？于是接下来就看怎么从分子中剥离出 $\left(1-\dfrac{1}{2}+\dfrac{1}{3}-\cdots-\dfrac{1}{10}\right)$ 了！

我们发现，分子中的每项都是 $\dfrac{n+1+n+2+n+3}{n}$ 这种形式，如果把整数部分剥离出来，就是 $3+\dfrac{6}{n}$，也就是说，分子可以被我们改写成

$$3+\frac{6}{1}-3-\frac{6}{2}+\cdots-3-\frac{6}{10}$$

我们发现，所有的 3 正好全抵消了，而剩下的，恰好是分母的 6 倍，也就是说

$$\left(\frac{2+3+4}{1}-\frac{3+4+5}{2}+\frac{4+5+6}{3}-\cdots-\frac{11+12+13}{10}\right)\div\left(1-\frac{1}{2}+\frac{1}{3}-\cdots-\frac{1}{10}\right)=6$$

很多时候，通分只是一种理论上的可能，在实际操作过程中往往会失效。

例 6 比较分数大小：

$$\frac{22\,222}{999\,999}\ \text{和}\ \frac{2222}{99\,999}$$

这道题一看就不想通分——虽然知道通分能做出来。而且，我可以把题目出成分母有 139 个 9，分子有 138 个 2 那么长，让你连动通分的最后心思都彻底消灭了。到底应该怎么办呢？

如果这道题目变成 $\frac{222\,222}{999\,999}$ 和 $\frac{22\,222}{99\,999}$，比较大小就……完全没有意义了，对吗？因为这么一来，两个分数显然是相等的，都等于 $\frac{2}{9}$。但是我们发现，原题中的两个数与 $\frac{2}{90}$ 差得并不多。

那么能不能借助 $\frac{2}{90}$ 这个数呢？从 $\frac{2}{90}$ 到 $\frac{2}{9}$ 是很容易操作的，乘以 10 就可以了。对比题中的两个数，前面这个数变成 $\frac{2}{9}$ 需要乘以 10 再加上 $\frac{2}{999\,999}$；对于后面的数来说，需要乘以 10 再加上 $\frac{2}{99\,999}$。由于扩大相同的倍数，两个数的大小关系并不发生改变，而前面的数只要加上一个较小的数就等于后面的数加上一个较大的数，答案是不是不言自明了？

最后，通过这几个例子，希望大家注意到以下两点：

1. 分数面目可憎的时候，一般不用通分，基本上是要通过转化的手段；
2. 转化的方式有整体保留、三律的应用、找中间数，等等。

第 4 节　巧算循环小数与分数

现在讲循环小数与分数。

有家长会认为，我之前提到的数学思想实在有些夸张，在小学里讲数学思想太玄乎，这点内容里能有什么数学思想？怎么没有呢？说到底，不管你有没有意识到，化归的思想从小学开始就有了。

我们把分数化成小数，其实只要会做除法就行了。而把小数化成分数，首先就是从有限小数入手，直接乘上 10 的若干次幂，使得有限小数恰好变成整数，然后这个整数作为分子，10 的若干次幂做分母，随之约分即可。再看无限循环小数的情况。无限循环小数又分成纯循环小数和混循环小数，而无限的情况就是从有限的地方推过来的，混的情况就是从纯的地方推过来的——这就是化归。接下来我就慢慢演绎一下。

我个人认为，想检验学生对无限小数的理解程度，一个基本办法就是问他们：$0.\dot{9}$ 和 1 相比，谁大？

如果你认为 $1 > 0.\dot{9}$，那看来你的理解还不到位；如果你认为两者相等，那说明你已经基本理解了无限循环小数。整个说明过程就是标准的小数化成分数的做法：

设 $0.\dot{9} = x$，则 $9.\dot{9} = 10x$，即 $9 + x = 10x$，所以 $x = 1$。

换句话说，如果是纯循环小数化为分数，我们先设这个数为 x，接下来只要把小数点挪到第一个循环节结束的地方——不妨设挪了 p 位，那么就把 x 扩大到 10 的 p 次方倍，然后移项解方程即可。

我们来看几个经典例子。

例 1 将 $0.\dot{1}42\,85\dot{7}$ 化成分数。

我们可以设 $0.\dot{1}42\,85\dot{7} = x$，两边同乘以 $1\,000\,000$，可以得到

$$142\,857.\dot{1}42\,85\dot{7} = 1\,000\,000x$$

即 $142\,857 + x = 1\,000\,000x$，解得 $x = \dfrac{1}{7}$。

这里顺便说一下，从 $\dfrac{1}{7}$ 到 $\dfrac{6}{7}$ 的循环节非常有意思，它始终是 1, 4, 2, 8, 5, 7 这几个数在来回来去地颠倒，分别是

142857

285714

428571

571428

714285

857142

其实，这个规律的应用在小学数学竞赛中也十分常见。我在《把数学当语文来学》一章中已经提到过，这里再强调一下，像这些循环节应该熟记。

下一个问题来了，如果是混循环小数，该怎么办？

敲黑板：化归啊！首先把非循环部分剥离出来——这个总是有限的。我们来看例子。

 把 $0.1\dot{2}\dot{3}$
化成分数。

首先剥离出有限的部分

$$0.1\dot{2}\dot{3} = 0.1 + 0.0\dot{2}\dot{3}$$

你看，起码你把问题转化成一个有限小数和一个不那么复杂的混循环小数了。

心急的人又要问了："那后面这部分还是混的啊？"把后面这部分乘以 10 不就变成纯循环小数了吗？化成分数后，再除以 10 不就得了？

设 $0.\dot{2}\dot{3} = x$

$$100x = 23.\dot{2}\dot{3} = 23 + x$$

$$x = \frac{23}{99}$$

我们来看一下整个过程：

$$0.12\dot{3} = \frac{1}{10} + \frac{23}{990} = \frac{61}{495}$$

是不是一目了然？大家先不用管有没有其他更简便的方法，这就是最能体现化归思想的方法，即把"未知"转化成"已知"的过程。答案本身并不重要，怎么想到的，才最重要。

我来总结一下混循环小数化分数的步骤：

1. 剥离出不循环的部分；
2. 把剩下的循环节乘以 10 的若干次幂，使之变成纯循环小数；
3. 还原回去，加上不循环的部分，再化成分数。

齐活了。

这是要总结给孩子听的。不要一题一法，要有一个通用的思路，逐步培养孩子的化归思想，并且能写成流程图的样子，这才是正道。

别激动。如果仅限于课本内容，说实话，我不知道小学数学还有什么好讲的。适当提高一定的难度，对孩子的训练是有好处的。量力而行吧。

什么？贼老师超纲了！

有很多家长发现，孩子在小学时数学学得挺好，从初中就开始滑坡，到了高中竟然一塌糊涂，让人百思不得其解。这是因为小学的数学课本上根本就没讲多少东西。一个知识点翻来覆去地讲，还要反复练习，想学差真的很难。但是你看各类升学考试，哪个是只考书上的东西呢？而且，我现在讲的内容哪一个真的超出了小学生的能力范围了？并没有吧。用到的知识点、方法和技巧都在小学范围之内，怎么能说超纲呢？如果想学好，咱们难道不该把学习能力延拓到更广的地方吗？

还有家长说："贼老师你写的太难了，我们都看不懂，怎么教孩子？"

首先，看不懂就钻研呗。你都缺乏钻研精神，你要孩子迎难而上？你张得开这嘴吗？

其次，"不会做"和"能不能教"还不能完全画等号。我原来有个同事，自己不会游泳，但教出的学生游得超级棒。我不是要大家都学会数学，是希望能教会大家怎么学数学或辅导自己的孩子——最起码，家长能给孩子灌输正确的数学思想。因此没有人让家长一定要学会数学，只是要家长学会引导。

比如说，孩子有道题目做不出来，你不要单纯来一句："再想想！"估计娃心里翻一万个白眼："你行你上啊……想、想、想，我能想出个啥？连方向都没有。"

如果孩子做错了，你只会直接来一句："搞什么？又错了？到底哪里错？好好想想！"

估计娃又要翻白眼："我要是知道哪里错了，就不会错了……"

这种教育是无效教育。

假如孩子题目做不出来，你可以这样说："这是哪一章、哪一节的内容？这道题目主要应该用的是哪个定义？还是哪个定理？这个定理是怎么说的？题目里的条件你都用上了吗？自己再好好对照一下，看第一个条件，你对应的式子呢？"

再比如："你看这道题目，到底是计算错误还是思路根本就错了？如果是计算错误，你到底是粗心还是不会算？如果是思路的问题，你应该对照一下答案，你自己做到哪一步是正确的？当时为什么判断不出来自己走在错误的道路上？"

这就是有效引导。

当然我这只是举例说明，引导的办法有很多，我会和数学问题穿插着讲。再说一遍：我的目的是让家长能更好地指导孩子，真正做到有效地一对一辅导。数学教育和数学的区别还是很大的，大家细细琢磨吧。

好，接着讲小数和分数的那点事儿。

刚才看到，混循环小数化成分数是这几种情况里最麻烦的。不过掌握了化归二字，推导起来也是分分钟的事情。作为练习，家长可以和孩子一起自行推导一般的混循环小数化成分数的公式。

设 $x = 0.a_1 a_2 \cdots a_p \dot{b_1} \cdots \dot{b_q}$，则我们可以改写成 $x = 0.a_1 a_2 \cdots a_p + 0.00\cdots 0\dot{b_1} \cdots \dot{b_q}$，其中第二项小数点后有 p 个 0。于是我们可以设 $y = 0.\dot{b_1} \cdots \dot{b_q}$，利用前面的推导容易知道 $y = \dfrac{b_1 \cdots b_q}{99\cdots 9}$，其中分母中有 q 个 9。我们马上可以得到

$$0.00\cdots 0\dot{b_1} \cdots \dot{b_q} = \frac{b_1 \cdots b_q}{99\cdots 900\cdots 0}$$

这里分母中有 p 个 0。所以

$$x = 0.a_1 a_2 \cdots a_p + \frac{b_1 \cdots b_q}{99\cdots 900\cdots 0} = \frac{a_1 a_2 \cdots a_p}{10^p} + \frac{b_1 \cdots b_q}{99\cdots 900\cdots 0}$$

$$= \frac{a_1 a_2 \cdots a_p \times 99\cdots 9 + b_1 \cdots b_q}{99\cdots 900\cdots 0}$$

有的朋友还要跳脚："老贼！我都说了我不会数学啊！"或者"这些基本的知识还行，再难的话就……"

有人曾经问过我这个问题，我当时回答得也挺不客气的："如果大家都能回答得出来，那还算什么难题？"你总是要接受这样的现实：有些小学题，你真的搞不定。

话虽如此，还是有必要讲解一些难题，因为解答步骤繁多的题目往往是综合运用各种手段的好机会。我要做的就是抽丝剥茧，把难题中的每个难点都还原成最简单的东西。各位家长可以量力而行，真看不懂也不必强求，就算只懂了一部分，也是好的嘛！

例3 有一个算式 $\dfrac{x}{2}+\dfrac{y}{5}+\dfrac{z}{11}\approx 1.37$，其中 x，y，z 是整数，右边为四舍五入后精确到小数点后两位的值，求 x，y，z 的值。

估计很多人一见算式中竟然是约等号，就直接昏过去了。等号的都够呛了，怎么还有个约等号？并且，还有三个未知数?!

数学教学里也有不少的行话，比如，我们把破解题目的关键称为"题眼"。那么本题的题眼在哪里呢？我一直强调一个观点："工欲善其事，必先利其器"，做题之前，难道不先看看手里有什么工具吗？

左边有三个分数，但是前两个分母分别为 2 和 5，也就是说，这两个分数都是必然能化成有限小数的，并且只会影响小数点后一位。然而结果却是"约等于"，说明 11 这里出"幺蛾子"了。而右边的数 1.37 存在两种可能：$1.36a...$ 其中 a 大于等于 5，或者 $1.37b...$ 其中 b 小于等于 4。无论何种情况，这都应该是由 $\dfrac{z}{11}$ 所提供的。

那么这个 z 到底是多少呢？被 11 除，一共也就 10 种情况，都保留两位小数，写出来看看，有几个能满足两位小数后四舍五入后是 $0.c7$ 形式的？我们发现只有 $\dfrac{3}{11}$ 才能满足条件，它约等于 0.27，其他数都不符合条件。

此时是最难的一步：把"约等于"改写成"等于"已经完成，我们可以着手处理剩下的部分了。由于 $1.37-0.27=1.1$，那么先看分母是 2 的情况。如果第一个数取 $\dfrac{1}{2}$，那么后面分母为 5 的数就必须是 $\dfrac{3}{5}$，此时满足条件；如果第一个数取 $\dfrac{2}{2}$，即 1，那么第二个分数中 y 不管取哪个整数，也是无法满足的。

所以答案就是 $\dfrac{1}{2}+\dfrac{3}{5}+\dfrac{3}{11}$。

你看，是不是又学了一招——找题眼。当你在指导孩子，特别是解答那些难题的时候，一定要有找题眼的意识。如果孩子做不出难题，那么就要陪着一起分析，从答案倒推回去，跟孩子一起探讨：之前想到哪一步都是对的，为什么关键的这一步就没过去？这对你自己也是一个成长进步的过程。本来数学就是很难读的啊！如果你认为自己怎么都学不会，那就要问一句了：你凭什么认为你的娃就一定能学得会？

最后再看一个难的。

例 4 我们把由数字 0 和 7 组成的小数叫作"特殊数"，例如 7.007、70 770 等。如果我们把 1 写成若干个"特殊数"的和，最少要写成多少个？

怎么考虑？题眼在哪里？

老实说，这道题目我一开始也走错路了，也是试探了两次才做出来。接下来，我分享一下我的思考历程。

首先，我考虑的是直接强行构造，发现此路不通。为什么？因为循环节可以点在任意地方，长度是任意的，位置是任意的，当中进位的问题怎么解决？这个时候我判断：此路不通！

那么接下来该怎么办？事实上，一开始我也没有更好的办法，于是再回头理一下错误的思路——我并不是觉得错误的思路有对的可能，这种可能性一般不存在，因为这种做法进位无法控制！

但这个时候，我觉得似乎找到题眼了。然而，我们假设进位可以控制，那会怎么样？

因为数都是由 7 和 0 构成的，那么 7 只要碰到 7 就会进位了，不进位的只有 7 和 0。要想怎么加都不进位，如果各位数字都是 1 该多好，这样一来，要同一个位置上凑齐 10 个 1 才需要考虑进位。

但问题是现在只有 7。要用只含 0 和 7 的数拼 1。不过，从 7 到 1 似乎距离并不那么遥远。用 0 和 7 拼 1 不就等价于用 0 和 1 拼 $\frac{1}{7}$？也就是说，我只要用只含 0 和 1 的数拼出 $0.\dot{1}42\ 85\dot{7}$ 就可以了。而循环节中最大的数是 8，所以最少也要 8 个 1 才能凑起来。答案不是呼之欲出了吗？我们有

$$0.\dot{1}42\ 85\dot{7} = 0.\dot{1} + 0.\dot{0}11\ 11\dot{1} + 0.\dot{0}00\ 10\dot{1} + 0.\dot{0}10\ 11\dot{1} + 0.\dot{0}10\ 11\dot{1} + 0.\dot{0}00\ 11\dot{1}$$
$$+ 0.\dot{0}00\ 10\dot{1} + 0.\dot{0}00\ 10\dot{0}$$

对于这道题来讲，答案就是

$$1 = 0.\dot{7} + 0.\dot{0}77\ 77\dot{7} + 0.\dot{0}00\ 70\dot{7} + 0.\dot{0}70\ 77\dot{7} + 0.\dot{0}70\ 77\dot{7} + 0.\dot{0}00\ 77\dot{7}$$
$$+ 0.\dot{0}00\ 70\dot{7} + 0.\dot{0}00\ 70\dot{0}$$

下围棋的朋友都知道，为了更好地总结经验，应当回顾得失，在棋局结束之后进行复盘——这是一个好习惯。作为数学的初学者来说，也要学会"复盘"，或者家长指导孩子复盘，陪伴孩子复盘。一开始花的时间确实要多，但是开始的慢是为了将来的快，孰轻孰重，诸君把握。

14
行程问题

应用题应该是很多孩子的死结——别问我是怎么知道的，毕竟我是过来人。

小时候，我印象最深刻的一道题就是苏步青爷爷小时候做过的一道题：

A、B 两地相距 100 千米，甲、乙两人相向而行；甲每小时走 6 千米，乙每小时走 4 千米；甲有一只狗和甲同时开始运动，狗每小时跑 10 千米；当狗碰见乙时就折返，碰到甲再折返，直到二人相遇，狗就停止跑动了。问：甲、乙两人相遇的时候狗跑了多远？

当然，这道题并不难。狗的运动过程虽然很复杂，一会儿跑来、一会儿跑去的，但是，我们能注意到狗的路程等于狗跑的时间乘以跑的速度即可，而狗的速度是已知的，那么我们只要求狗所用的时间就可以了。

狗跑的时间不就是甲、乙两人从开始走到最后所用的时间吗？所以，最后的答案是

$$\frac{100}{4+6} \times 10 = 100（千米）$$

这是苏步青爷爷当年的做法。

只要稍加训练，一般孩子都可以掌握这种做法。不过，天才儿童冯·诺依曼可不是这么干的，他是计算出狗每次跑的距离，然后加了起来。这类似于等比数列求和求极限的过程，而且，冯·诺依曼的计算时间大概也就是……几秒钟。

如此看来，行程问题还是很有意思的，对不对？

事实上，行程问题真的很有意思！

一般来说，行程问题分成两类：开放道路（直线）和封闭道路（环线）。封闭道路涉及套圈的问题，所以往往会比开放道路要难一些。根据我们的研究规律，永远都是从简单到复杂，因此先来看开放道路。

第 1 节　直线的行程问题

很多人在讲行程问题的时候，喜欢将之细分成追及问题、相遇问题等。这是没有抓住本质。对于行程问题来说，无非是三要素：时间、路程、速度。不管几个人，什么交通工具，也不管刮风下雨，总之抓住这三要素，题目一定能迎刃而解。

我们知道，如果一个系统有三个要素求解，必然需要知道其中两个要素才能求第三个，否则，两个要素不确定而仅知道第三个要素，就会有无数种可能——很简单的道理，两个正整数之积等于 20，这两个数是多少？

你可以求出：$4 \times 5 = 2 \times 10 = 1 \times 20 = 20$。但你无法确定是其中的哪两个数组合。这就是还缺了条件。如果题目说，其中一个数是奇质数，那答案就唯一了。

换句话说：如果题设条件里提到了某一个要素，却没有给出明确的值，这意味着什么？这意味着：不管这个值是多少，并不影响计算。

我们必须抓住两点：首先是行程问题的核心要素是哪些，其次是如何解决那些以隐形形式出现的要素。

所以，我们隆重推出应用题之必杀技之"设1大法"。设1法在解决小学数学应用题时，简直就是神器啊！使用设1法的口诀是：

缺什么，设什么；设了什么，就知道什么。

也就是说，对于题设中提到的条件，如果没有明确给出值，那么就大胆设为1，因为不管是多少，并不影响计算！我们来看例子。

例1 某人驾车从甲地到乙地，若速度为60千米／小时，正好可以按时返回甲地；可当他到乙地时，发现来的时候速度只有55千米／小时。（开车能不能用点心啊？）如果他想按时返回甲地，那么应该以多大的速度往回开？

显而易见，这里给出的应该是速度和路程的信息，但我们发现：路程没有具体信息！

果断设1。

设1之后，我们发现"按时"的意思就是往返所用的时间是 $\frac{2}{60} = \frac{1}{30}$，已经花费的时间是 $\frac{1}{55}$，所以还留给司机的时间是 $\frac{1}{30} - \frac{1}{55}$，而路程是1，这个时候我们就可以得到最后的结果：

$$\frac{1}{\dfrac{1}{30}-\dfrac{1}{55}}=66$$

然而我们发现，不管设路程是 1 也好，还是设两地相距 660 千米也好，对最后的结果完全没有任何影响。

这道问题从初中数学的角度来看就很好理解了。如果设路程是 a，那么分子分母中会把 a 约去。但是对小学生来说，设 1 就可以完美规避这个问题了。这种技巧就叫作"设而不求"。但是，这种便利只能帮你做出题目，在计算上并不一定简便。

家长需要指导孩子的地方有以下几点。

1. 让孩子树立起"缺什么，设什么；设了什么，就知道什么"的思想。

2. 要自己学会提炼题目的核心要素——路程、时间、速度。三个要素一定只有一个是完全未知量，如果还有一个"半"未知量，那就是你要设的 1，借此来明白"设而不求"是怎么回事。

3. 设 1 能做题，但设 1 是不是最合理的方法？有没有什么更合理的设法？这也要引导孩子摸索。你可以提供一个参考，比如上题中的 660 千米，让孩子比较两种计算的区别，再让他想一想有没有更好的设法。事实上，设 1 法用在解决大题时比较严谨，而设具体的数字在解决小题目时更方便。

路程、速度、时间这三要素就是行程问题的题眼，接下来无非就是应对各种变化。和"牛吃草"问题一样，基本公式已经揭示了我们该怎么做题目：

路程 = 速度 × 时间

例2 某人顺风跑 90 米用了 10 秒，风速不变，他逆风跑 70 米也用了 10 秒。问：无风的时候，他跑 100 米要多久？

求什么？时间。知道什么？路程。关键点在哪里？速度。

所以，关键是求无风时候的跑步速度：第一次的速度是 $\frac{90}{10}=9$ 米 / 秒，第二次是 $\frac{70}{10}=7$ 米 / 秒。这两次跑为什么会有速度差？这是家长引导的点——这是风动，不是心动！

第一次跑是人的跑步速度加风的速度，第二次是人的跑步速度减风的速度。也就是说，两次速度相加，就相当于风没有起作用，只剩下人的跑步速度的 2 倍。所以无风的时候，人的速度就是

$$\frac{7+9}{2}=8 \text{ 米 / 秒}$$

所求时间即

$$\frac{100}{8}=12.5（秒）$$

我们来看看复杂一点的题目该如何做。

例3 一条大河有 A、B 两个港口。水从 A 流向 B 的速度是 4 千米 / 小时。甲、乙两船同时由 A 驶向 B，且在 A 和 B 之间不停往返。甲的静水速度是 28 千米 / 小时，乙的静水速度是 20 千米 / 小时。已知甲、乙两船第二次迎面相遇的地点与甲船第二次追上乙船（不算甲、乙在 A 处同时开始出发的那一次）的地点相距 40 千米。求 A、B 两个港口之间的距离。

这道题的陷阱可深哪！有一个地方，学生很容易犯下粗心的错误。陷阱在哪里？很多学生会自动忽视"迎面"二字，直接当成"相遇"。这里面有什么讲究吗？第二次"迎面相遇"和第二次"相遇"的区别在哪里？

相遇还可以从后面追上相遇，也就是题设中甲第二次追上乙这种情况。

所以，审题一定要仔细。当然，本题的叙述中不存在理解上的偏差，第二次甲追上乙已经做了明确区分。还是那句话：学好数学的前提是学好语文。

题目中确定的东西有哪些？水流速度，以及甲和乙的速度。要求的是什么？距离。所以我们要确定的是时间。这是一个必然的思路。

除了具体的数值外，我们再来看数值关系不明显的那个条件："甲、乙两船第二次迎面相遇的地点与甲船第二次追上乙船（不算甲、乙在 A 处同时开始出发的那一次）的地点相距 40 千米。"显然，这就是题眼——含混的语言表述，又带着一点具体的数值信息，这后面肯定有东西要挖掘啊！

先看"甲、乙两船第二次迎面相遇"能告诉我们什么信息？速度是定的，时间无法确定，路程看起来也无法确定……

少安毋躁，少安毋躁。难题要是啥都水到渠成了，还叫什么难题？这个时候我们需要借助一下画图了。

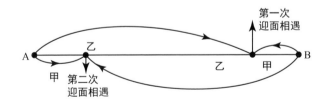

我们发现，时间确实没办法知道，看来就只能以路程为突破口了。虽然甲、乙两船各自走过的套路——不不——路程是无法知道的，但是甲、乙两船走过的路程之和却是可以知道的，即 AB 之间距离的 4 倍！

哦吼，发现了什么了不起的东西！

这种定值一般来说不会是巧合，而很有可能就是线索。像这种经验也应该灌输给孩子。

接下来进入了一个重要环节：确定这个结果有没有用。

我们在做题的时候总会陷入这样的困惑："这一步走得对不对？我到底有没有走在一条正确的路上？"但很少有人会反思："我为什么错？是思路错了，还是计算错了？如果是思路错了，那我当时为什么没有判断出来？我应该在哪个地方就判断出来此路不通了？"

如果能做到这样，数学学不好就有鬼了。

没有时间和路程的数值，却发现两条船的路程之和是 AB 距离的 4 倍——这么不明显的数量关系要是没有用，那我就不知道什么有用了。

我们再来看"甲船第二次追上乙船"这个条件。再画个图，我们就会发现，此时甲船跑过的路程应该比乙船跑的路程多了 4 倍 AB 的距离。（此处的图大小朋友们可以自己尝试着画一下。）

两相印证，可以确认，我们这条路是对的。

难点又来了，说这两个相遇点相距 40 千米，这个怎么处理？

如果孩子束手无策，家长在这个时候要做的是鼓励孩子。走到这一步真的已经很不错了，面对这种难题，能够正确找出这种隐藏的数量关系，说明孩子已经具备一定的分析能力了，力竭也是正常的，没必要过分苛责。

如果想把题目做出来，接下来该怎么办？既然不知道 AB 两地距离，那么就设两地之间距离为 1 咯。

从第 121 页图可知，当两船第二次迎面相遇时，甲跑过 2 倍 AB 的距离多一丢丢，而乙跑的是比 2 倍 AB 距离少了那么一丢丢，但此时两船用的时间是相等的。而去的时候甲合成速度是 32 千米 / 小时，回来时是 24 千米 / 小时，乙去的时候合成速度是 24 千米 / 小时，回来时是 16 千米 / 小时，也就是说：甲跑完第一个 AB 距离时，乙跑了 $\frac{3}{4}$ 个 AB 距离。

接下来，甲、乙两船速度相等，并在途中第一次迎面相遇，相遇点应该是距离 B 处 $\frac{1}{8}$ 个 AB 距离。当甲跑到距离 B 处 $\frac{1}{4}$ 个 AB 距离时，乙开始折返，此时乙的速度只有甲的 $\frac{2}{3}$。甲跑完剩下的 $\frac{3}{4}$ 个 AB 距离的时候，乙只跑了 $\frac{1}{2}$ 个 AB 距离，此时，甲已经回到了 A 点，而乙处在 AB 的中点处。

接下来就是第二次迎面相遇了，此时甲的速度又变成了 32 千米 / 小时，是乙的 2 倍，所以两船相遇的时候，甲跑了 AB 之间一半距离的 $\frac{2}{3}$，对于整段来说也就是距离 A 处 $\frac{1}{3}$ 的位置。

问题来了。

说好的不是要求时间吗？

甲、乙用时相等，这不是用上了吗？

这怎么不算？难道非要算出来具体几个小时，才叫时间？都说了不一定要具体的精确数值，只要有比例或者其他不影响最后结果的数值，都可以啊。

这也算啊？！

有了第一步，第二步就好推了。

在"甲船第二次追上乙船"这一刻，甲比乙多跑 4 个 AB 之间的距离，那么先考虑甲跑一个来回的用时是

$$\frac{1}{32} + \frac{1}{24} = \frac{7}{96}$$

乙跑一个来回的用时是

$$\frac{1}{24} + \frac{1}{16} = \frac{5}{48}$$

也就是说，甲跑完一个来回比乙要少用 $\frac{1}{32}$ 的时间。

乙被甲第二次追上的时候，所走的路程比甲少 4 倍的 AB 距离，那么乙走的这段路程让甲走，应该是比乙少用了甲走 4 倍 AB 距离的时间，也就是少了

$$\frac{2 \times 7}{96} = \frac{7}{48}$$

接下来就是看，需要多少路程能把这 $\frac{7}{48}$ 凑出来。

不难看出，甲跑一个来回比乙要少 $\frac{1}{32}$ 的时间，走 4 个来回就少了 $\frac{1}{8}$ 的时间。此时，甲、乙再从 A 走到 B，那么甲又比乙少用了

$$\frac{1}{24} - \frac{1}{32} = \frac{1}{96}$$

加上前面的 $\frac{1}{8}$，也就是少用了 $\frac{13}{96}$ 的时间，而总共少了 $\frac{7}{48}$，所以还差 $\frac{1}{96}$ 的时间才能第二次追上。而单趟 B 到 A，甲比乙少用时

$$\frac{1}{16} - \frac{1}{24} = \frac{1}{48}, \quad \frac{\frac{1}{96}}{\frac{1}{48}} = \frac{1}{2}$$

也就是说，甲船会在 B 开往 A 的时候，在 AB 的中点处追上乙船。

之前第二次迎面相遇距离 A 点是 $\dfrac{1}{3}$ 处，现在是中点处，所以 AB 距离的 $\dfrac{1}{6}$ 等于 40 千米，两地相距 240 千米。

是啊，不说好难，你怎么会看到这里呢？

本题属于行程问题中比较难的题目了。对孩子的要求相当高，家长自己也要把整个过程分析得井井有条。当然，也有家长会有疑问，为什么不用方程来解？毕竟不用方程和代数式运算，更锻炼人嘛，更何况这个可以用算术方法来解啊。

如果用方程来做，那么题目会大大简化：设 AB 之间的距离为 1，两船第二次相遇的时候距离 A 点为 x，那么根据时间相等，由前面的分析很容易得到：

$$\frac{1}{32}+\frac{1}{24}+\frac{x}{32}=\frac{1}{24}+\frac{1-x}{16}$$

解得 $x=\dfrac{1}{3}$。

再设甲第二次追上乙，两船距离 A 点为 x，类似之前的分析，甲船跑了 6 个半来回，并且在 B 到 A 的途中追上了乙，追上的时候乙跑了 4 个半来回加上 $1-x$，那么列出方程就是：

$$6\left(\frac{1}{32}+\frac{1}{24}\right)+\frac{1}{32}+\frac{1-x}{24}=4\left(\frac{1}{24}+\frac{1}{16}\right)+\frac{1}{24}+\frac{1-x}{16}$$

$$x=\frac{1}{2}$$

于是，两次相遇点之间的距离相对全长来说是 $\frac{1}{6}$，所以总长度是 240 千米。

确实，用了方程之后，对技巧的要求大大降低了，但究其本质，还是要找到甲、乙两船走过的路程之和是 AB 之间距离的 4 倍，以及甲船跑过的路程应该比乙船跑的路程多了 4 倍 AB 的距离这两个关键点。

有一些老师在教学的时候热衷于一题多解，这个在我看来其实没有必要。一会儿这个解法，一会儿那个解法，但是很多解法在本质上就是一种解法。另外对于有些学生来说，精于一种方法好过"蜻蜓点水"地学习多种方法——什么都想会，到最后往往却什么都不会。老师搞教研，那是应该想办法把所有解法都搞出来，但对学生不一定适合。一题多解比较适合数学爱好者在茶余饭后休闲、玩耍之用，对很多学生没有实际意义。

记得《天龙八部》里，鸠摩智带着少林七十二绝技要求交换六脉神剑的剑谱，各高僧怦然心动，只有老僧枯荣问了一句："你们一阳指都修炼到多少层了？"是啊，一阳指要是能修炼到最高境界，又何惧其他的武功招式呢？

就像以上看到的，无论是用比例分析，还是列方程，过程分析是最核心的。无论哪种方法都绕不开这一点，所以很多时候一题多解的实质就是一题一解。只有像平面几何里用纯几何法、三角法、解析几何法解题，才算是真正的一题多解。

所以说，抓住实质最重要，其他的奇技淫巧不需要掌握太多，基本的技巧足够应付中小学阶段几乎所有的题目了。当然，有些题目如果用特殊技巧是能解得很快，但是在考试的时候，你能瞬间找到这种不常用的思路？而且一般来说，题目都是具备常规解法的，你挖空心思找那些简便解法，不如老老实实地去计算。

如前文所讲到的，技巧是术，基本概念是道。术和道，孰轻孰重，一定要心中有数。家长一定要对孩子重技巧轻概念的做法纠偏。"一招鲜吃遍天""伤其十指不如断其一指""一力降十会"，这么多谚语足够说明问题了——不要过分追求所谓的技巧，技巧必须建立在基本概念的基础之上，否则就是"无源之水、无本之木"。

以上这个例子把相遇问题和追及问题都放在了一起，并且分析过程比较复杂，是一个经典的例子，可以细细回味。特别是分析过程，把它弄通透了，这样的题目一个能顶十个用。如果不看解答就直接做出来了，说明你的数学水平已经足够应付小学应用题了。授之以鱼，不如授之以渔。渔在手，何愁无鱼？

例4 甲、乙两车分别从 A、B 两地同时出发相向而行，5 小时后相遇；如果乙车提前出发 1 小时，则在不到中点 13 千米处与甲车相遇；如果甲车提前 1 小时出发，则在过中点 37 千米后与乙车相遇。求甲车和乙车的速度差。

首先，根据"缺什么，设什么"的原则……可是，两地距离不知道，两车速度不知道，乙车提前出发和甲车提前出发之后具体用了多少时间也不知道，难道把这些未知数值都设起来？嗯……此路不通！

很显然，这里如果要设的话，需要 5 个变量，完全超出了小学生的知识范围。这就是我强调的：要学会在做题的过程中判断是否走在一条正确的道路上。看到了吧，这就是个范例。这个时候就要掉头了。

怎么掉头？

找题眼啊。

我们发现，这个题目很有意思的一个地方在于：它并不要求我们求出两车的速度，而只要求计算速度差。速度差是哪里来的？速度差不就是速度减速度吗？如果乘以相同的时间，那不就是路程减路程吗？

于是，我们可以得到这样一个结论：速度差是路程差除以产生这些路程差的时间。

路程差又是怎么产生的？肯定来自："如果乙车提前出发 1 小时，则在不到中点 13 千米处与甲车相遇；如果甲车提前 1 小时出发，则在过中点 37 千米后与乙车相遇。"其他的条件里并没有涉及路程，然而麻烦的事情在于，这两次相遇过程的时间是不知道的。

那我们能知道什么？

乙车提前出发，相遇点不到中点 13 千米，也就是甲车比乙车多开了 26 千米；甲车提前出发，相遇点超过中点 37 千米，也就是甲车比乙车多开了 74 千米。有没有觉得 26 和 74 这两个数看起来很顺眼？

两个数如果求和，刚好是 100！而且 26 和 74 不都是路程差吗？还能凑出 100 这么个漂亮的路程差。

现在缺什么？产生这 100 千米路程差的时间。

咦？贼老师，那为什么不分别算两次的时间呢？

因为算不出来啊！

但是，如果我们把这两次合起来看，甲和乙分别多走了 1 个小时，其实就相当于两人同时开动，不过走了原来 2 倍的路程，所以时间也刚好是 5×2＝10 个小时！

好吧，速度差就是 $\dfrac{100}{10}$ ＝10 千米／小时。

家长在指导孩子的过程中一定要注意这几点：

1. 如果孩子沉溺于一题多解了，请合理使用"武力"把他拯救出来；

2. 要学会找题眼；

3. 要帮助孩子判断，是否走在一条正确的道路上；

4. 要帮助孩子尝试过程分析——事实上，过程分析对于中学的物理学习也有着巨大的好处；

5. 对于行程问题，画图有时候是个好办法；

6. 在解题过程中凑出比较漂亮的数字时，需要特别当心，没准这就是解题的线索；

7. 题目太难，也要拼到实在做不动为止，培养孩子百折不挠的意志力。

第 2 节　环形的行程问题

上一节中讲的行程问题都是直线的行程问题，这一节，我们讲环形的行程问题。

其实，环形的行程问题在现实生活中也很常见。根据钟的时针、分针和秒针的运动过程，可以轻松地出一百道看起来完全不同的追及问题。但是，只要我们能抓住问题的实质，就会发现那些貌似复杂的环形行程问题，无非是一个个简单的问题叠加而成的。

我们先来看一个例子。

例 1 甲、乙二人骑自行车从环形公路上的同一地点同时出发，背向而行。现在已知甲走一圈的时间是 70 分钟，如果在出发后 45 分钟，甲、乙二人首次相遇，那么乙走一圈的时间是多少分钟？

当然，这道题很简单。甲走了 45 分钟的时候，走了全程的：

$$\frac{45}{70} = \frac{9}{14}$$

所以剩下的 $\frac{5}{14}$ 是乙走的

$$\frac{45}{\frac{5}{14}} = 126（分钟）$$

唉，要是所有的行程问题就这么简单该多好啊。然而，难题无非就是这样的简单题目叠加得到的。

例2 学校操场的400米大跑道中套着300米小跑道，大小跑道有200米路程重合。甲以6米/秒的速度沿大跑道逆时针跑，乙以4米/秒的速度沿小跑道顺时针跑。两人同时从A出发，当他们第二次在跑道上相遇时，甲跑了多少米？

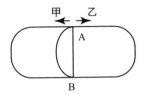

解题的关键在哪里？甲跑的时间。甲跑的时间怎么算？肯定和第二次在跑道上相遇有关。所以基本概念弄清楚了，即三要素搞明白了，那思路自然而然来得就快。

我们接着分析，看到底用了多少时间。首先可以肯定的是，二人一定是在乙从A顺时针到B的那半圈跑道上相遇的。那么，第二个问题会不会就是甲用了多少时间呢？

再想想。我们从头再读一遍题目。嗯？两人第二次在跑道上相遇？这第二次相遇会是什么样的呢？

因为甲跑的圈大，乙跑的圈小，所以是不是有这种可能：甲在一圈之内就碰到了乙两次？如果问出了这个问题，说明之前的学习是有成效的。

甲跑一圈要$\frac{200}{3}$秒，乙跑一圈要75秒，也就是说，甲跑回A点的时候，乙还没有到A点，因此，甲不可能在一圈之内碰到乙两次。

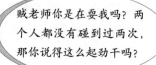

贼老师你是在要我吗？两个人都没有碰到过两次，那你说得这么起劲干吗？

因为这是基本训练。题目最后的结论可以是"不可能"，但是我们不能不考虑啊！

你们都说，学数学要逻辑思维严密，那严密的逻辑思维是从哪里来的？当然不是天上掉下来的，那是从一点点的训练中来的。所以，这个题目中最有意思的部分就在于，要考虑两次相遇的方式：是甲跑一圈遇两次，还是跑两圈遇两次？解决了这个部分，题目就顺利多了。

又因为甲、乙两人相遇必须是在甲从 B 到 A 的这半圈上，所以先来看甲第二次跑到 B 的时候，也就是甲跑了 600 米、用时 100 秒的时候；乙 100 秒可以跑 400 米，也就是过 A 点向 B 方向行进 100 米；而顺时针从 A 到 B 一共 200 米，所以，此时两人相距为 100 米。

因此对二人来说，跑完这 100 米需要

$$\frac{100}{4+6}=10（秒）$$

也就是说，两人相遇用了 110 秒，甲跑了 660 米。是不是很简单？

再次强调一下，本题中虽然没有出现"甲跑一圈碰上乙两次"的情况，但是你不能不考虑。假如你不考虑，这道题目就失去了训练的意义。

分类讨论的思想，是一类重要的数学思想。在高考的大题中，函数题必考的就是分类讨论。当然，从技巧和思路上来说，这道应用题和函数题真的是大相径庭，然而，这种意识的培养却是从小学就开始了。这就是这道题目的收获。

　　行程问题中的环形行程和直线行程既有区别，也有联系。环形行程问题可以看作直线行程的带折返的情况，从直线问题的例 3 中可以仔细比对一下。但是，环形问题又有自己的特点，就是本节例 2 中环套环的情况。

　　家长在辅导的时候，应该关注孩子是否考虑完整。毕竟，答案对，也许只是"知其然"，我们还是要"知其所以然"。

　　接下来我们来看一个难一点的环形行程问题。不要害怕，正如上一节所说，一道难题的锻炼效果远远好过十道普通难度的题目——要有耐心，不要听见"难"字就心浮气躁。

例3 甲、乙二人在同一条椭圆形跑道上进行特殊训练。他们同时从同一地点出发，向相反方向跑，每人跑完第一圈到达出发点后立即回头，加速跑第二圈。跑第一圈时，乙的速度是甲速度的 $\frac{2}{3}$，甲跑第二圈时速度比第一圈提高 $\frac{1}{3}$，乙跑第二圈时速度提高 $\frac{1}{5}$，已知甲、乙二人的第二次相遇点到第一次相遇点的最短路程是 190 米。问：这条椭圆形跑道长度是多少？

如果这是一道填空题，根据常识就直接猜 400 米，行不行？

恭喜你，猜对了！

　　不过这是解答题，所以只有答案没有用。从考试的角度来说，有时候

只要答案对，没人关心你的过程。但是从平时学习的角度来说，必须要抠细节。这就是数学和考试这两门"学问"不一样的地方。看我们怎么来破解本题。

这道题目难在哪里？很多家长在自己做学生的时候就学会了嚷嚷："这题目好难啊！"假如你问他："那难在哪里？"他只会说："不知道啊，反正就觉得好难。"连难在哪里都不知道，怎么可能破解难点呢？

这道题目难就难在过程复杂。因为两人速度不同，而且不同的圈数速度又不同，这种过程看起来就让人讨厌，所以，我们一定要把过程分析清楚，题目自然就做出来了。

最后要求的是什么？路程。路程怎么计算？时间乘以速度。但这个题目中又有这样一个条件："甲、乙二人的第二次相遇点到第一次相遇点的最短路程是 190 米。"我们发现，如果能求出这个 190 米占整条跑道的比例，那题目就做出来了。

第一种方法是放之四海而皆准的，第二种方法是根据题目的特点，具体问题具体分析。哪种方法是对的？我们又不是神仙，不分析怎么知道。

我反对一题多解，但是从来不反对做不下去就换思路。至于采用哪种思路，有时候分析着题目，就看出来了。我们先来看从条件里能解析出什么东西来。

第一圈，乙的速度是甲的 $\frac{2}{3}$，那么很容易看出，在甲、乙两人第一次相遇的时候，甲跑的路程占总路程的比例应该是

$$\frac{1}{1+\frac{2}{3}}=\frac{3}{5}$$

乙跑了剩下的 $\frac{2}{5}$。也就是说，两人第一次相遇是在距离起点的 $\frac{3}{5}$ 处（相对于

甲而言）。

然后两人继续，当甲跑完一圈，由于乙的速度只有甲的 $\frac{2}{3}$，所以，此时乙跑过的路程应该是 $\frac{2}{3}$ 圈。

看到这里，我们估计应该是用比例做。为什么？因为速度没有具体值，时间没有具体值，而且目前来说所有的结论都是比例！

而且，我们可以推测一下，最后这 190 米一定占整圈比例的 $\frac{19}{x}$，其中 x 一定是一个看起来比较舒服的整数。为什么？因为题目不就是这么出的吗？一般来说，最后的数字都是给你凑好的啊。

有的家长要哭了："那我看不出来怎么办？"看不出来就看不出来，接着分析，到后面总是能看出来的啊！如果没有这种感觉，那就做得慢一些。何况，这么长篇大论的题目，不就是要告诉各位，什么地方可以开始进行猜测了吗？

从始至终，我们都在还原思考过程，这是学生最需要掌握的东西。如果有学生一看题目就说："这道题目没有具体的速度，没有具体的时间，那么应该就是通过 190 米的占比来解答。"这样的学生就是聪明的学生。如果咱家孩子做不到，也不要紧，毕竟大部分人做不到。

接下来这段是甲开始变速，而乙还有 $\frac{1}{3}$ 圈没有变速。甲提速后，甲的速度变为原来的 $\frac{4}{3}$；这时候，乙仍然慢悠悠地往起点跑去，速度仍然是甲提速前的 $\frac{2}{3}$，也就是说，乙的速度变成甲提速后的一半，而乙还剩 $\frac{1}{3}$ 圈没跑；所以，当乙跑到起点的时候，甲的第二圈跑了多少呢？

$$\frac{1}{3} \div \frac{1}{2} = \frac{2}{3}$$

注意：甲这圈是逆时针跑的，所以他此时停留的位置恰好是在他第一次跑完一圈时乙所在的位置！

最后，乙又从起点顺时针开始跑，甲继续前进，此时乙的速度是甲的

$$\frac{1}{2} \times \left(1 + \frac{1}{5}\right) = \frac{3}{5}$$

此时要跑剩下的 $\frac{1}{3}$ 圈，那么，甲跑了这 $\frac{1}{3}$ 里的 $\frac{5}{8}$，乙跑了这 $\frac{1}{3}$ 里的 $\frac{3}{8}$，也就是说，两人第二次相遇是在距离起点 $\frac{1}{8}$ 圈的地方。所以，两次相遇中间隔着

$$\frac{3}{5} - \frac{1}{8} = \frac{19}{40}$$

也就是说，整圈长 400 米——所有的猜测全中。

做题一定要有耐心，一定要仔细分析整个过程。就这个题目而言，我们要注意：一是确定到底用什么方法；二是把几次变速的过程分析清楚，什么时候甲变乙不变，什么时候甲、乙一起变；三是要学会合理地猜答案。

关于行程问题，还有一类有趣的变形：钟表的指针相遇问题。

其实，钟表的指针相遇问题就是追及问题。只要注意分针的速度是时针的 12 倍，秒针的速度是分针的 60 倍即可。

说到底，这里其实还是化归，不要看什么追及问题、相遇问题，要看其实质，就是把路程、时间、速度三要素理清楚，题目自然迎刃而解。

从上文来看，大部分读者对于复杂的分析过程恐怕还是心有余悸。既然如此，我们就来多看一些复杂的过程分析。

说到这里，我不禁要再次感慨，其实很多时候孩子的训练是无效训练。

什么叫无效训练？你看到自己的孩子在那里埋头苦练，甚是欣慰，然而你会发现，孩子会的就是会，不会还是不会，怎么都提高不了成绩，还不知道原因在哪里。其实原因非常简单，孩子做的是无用功！做出题目的那种成就感是令人愉悦的，会让孩子总忍不住挑选那些自己喜欢做的题目来做。所以看上去他一直在努力，却总是涨不了成绩，这就是根源。是不是一语惊醒梦中人？

回想学生生涯，很多人似乎也只是以"用功"二字感动了自己罢了，对于那些始终不会的问题，大多数人也只是哀叹一句："唉，好难，算了，算了。"

要想提高，必须在自己不会做的地方去死抠，一点点看我们上述的分析过程，看你自己怎么碰壁、怎么转弯，然后根据自己的情况调整、总结，而不是看完了我写的过程以后惊呼几句"好厉害"，就完事了。

顶级的体育教练在训练运动员时，永远能一眼看穿运动员最薄弱的环节，然后让后者玩命地进行针对性训练，而不限于把已经练好的内容再拼命去提高。作为家长，只要看孩子哪个地方错的多，就专找这些地方去练习，那些对的地方就不用过分在意了。要不了多久你就会发现孩子的成绩开始往上蹿。

例 4　甲、乙二人同时从山脚开始爬山，到达山顶后立即下山，二人下山的速度是上山的 1.5 倍，而且甲比乙快。二人出发 1 小时后，甲、乙在距离山顶 600 米处相遇，当乙到山顶后，甲恰好在半山腰。问：甲回到出发点一共用时多久？

这里有路程差，有具体的时间，有速度的比例，所以理论上，这道题目的所有要素都应该能求出来。这是第一判断。

因为在本节的例 3 中只有比例，没有具体数值，所以我们才想到用 190 米的占比来解决。这次不但有 1 小时，还有 600 米，貌似什么都具备了。

　　当然，这道题目和例 3 有点像，也是变速问题，而且也有在重合部分一人变速而一人未变速的条件，那么，我们就来仔细分析一下过程。

　　行程问题中的相遇点总是很关键。有数值就用数值，没数值就要分析相遇点在整段路程中所处的位置。甲、乙在距离山顶 600 米处相遇，这个时候，甲已经提速，也就是说，假设这个山的高度是无限的，又根据下山速度是上山速度的 1.5 倍，那么甲下山这 600 米的时间相当于他到山顶后再往上爬 400 米的时间。也就是说，如果甲和乙一直保持着上山的速度，那么甲每小时比乙多走 1000 米。

　　乙到山顶的时候，甲到了半山腰，此时甲比乙多走了 $\frac{1}{2}$ 山坡的长度，而走这 $\frac{1}{2}$ 路程所花的时间相当于他上山的时候走 $\frac{1}{3}$ 的路程所花的时间。也就是说，假设大家都在继续上山，那么甲比乙多走了 $\frac{1}{3}$ 个山坡的长度。所以，甲上山速度是乙的 $\frac{4}{3}$ 倍。

　　因此，乙每小时走

$$\frac{1000}{\frac{4}{3}-1}=3000 \text{（米）}$$

于是，甲每小时走 4000 米。然而，甲走 1 小时会比山坡总长多 400 米，再考虑到此时乙距离山顶的 600 米，所以山坡长 3600 米。后面就不算了，答案是 1.5 小时。

　　这种过程分析的用处就在于培养孩子最基本的逻辑思维能力。过程是挺麻烦的，但以后麻烦的事情多了，每次都能回避？一定要有迎难而上的决心，这和量力而为完全不矛盾。

　　有的家长说："用方程多好！"是，我也知道方程好，但是列方程就不要过程分析了吗? 我们用方程来试试看。

设甲的速度为 p, 乙的速度为 q, 山坡长度为 s, 于是有

$$\frac{s}{p}+\frac{600}{1.5p}=\frac{s-600}{q} \tag{1}$$

$$\frac{s}{q}=\frac{s}{p}+\frac{0.5s}{1.5p} \tag{2}$$

所以由 (2) 可知:

$$p=\frac{4q}{3}$$

代入到 (1) 中, 可得 $s=3600$。而乙一小时走了

$$3600-600=3000 （米）$$

所以马上求得甲的速度为 4000 米 / 小时。

这也是要过程分析, 只不过技巧性确实下降很多, 但对于代数式的运算要求又变高了, 大部分小学生是吃不消的。所以并不是我们不能解方程, 而是希望让更多的孩子能学到应该学到的东西罢了。

通过这些行程问题, 如果你能总结出"分析过程"这几个字, 说明你已经抓住精要了。

15
应用题综合讲析

应用题为什么难？因为应用题也在考语文。

数学综合题难，难在哪里？因为有很多不同章节的知识点综合在一起。

应用题可以说是跨学科的题目，因此很多人看见应用题就头疼，再加上语文不够好，题目都读不明白，所以会觉得应用题难。

事实上，应用题是最早让我们了解过程分析的一种训练，只有把整个题目的过程搞清楚、弄明白了，题目才有可能做得对。接下来，我们来看一些应用题的杂题。

第 1 节　杂题

例1 一个容器中装了 $\frac{3}{4}$ 的水，现有大、中、小三种方块若干。第一次把中方块沉入水中；第二次先拿起中方块，再把三个小方块沉下去；第三次先取出所有方块，再把一个大方块沉入水中，最后把大方块取出，这时容器内剩下的水是最开始的 $\frac{2}{9}$。已知每次水溢出的情况是：第一次是第三次一半，第三次是第二次一半。求大、中、小三个方块的体积比。

读完这个题目都觉得烦得不得了，对吧？

假如你有这种感觉，那就是你的语文没学好。有篇文章叫《庖丁解牛》，大家读过没有？这篇文章就是告诉我们，一个出色的屠夫把一头牛给宰了，可以连整头牛都"看"不到。

觉得题目太麻烦，可以先挑不麻烦的部分来看。哪里不麻烦？我们发现，水溢出的情况是最不麻烦的。第二次最多，第一次最少，所以我们假设第一次溢出的水量为 1，那么第二次就是 4，第三次就是 2。你看，是不是已经解决了一部分问题了？

再看最终状态和初始状态的对比。题目说，容器内剩下的水是最开始的 $\frac{2}{9}$，也就是说，水溢出了 $\frac{7}{9}$；但是容器中最初只有 $\frac{3}{4}$ 的水，所以溢出的水相对容器来说是 $\frac{7}{12}$。瞧，又解决了一部分问题。

难题永远都是由简单的部分一点点堆出来的，一定要慢慢把这些都还原回去。

所以，第一次溢出了相对容器的 $\frac{1}{12}$ 的水，第二次 $\frac{1}{3}$，第三次 $\frac{1}{6}$。

但是注意：第一次溢出水的时候，容器还有 $\frac{1}{4}$ 的空间是没有水的，所以实际上中方块的体积就应该是

$$\frac{1}{4}+\frac{1}{12}=\frac{1}{3}$$

大方块的体积也是很容易计算的，等于

$$1-\frac{1}{6}=\frac{5}{6}$$

现在还剩小方块的体积了。小方块的体积应该是

$$\frac{1}{3}\times\left(\frac{1}{12}+\frac{1}{4}+\frac{1}{3}\right)=\frac{2}{9}$$

其中，$\frac{1}{12}$ 是第一次溢出的水的体积，$\frac{1}{4}$ 是本身空的体积，最后的 $\frac{1}{3}$ 是由于第二次木块的挤压溢出的水的体积。所以大、中、小三个方块的体积比是

$$\frac{5}{6} : \frac{1}{3} : \frac{2}{9} = 15 : 6 : 4$$

再难的题，分解开了也就那么回事。对于这种分析过程比较复杂的题目，初学者可以做到哪步，就算哪步。

例2 一辆杂技自行车的前轮半径是 $\frac{45}{11}$ 分米，后轮半径是 $\frac{10}{3}$ 分米，那么当后轮转的圈数比前轮多 10 圈的时候，这辆车前进了多少米？（π 取 3.14。）

这道题又该怎么考虑？因为两个轮子大小不一样，所以前进相同路程的时候，前轮用的圈数少而后轮的圈数多，所以这个圈数差就出来了。因此，在路程相同的情况下，圈数差是解题的关键。

$$\frac{45}{11} : \frac{10}{3} = 27 : 22$$

所以当前轮跑 22 圈的时候，后轮跑 27 圈，这里就差出 5 圈了。那么 10 圈呢？无非就是两个周期嘛！因此，前轮跑 44 圈的时候，正好后轮跑了 54 圈，于是路程就等于

$$44 \times 3.14 \times 2 \times \frac{45}{11} \times 0.1 = 113.04 （米）$$

那我直接算出每跑 1 米之后，后轮比前轮多转多少圈，然后再通过对应的比例计算可以吗？

当然可以。兵无常势，水无常形，关键是吃透题意、领会精神，其他一切都是浮云。当然，出题人会变换出各种各样、花里胡哨的过程来折腾学生。你要是被吓倒了，那就真的做不出来了。

例3 比赛用的足球通常是由黑白两色的皮子缝制而成的，黑色皮子是正五边形，白色皮子是正六边形，并且黑白两色多边形的边长相等。每块黑色皮子的 5 条边分别和 5 块白色皮子缝一起；每块白色皮子的 6 条边中，有 3 条边与黑色皮子的边缝一起，另外 3 条则和其他白色皮子的边缝一起。如果一个足球表面上有 12 块黑色的正五边形皮子，那么这个足球应该有多少块白色正六边形的皮子呢？

足球明明是圆的，可为什么总滚进中国队的大门？我们还是来看数学题吧，起码这是为了自己的事情忧心呢！

这道题目就是杂题里面出得很好的那种。一般来说，很多小学数学题都会在引入一个方程后被解决掉，但是，这个题目的方程不是那么好列。

你设什么是未知数？根据"缺什么，设什么"的原则，那就应该设白色正六边形的皮子有 x 块。设完以后呢？我们发现无法直接列出相关的方程，所以，这时候要找题眼就比较困难了。

我们只能再把题目好好读读。事实上，真正的关键就在这里："每块黑色皮子的 5 条边分别和 5 块白色皮子缝一起；每块白色皮子的 6 条边中，有 3 条边与黑色皮子的边缝一起，另外 3 条则和其他白色皮子的边缝一起。"每块黑色皮子的旁边必然是清一色的 5 块白色皮子，白色皮子的旁边则是黑白混搭的。也就是说，对于每条公共边来说，只会出现两边都是白色或者一黑一白的情况。

这意味着什么？这说明，所有的黑色正五边形一定是被包围在白色的六边形中的，任意两块黑色皮子一定不挨着。这些黑色皮子的边数一共有

$$5 \times 12 = 60 \text{（条）}$$

但是，每块白色皮子周围一定和 3 块黑色皮子相邻，换句话说，若干的白块和黑块共用了 60 条边，那么白块的个数就是

$$60 \div 3 = 20 \text{（个）}$$

本题的关键在于找到合适的跳板，而这个跳板就是要根据题目的条件反复确定。如果你能一眼看出一道题的关键，那么这道题目要么你做过，要么对你来说过于简单，要么干脆就是你出的。你觉得自己的运气能有这么好？所以耐心必不可少。

例4 汽车轮胎如果放在前轮可以行驶 50 000 千米，如果放在后轮可以行驶 30 000 千米。现有一辆汽车，允许在恰当的时候将前轮和后轮互换，那么最多可以行驶多少千米而不需要购买新的轮胎？如果在行驶过程中允许前后轮对调一次，那么应当在行驶到多少千米的时候对调？

这又是一个看起来很伤脑筋的题目。

还是先从方程的角度考虑，设最多行驶 x 千米不需要购买新轮胎，此时轮胎作为前轮一共跑了 y 千米，那么作为后轮跑了 $x-y$ 千米，我们可以列出方程组：

$$\begin{cases} \dfrac{y}{30\ 000} + \dfrac{x-y}{50\ 000} = 1 & (1) \\[3mm] \dfrac{y}{50\ 000} + \dfrac{x-y}{30\ 000} = 1 & (2) \end{cases}$$

解这个二元一次方程组，可得 $y = 37\ 500$，$x = 18\ 750$。

但是对小学生来说，这种方法似乎有点超前了。我们还是考虑小学生该怎么做吧。同样一个轮子，放在前面磨损就小一些，放后面就磨损大一些，那么前胎磨损率我们可以知道是 $\dfrac{1}{50\ 000}$，而后胎的磨损率则是 $\dfrac{1}{30\ 000}$，行驶的最远距离就应该是前后轮胎同时报废的情况。所以，如果每开 1 千米就互换一次轮胎，那么每 2 千米的损耗就是 $\dfrac{1}{30\ 000} + \dfrac{1}{50\ 000}$，所以轮胎磨完的时候能跑：

$$\frac{2}{\dfrac{1}{30\,000} + \dfrac{1}{50\,000}} = 37\,500\,（千米）$$

第二个问题就好解决了。很显然，由对称性可知，前后轮行驶的里程必然要相同，所以应当在行驶到 18 750 千米的时候互换轮胎。

换轮胎是不是很好玩？我们来看一个更复杂的换轮胎。

例 5 一辆三轮摩托车有 3 个车轮，前轮可以行驶 18 000 千米，左后轮可以行驶 8000 千米，右后轮可以行驶 14 400 千米。现在有一辆刚刚换上新车胎的三轮摩托，可以随时调换两个轮胎，请问：这辆三轮摩托最多可以行驶多少千米而不需要购买新轮胎？在这期间至少要换几次轮胎？具体的策略是怎么样的？

头是不是"嗡"地一下大了？

在这个时候，我们先回忆一下上一道题目是怎么做的？数学里有个思维叫"推广"。我们可以不加思考地进行形式上的类比，解答第一个问题：

$$\frac{3}{\dfrac{1}{18\,000} + \dfrac{1}{8000} + \dfrac{1}{14\,400}} = 12\,000\,（千米）$$

然后，我们再找理由。

事实上，这个理由和两轮的情况是一模一样的，即所有轮胎同时报废。3 个轮胎，设每个轮胎寿命是 1，总寿命就算作 3，那么每跑 1 千米，3 个轮胎一共磨损了 $\dfrac{1}{18\,000} + \dfrac{1}{8000} + \dfrac{1}{14\,400}$，问：一共能跑多少千米？

不要觉得找理由这件事很牵强。事实上，这也是一种探索，并没有什么可觉得羞耻的地方。做应用题，最忌讳的就是答案对了，但是过程讲不清楚或者没搞明白。然而，推断出正确答案，再把道理弄清楚，那就另当别论了。

事实上，我们不但可以从 2 推广到 3，还可以推广到 n 的情况：

一辆 n 轮摩托车有 n 个车轮，这 n 个不同位置的轮胎分别可以行驶 p_1 千米、p_2 千米……p_n 千米。现在有一辆刚刚换上新车胎的 n 轮摩托，可以随时调换两个轮胎，请问：这辆 n 轮摩托最多可以行驶多少千米而不需要购买新轮胎？在这期间至少要换几次轮胎？具体的策略是怎么样的？

重点是，我们可以把上面的解释平移过来：n 个轮胎，每个轮胎寿命是 1，总寿命算作 n，那么每跑 1 千米，n 个轮胎一共磨损了 $\dfrac{1}{p_1} + \dfrac{1}{p_2} + \cdots + \dfrac{1}{p_n}$，问：一共能跑多少千米？

我们接着看原题的第二问：要换几次轮胎？由于有两个轮胎的最大行驶距离都大于 12 000 千米，所以至少要换两次胎。怎么个换法呢？我们可以先换前轮和左后轮，再换右后轮和左后轮，设行驶 x 千米之后进行第一次互换，累计行驶到 y 千米后进行第二次互换，于是可以列出方程组：

$$\begin{cases} \dfrac{x}{8000} + \dfrac{12\,000 - x}{18\,000} = 1 & (1) \\[3mm] \dfrac{y}{14\,400} + \dfrac{12\,000 - y}{8\,000} = 1 & (2) \end{cases}$$

解得：$x = 4800$，$y = 9000$，即可以在 4800 和 9000 千米的时候换两次轮胎，

就能达到想要的效果。

大胆猜测，小心求证，这是做学问的一条基本准则。对于小学这个年龄段的孩子来说，我们可能很难让他们掌握系统的研究方法，但是，这样的意识必须要从小培养。同时，如果家长自己掌握了这种类比的方法，就会发现题目真的是出不完的。在教育孩子中寻求快感，人生终将走向辉煌。

第 2 节　列方程解应用题

是到了讲一讲列方程解应用题的时候了。我之前一直拒绝使用方程，主要原因是，用纯算术的方法解题能更好地让孩子们理解什么是逻辑推理。而方程展现的是另一种数学之美——"暴力之美"。

什么是方程？就是含有未知数的等式，而未知数往往就是在应用题中最后要求的那个东西。

很多学生看见"应用题"三个字就不寒而栗。作为常规题型来说，应用题确实很让学生头疼，但那应该是因为不许列方程才头疼，有了方程还怕应用题？

有了这个工具，"鸡兔同笼"、丢番图、"牛吃草"就不再那么难以理解了。我们之所以被应用题难倒，往往是出于这个原因：比如，我们晚上要吃水煮肉片，现在把主料、辅料都差不多配得齐全了，就是少了一味大蒜；然后，我们开始烹饪，最后让你蒙上眼睛吃上一口，再问你：菜里少了什么？那得是多厉害的美食家才能一口说出"少了蒜"啊！但是，如果所有食材还都没下锅，让你对着菜谱按图索骥，再让你说出佐料里面少了什么，估计没什么人找不到答案了。

方程，就是这样一个能让你按图索骥的工具。让你求的东西往往是隐藏在题目中的关键条件，可它偏偏被抠掉了，你说难受不难受？所以，一旦把方程工具熟练掌握，那应用题中的很多难题就迎刃而解了。

在讲方程的应用之前，我先讲一下方程的运算，其实就是一条：把所有含 x 的项放到等号的一边，把不含 x 的项放到另外一边；把数或带 x 的项在等号两边移动的时候，记得要变号。

比如我们计算 $\dfrac{x-11}{x+23}=\dfrac{1}{3}$ ，可以先交叉相乘，得到 $3(x-11)=x+23$ ；然后把所有含 x 的项移到等号左边，不含 x 的项移到右边，相当于两边减去 x ，再加上 33，得到 $2x=56$ ，所以 $x=28$ 。我们再把 $x=28$ 代入上面的式子里，可以看到等式成立，所以 $x=28$ 就是方程的解了。

现在来看一些简单的应用题例子。

例 1 甲、乙、丙三人都爱好收藏古钱币，乙的藏品比甲 2 倍还多 5 种，丙的藏品比甲的 $\dfrac{1}{3}$ 多 2 种，三个人一共有藏品 97 种，问：甲有多少种藏品？

列方程解应用题的指导思想就一句话："缺什么，设什么；设了什么，就知道什么。"

在本题中，既然让你求的是甲藏品数量，我们不妨设甲的藏品共有 x 种，那么乙有多少种？根据题意，乙的藏品数量为 $(2x+5)$ 种，丙的数量为 $\left(\dfrac{x}{3}+2\right)$ 种，那么藏品种类总共有

$$x+2x+5+\dfrac{x}{3}+2=97$$

因此 $\dfrac{10x}{3}=90$ ，可得 $x=27$ ，所以甲有 27 种藏品。

要是不用方程呢？咱们可得好好捋一捋。乙的藏品比甲 2 倍还多 5 种，丙的藏品比甲的 $\frac{1}{3}$ 多 2 种，三个人一共有藏品 97 种……那么我们就先砍掉 7 种，总数变 90 种，此时乙的藏品种类恰好是甲的 2 倍，而丙的是甲的 $\frac{1}{3}$，这样一共是 $\frac{10}{3}$ 个甲的藏品数量等于 90，所以甲有 27 种藏品。

你再对比一下两种解法，是不是前一种就是给了菜谱，而后一种你只得靠着味蕾去分辨：辣椒，有了；花椒，有了；糖，有了……

什么？感觉区别不是很明显？

例 2 鸡和兔子一共有 18 个头和 44 条腿，问：有多少只兔子，多少只鸡？

要是坚持直接用算术法来做，可以先看看古人的办法：

假设鸡和兔子都通人性，哨子一吹就能抬起一条腿，那么吹一下，一下子就少了 18 条腿，再吹一下，又少 18 条腿，这时候还剩 8 条腿。此时只有兔子腿，而每只兔子就剩 2 条腿了，所以有 4 只兔子，有 14 只鸡。

如果设方程呢？假设有 x 只鸡，那么兔子有 $(18-x)$ 只，根据腿的总数得到

$$2x + 4(18 - x) = 44$$

计算马上得到 $x = 14$。是不是很简单？

例3 甲、乙两人从相距 36 千米的两地相向而行，如果甲比乙先出发 2 小时，那么他们在乙出发 2.5 小时后相遇，如果乙比甲先出发 2 小时，那么他们在甲出发 3 小时后相遇。问：甲、乙两人每小时各走多少千米？

接下来是见证"暴力美学"的时候了。我们在前面反复说了，应用题的基本原则就是"缺什么，设什么；设了什么，就知道什么"，这条原则基本上可以解决所有的应用题。

那么在这个题目里，我们缺的是什么呢？就是甲和乙的速度。所以，我们设甲的速度是 x，乙的速度是 y，根据题意我们列出方程组可以得到：

$$\begin{cases} 4.5x + 2.5y = 36 \\ 3x + 5y = 36 \end{cases}$$

很容易解得 $x=6$，$y=3.6$。

如果你要用算术来做这道题，可得费点事了。第一趟，甲走了 4.5 个小时，乙走了 2.5 个小时；第二趟，甲走了 3 个小时，乙走了 5 个小时；两人合计的总路程是相同的，所以大家把共同的部分减掉，可以得到甲走 1.5 个小时的路程等于乙走 2.5 个小时的路程，也就是说，甲的速度是乙的 $\dfrac{5}{3}$ 倍。如此一来，甲走 4.5 个小时的路程等于乙走 7.5 个小时的路程，所以在第一趟中，甲、乙二人合走的路程等效于乙一个人走了 10 个小时的路程，所以乙的速度是 3.6 千米 / 小时，甲是 6 千米 / 小时。

这下是不是觉得方程要直观得多了？把中间这些等量代换的技巧全部砍完，你说方程直观不直观？

例4 **历史名题:**
丢番图活了多久?

古希腊伟大的数学家丢番图的墓志铭是这样写的:"他的童年占去了一生的 $\frac{1}{6}$,接着的 $\frac{1}{12}$ 是少年时期,又过了 $\frac{1}{7}$ 的时光,他结婚了。5 年以后他有了儿子,可是命运不济,儿子只活到父亲岁数的一半就匆匆离世。4 年后,他也因过度悲伤而离开了人世。丢番图活了多少岁?"

缺什么,设什么。既然不知道他老人家的寿数,那就设他一共活了 x 岁。

接下来,把所有涉及的量只要能用 x 表示的,都用 x 表示:童年时间是 $\frac{x}{6}$,少年时间是 $\frac{x}{12}$,从少年到结婚是 $\frac{x}{7}$;接下来是一个 5 年;然后,随着儿子的岁数增长,丢番图的岁数也同步增长,所以儿子死时过了 $\frac{x}{2}$;接下来又是一个 4 年。这些时间加一起应该等于 x,因此式子列出来就是:

$$\frac{x}{6}+\frac{x}{12}+\frac{x}{7}+5+\frac{x}{2}+4=x$$

解方程是最没技术含量的一步,我们马上解得 $x=84$。

例5 一个两位数,十位数字与个位数字之和是 8,这个两位数除以十位数字与个位数字的差,所得的商是 11,余数是 5,求这个两位数。

好,设这个两位数是 x。接下来看第一句话:"十位数字与个位数字之和是 8。"我们没法表示十位数字和个位数字啊?好像设错了,怎么办?调整一下。谁规定设就一定要一次性设对的?设不对就调整呗,多大个事啊。

我们改设十位数字是 x,个位数字就是 $8-x$,这个两位数就是

$$10x+(8-x)=9x+8$$

"十位数字与个位数字的差"，这个差怎么表示呢？

$$x-(8-x)=2x-8$$

两位数除以这个差的"商是 11，余数是 5"，也就是说：

$$11(2x-8)+5=9x+8$$

算得 $x=7$，从而求得这个两位数是 71。这有何难呢？

出了问题就及时调整，调整的原则就是能让题目中的每个条件都能用含有 x 的式子或者纯数字表示。

例6 甲、乙两个书架各有若干本书，如果从乙上拿 5 本放到甲上，那么甲的书比乙剩余的书多 4 倍；如果从甲上拿 5 本给乙，那么甲剩余的书就是乙的 3 倍。问：原来甲、乙各有多少本书？

既然甲、乙原来各有多少本书都不知道，那就设甲有 x 本，乙有 y 本，然后看能不能把条件都表达出来。乙拿 5 本给甲，于是甲变成 $x+5$，乙变成 $y-5$，此时甲比乙的书多 4 倍——注意是"多 4 倍"，也就是说，甲是乙的 5 倍！从这里看出，语文不好，应用题一定是做不好的哟！方程写出来就是

$$x+5=5(y-5)$$

再看，甲拿 5 本给乙，剩余的书是乙的 3 倍，也就是

$$x-5=3(y+5)$$

可得 $x=95$，$y=25$。

再加一句：如果设的未知数不能把所有的条件都表示出来，记得换一个方式设未知数哦！

我们再来看一个难一点的题目。

例 7 甲、乙两车运一堆货物,如果单独运,甲比乙少 5 次;如果一起运,各运 6 次刚好运完。问:甲单独运要几次运完?

缺什么?甲单独几次运完。那么我们就设甲单独要 x 次才能运完,那么乙单独运的话就需要 $(x+5)$ 次才能运完。题目能做了吗?不能。还缺什么?我们不知道甲和乙每次的运量啊!

怎么办?接着设。设甲每次能运 a 吨,乙每次能运 b 吨,那么可以得到

$$ax = b(x+5) = 6a + 6b$$

再仔细检查一下,有没有什么条件没被用起来?似乎没有了。那我们就开始解这个方程吧……不过,这竟然是一个三元二次方程?理论上是的,但不要怕,我们总是可以用小学生能接受的办法来让他们理解。

ax 其实就是两个数相乘,这和 3×5 和 8×7 没什么区别,一样可以分解,可以约分。只是在这里 a 和 x 可以是任何数罢了。

通过 $ax = 6a + 6b$,我们可以得到 $a = \dfrac{6b}{x-6}$,再代入到 $ax = b(x+5)$ 中,可以得到

$$\frac{6bx}{x-6} = b(x+5)$$

其中,b 显然不等于 0,所以两边可以约掉 b,于是得到

$$6x = (x-6)(x+5)$$

进一步化简得到

$$x(x-7) = 30$$

这是个一元二次方程，理论上要到初中才可以解，但对小学生来说，也不是问题。现在，这道应用题就转化成这样一个问题：已知两数相乘等于30，其中一个比另一个大7，求这两个数是多少？

我们把30进行分解，可以得到三种组合：$5×6$，$10×3$，$30×1$。这是30所有的整数分解的结果，不难发现，只有当$x=10$的时候，方程才是有解的。这里我并没有使用一元二次方程的求根公式，纯粹用的是小学的方法。

所以，甲单独运10次就能运完了。

等一等！总感觉哪里不对……没错，甲和乙的运量并没有求出来啊？这就是解方程中常用的方法：设而不求。

谁规定设出来的未知数就一定要解出来等于多少？我们的最终目的只是求甲的运输次数，对于其运量并没要求啊！但是，运量的大小对题目是有影响的，它也是一个未知数；那么既然不知道，也就属于"缺什么"的范畴，当然要"缺什么，设什么"啦！既然"设了什么，就知道什么"，我们在这里把a和b当作已知量开始运算，目标仍然是x——a和b只是来"打酱油"的，但如果没有这两位配角，主角也是很难求的。

接下来，我们就要用方程来解决"大魔王"式的应用题："牛吃草"问题。"牛吃草"问题相传最早是由牛顿这位"大神"提出的。其实，从师承关系来说，我自己的祖师爷是莱布尼茨——对，就是那位和牛顿共同独立发明微积分的莱布尼茨。鉴于莱布尼茨和牛顿二人是死敌，我在写这一节的时候余心惴惴。

但我也是牛顿的忠实粉丝。我曾经告诉学生们，案头一定要摆上一本《自然哲学的数学原理》。哪怕你的高等数学一次又一次挂科，但是有了这本书，谁都会觉得你是懂数学的。当然，今天我们不讲微积分，不讲悬链线，就讲讲经典的"牛吃草"问题。

例8 牧场上有一片牧草，牧草每天都在匀速生长。这片牧草可供 10 头牛吃 20 天，或者可供 15 头牛吃 10 天。问：这片牧草可供 25 头牛吃几天？

这道题难就难在很多的因素我们不知道。要算天数，就应该算

$$\frac{总草量}{牛的数量 \times 每头牛每天吃的量}$$

但是总草量是多少？每头牛每天吃的量又是多少？这都不知道。

然后我们又看到题设条件中有这样一句话："牧草每天都在匀速生长。" 那么牧草每天的生长速度，或者说，牧草每天的增量也是不知道的。这都是坏消息。

不要惧怕坏消息，要学会从坏消息中找好消息。

事实上，我们可以根据牧场原有的草量和每天增长的草量之和，得到总草量，于是我们就得到了以下的未知量：总草量、每天草的增量、每头牛每天吃的草量以及 25 头牛能吃的天数。

一般情况下，我们喜欢设最终目标为 x，至于其他的未知因素（即未知量）就看你的个人喜好了。我们不妨设总草量为 a，每天增加的草量为 b，每头牛每天吃的草量为 c，那么就可以列出等式：

$$\begin{cases} a + 20b = 10 \times 20 \times c & (1) \\ a + 10b = 15 \times 10 \times c & (2) \\ a + xb = 25 \times x \times c & (3) \end{cases}$$

我们把前两个方程一减，即 $(1) - (2)$ 简化后得到 $b = 5c$。将其代入这两个方程中的任意一个，就能得到 $a = 100c$。所以，即每天长出来的草等于 5 头牛每天的口粮，换句话说，只要不多于 5 头牛，这片牧草就可以被无限地吃下去；而整片牧草相当于 100 头牛一天的口粮。

把得到的关系统统代入到第三个方程中，可以得到

$$100c + x \times 5c = 25c \times x$$

解得 $x = 5$，也就是说，这片牧草够 25 头牛吃 5 天的。

从方程的解的理论来看，这个方程是没有唯一解的。事实上，a，b，c 之间只是满足一个比例关系，其具体数值对题目完全没有影响。

如果我们用纯算术的做法，这个题目确实挺难的。你要设每头牛每天吃的草量为 1，然后把草场的总草量和每天新长出的草量用 1 的倍数来表示，这还是颇具技巧的。这毕竟是牛爵爷出的题目啊！

其实，只要是掌握了"缺什么，设什么；设了什么，就知道什么"的原则，任何应用题都不在话下。很多人诟病"奥数"的一大罪就是用高级工具来解决低级的问题。确实，这就好比科幻小说《三体》中讲到，二向箔的降维打击使得整个银河系束手无策，后者只能像摊大饼一样被按在地上，而毫无还手之力。但是，很多人没有想到这样一个问题：如果孩子能很好地掌握高等级的数学工具，而不是生搬硬套的话，说明小学数学对他来说实在是不够打的。地球之所以被碾压，是因为人类走了一条错误的路线——只有一个人走了一条正确的路，搞出了光速飞船，这也是唯一能逃脱降维打击的工具。这说明，只要掌握了合适的方法，而不是囫囵吞枣地学习，还是可以对抗来自更高等级的威胁的。

当然，此处涉及的不再是数的具体运算，而更多的是字母的形式运算。如果孩子能够很好地接受这一点，说明他在数学上的领悟力是不错的，否则，家长也别逼得太狠了。换言之，用方程解应用题多少有点数学能力"试金石"的味道。

除了"牛吃草"，我还想再说说"庖丁解牛"这个成语。这个庖丁可以

把牛杀了，骨和肉都分离好，但是一把刀却十九年如新。这个成语用来形容经过反复实践，掌握了事物的客观规律，做事得心应手，技法运用自如。不过，今天我要用的是它的字面意思：如何解牛？

这里谁是庖丁？娃是庖丁。谁是牛？当然是"万恶"的数学题。

难题永远是由简单的知识点拼起来的。我们要带领孩子，像庖丁用刀一样，把每个小知识点都分割开来，变成我们已经掌握的东西去处理——没错，又是化归。很多家长自己也经历过这样的憋屈经历：题目看起来懂了，但只要一换个样子，甚至数变一变，就又不会做了——欲哭无泪吧？这该怎么破？我们来看几个题目。

第一题：有一片牧场，牧草每天均匀生长，现在可供 20 头牛吃 12 天，供 60 只羊吃 24 天，如果 1 头牛的吃草量等于 4 只羊的吃草量，那么 12 头牛与 88 只羊可以吃多少天？

第二题：由于天气渐冷，牧场的草每天均匀减少。经计算，现有牧草可供 20 头牛吃 5 天，供 16 头牛吃 6 天，那么 11 头牛可以吃几天？

简直束手无策！那再看一道题。

第三题：某火车站的检票口在开始检票前已有 945 名旅客排队等待，此时每分钟还有固定的若干人前来进口处准备进站，如果开放 4 个检票口，15 分钟放完旅客；如果开放 8 个检票口，7 分钟放完。若想 5 分钟之内放完，需要开放几个检票口？

真要坐以待毙了！

其实，这几个题目本质上都是"牛吃草"啊……我们要学会透过现象看本质。先来看第一题，不就是：一片牧场，草每天均匀生长，现在可供 20 头牛吃 12 天，供 15 头牛吃 24 天，那么 34 头牛可以吃多少天？

至于第二题，原来每天增加的草变成了减少的草，无非就是把增加的草量减回去，不就完成任务了？

第三题看起来完全不沾边，那我换个说法：

某草场已有945个单位的草量，每天草生长的速度是均匀的，如果4头牛吃，15天吃完；如果8头牛吃，7天吃完。若想5天吃完，需要多少头牛？

怎么看起来好像都会了的样子？其实，小学的应用题出来出去就那么几个模型。"牛吃草"算是其中一个模型，而这类题的主要特征是：

● 多少个 x 干 a 这么多的活儿要 b 这么多的时间；

● 多少个 y 干 c 这么多的活儿要 d 这么多的时间；

● 活儿的总量一定，但是有一个均匀持续的增量或减少量。

这种题目就是"牛吃草"了！

对于"牛吃草"的变种问题，说到底还是化成标准的"牛吃草"问题才能解决，也就是说，要关注以下几个要素：

● 每头牛每天吃的草量，这是一个标准单位，一切都是围绕着这个单位来计算的；

● 每天增长的草量是标准单位的多少倍；

● 原有草量是标准单位的多少倍；

● 最后让你算的要么是牛的头数，要么是天数。

这就是套路。所以啊，我们掌握了这些套路以后，就什么都明白了。接下来再看看各种"牛吃草"问题。

第四题：已知一块草场开放了 $\frac{3}{5}$，可以供几头牛吃几天，又可以供几头牛吃几天；现在先让几头牛吃了几天，再把剩下的$\frac{2}{5}$草场放开了吃，这时又加进来几头牛。问：这时候还能吃几天？

题目编得有些丧心病狂了——我都懒得凑数，因为领会精神是主要目的。我们还是要把所有条件全部转化成标准情况来做。每天草的增量是多少，剩下的$\frac{2}{5}$草场加进来以后，总草量变成多少？（此时别忘了，这$\frac{2}{5}$的草场也长了！）这时候，题目基本就差不多做完了。

当然，题目还可以升级。

第五题：已知一块草场开放了$\frac{3}{5}$，可以供几头牛和几只羊吃几天，又可以供几头牛和几只羊吃几天；现在先让几头牛吃了几天，再把剩下的$\frac{2}{5}$草场放开了吃，这时又加进来几头牛和几只羊。问：这时候还能吃几天？

这里无非就是把牛和羊之间做一个转化。所以家长在教孩子的时候，一定要注意看题目的本质是什么，就像我们所讲的"牛吃草"问题一样。引导孩子自己学会看穿题目，真不行就让孩子自行把题目改写一遍，用牛和草来代替如检票口和乘客总数之类的其他元素，这样一来就能达到做一道题就能学会一类题的效果。并且，孩子还要学会提炼出这类题目中的关键要素，这样才可能爬出"变一下就不会了"的泥潭。

当然，如果你发现孩子竟然可以自己出某个类型的题目的话，那就说明他已经完全掌握了这类题。我们再来看一些其他形式的应用题。

例9 一个从小到大排列的等差数列，如果把首项除以 2，末项乘以 2，那么这些数的平均数增加了 7；如果首项乘以 2，末项除以 2，那么平均数少了 2。已知等差数列中所有数的和等于 245，求数列的末项。

这是一道好题。是时候给大家穿插着讲一些考试中拼凑的技巧了！

本题的正经做法自然是按照"缺什么，设什么"的原则，所谓的等差数列就是一组数，后一项减去前一项所得的值都相等，比如所有奇数或者偶数的数列都构成等差数列。

在题设中，首项、末项和项数都是未知的，所以我们都可以设上：设首项是 a，末项是 b，项数是 n。第一个条件："如果把首项除以 2，末项乘以 2，那么这些数的平均数增加了 7。"也就是说，数的总和多了 $7n$，此时这 n 个数的和比原来那 n 个数的和多出来的部分，就是

$$2b+\frac{a}{2}-(a+b)=b-\frac{a}{2}=7n$$

能想出这个条件的用法，那么后面一个条件就好办了，如果首项乘以 2，末项除以 2，那么平均数少了 2 意味着

$$a+b-(2a+\frac{b}{2})=\frac{b}{2}-a=2n$$

可以得到 $a=2n$，$b=8n$。又知道共有 n 项，所以可以得到

$$(2n+8n)\times\frac{n}{2}=245$$

即 $n=7$，首项为 14，末项为 56。

在这里，我们默认孩子已经初步具备了形式运算的能力。但现在的问题是，如果考试中这是一道填空题的话，有什么更简便的办法吗？

有的老师挺看不起拼凑的。事实上，"大胆猜测，小心求证"是很可贵的做学问的方法。何况在考试中，如果能凑出答案，对于节省答题时间也是非常有好处的。

这个题目其实很好地展现了"凑"的技巧。家长如果看到孩子凑出的答

案是对的，那也应当问问这是怎么凑出来的。如果他凑的方法合情合理，我觉得还是很值得鼓励的。

事实上，本题中唯一一个确定的数是 245，其他数值都和首项、末项或项数有关。一般情况下，项数、首项和末项应该都是自然数，因此可以把 245 分解成 1×245，5×49，7×35。在等差数列里弄成 245 个 1，肯定不合适吧？所以，要么就是 5 项，各项平均值是 49；要么是 7 项，各项平均值是 35。

如果是 5 项，那么此时 49 是第三项，和第一项及第五项之间都差了公差的 2 倍，所以首项和末项均该是奇数。按照题目的条件，先后两次首项和末项都有除以 2 的操作，会带着分数出来，但平均数又是整数——矛盾！

因此只能是 7 项，平均值是 35；并且由上面分析可知，公差应该是奇数。而且根据第一个条件，由于 49＝7×7，因此猜测公差是 7，也是很合情合理的。经过验算发现，猜测确实成立，题目就做完了。

当然，如果孩子什么依据都没有，就直接猜出了答案，那就多找几个题给他做一做。假设孩子像印度著名的数学家拉马努金那样，次次都能直接把答案写出来，那么麻烦他把这一期"乐透"的中奖号码也给写一下吧……

外一则——再谈行程问题

这里还有一道好玩的行程问题，拿出来和大家一起分享一下。

甲、乙两名同学参加户外拓展活动，过程如下：甲、乙分别从直线赛道 A、B 两端同时出发，匀速相向而行；相遇时，甲将出发时在 A 地抽取的任务单递给乙后继续向 B 地前行，乙原地执行任务，用时 14 分钟，再继续向 A 地前行，此时甲尚未到达 B 地；当甲和乙分别到达 B 地和 A 地后立即以原路返回并交换角色，即由乙在 A 地抽取任务单，与甲相遇时交给甲，由甲原地执行任务，乙继续向 B 地前行，抽取和递交任务单的时间忽略不计。甲、乙两名同学之间的距离 y（米）与运动时间 x（分钟）之间的关系如下左图所示，已知甲的速度为 60 米 / 分钟，且甲的速度小于乙的速度，则甲在出发后第_____分钟时开始执行任务。

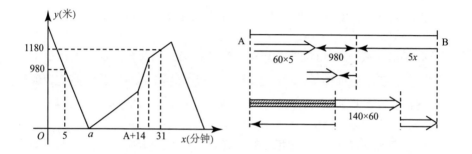

不瞒大家，这道题目贼老师自己也做了好一会儿才搞定，因为题目太长了。在看解答之前，有兴趣的读者可以先自己做一遍试试。题目长了，信息就多，因此如何把这些信息用在解决问题上，就显得至关重要。

我之前讲过，正经的数学题中的条件一定是刚刚好的，既不会多也不会少。所以从这么长的题干中分析出能列等式的条件，是当务之急。

首先，甲和乙是相向而行的，相遇后乙原地不动，甲继续走；然后甲和乙一起走，到了目的地后，甲立即折返，二人再次相遇——这就是整个过程的精简版（可参考上右图）。

上左图中的折线段表示两人之间的距离。这里的折线段分成 5 段，有的平坦，有的陡峭，用数学上的术语说叫"斜率的绝对值各不相等"。这代表着什么？

我们先来看 0 分钟的时候，这意味着两人将动未动，此时两人的距离就是 AB 之间的距离；当两人碰面时，距离为 0，即第一条折线段的末端。这条折线段上有两个点是有数值标记的，第一个标记表示两人走了 5 分钟的时候，相距 980 米。所以，假设 AB 之间距离为 s，乙的速度为 x 的话，很容易得到：

$$s - 5 \times (60 + x) = 980$$

两人相遇时走过的路程恰好就是整段距离，但是相遇时的时间是不知道的，因此根据"缺什么，设什么"的要求，假设相遇时两人用了 t 分钟，那么可以得到

$$(60 + x) \times t = s$$

两个方程，但有三个未知数，说明还少一个方程。很显然，最后这个方程一定是对应着"31 分钟，相距 1180 米"这个点上。最后这个方程该怎么列呢？

这个 1180 米有几种可能：

● 甲走到 B 然后折返，此时乙还没走到 A；

● 甲还没到 B，乙还没到 A；

● 甲走到 B 然后折返，乙走到 A 折返；

● 甲还没到 B，乙到了 A 折返。

这四种假设都是可能的，那方程该怎么列？这四种假设里肯定有几种是不合理的，关键是如何甄别出来？

再回头看上页左图。图中一定有什么东西被我们遗漏了。除了标记出来的两个点之外，就只有 5 条线段的陡峭程度了。事实上，第一段比第二段陡峭，而第一段中是两个人相向而行，第二段中只有甲在走，也就是说，当两个人相对速度越大，直线就越陡峭！

如此一来，第三段就意味着乙干完活了，开始走了；此时甲、乙两人应该是背道而驰，所以相对速度变大；而第四段相对比较平坦，说明相对速度变小了，应该是其中一人到达了终点，开始折返，而另一人尚未到达终点；第五段说明另一人也到达了终点，并且开始折返了。

也就是说，上面提到的"甲还没到 B，乙还没到 A"，以及"甲走到 B 然后折返，乙走到 A 折返"这两种情况都可以排除了，不然无法解释第四段的相对速度为何变小。

接下来是最难的判断部分：究竟是"甲走到 B 然后折返，此时乙还没走到 A"，还是"甲还没到 B，乙到了 A 折返"呢？

如果是第一种假设，我们可以列出式子：

$$17x-(1860-s)=1180$$

如果是第四种假设，我们可以列出式子：

$$1860-(17x-s)=1180$$

第一种假设解得 $x=80$，$s=1680$；而第四种假设解得 $x=\dfrac{490}{3}$，$s=\dfrac{6290}{3}$。

怎么看着，正确答案都应该是第一种情况，但如何给出一个合理的解释呢？

我们再回到第 162 页左图中。如果是第四种假设情况，由于乙到了 A 点，此时甲还未到达 B 点，又由于乙的速度大于甲的速度，因此两人之间的距离在第三段结束时应该达到最大，但在第四段开始时，两人之间的距离开始缩小！这就和图中的表示内容矛盾了——假如是这种情况，第四段应该掉头向下，而不是缓慢上升。因此只能是第一种假设成立。

根据 $x=80$，$s=1680$，可以马上得到 $t=12$。所以乙走到 A 用了 $\dfrac{1680}{80}+14=35$ 分钟，而甲走完全程需要 $\dfrac{1680}{60}=28$ 分钟；当乙走到 A 的时候，甲已经从 B 折返回来了 7 分钟，共计 420 米，总路程还剩下 1260 米。因此两人再次碰面时，走了

$$35+\frac{1260}{80+60}=44\text{（分钟）}$$

也就是甲在 44 分钟之后开始执行任务。

整个分析过程跌宕起伏，还是挺有意思的，而且题目还设置了迷惑条件：两人相遇的时间其实无关紧要，可以不求。第四段中两人相距 1180 米的分析可谓是本题的点睛之处。细细品味，这道题在考察学生的分析能力上是比较到位的。

16
浓度问题

事实上，中学的化学老师可能会更喜欢讲这个问题。所谓的浓度问题，归根结底和行程问题是一样的，关键在于掌握好一个最基本的定义。浓度的定义是什么？浓度没有量纲（单位），而是一个相对比，我们用溶质质量和溶液质量之比乘上 100% 来定义浓度。

所以，在计算浓度的时候，我们只要抓住三个要素即可：溶质质量、溶剂质量、溶液质量。如果三个要素中知道两个，那么浓度就能确定下来；如果看起来只知道一个甚至一个都不知道，那么就看看能不能通过其他方式得到——这点和行程问题颇有相似之处，所以家长要指导孩子把应用题中的要素概括出来，并且让孩子养成碰到新问题就想怎么去抓本质的习惯。

首先我们来看一个简单的例子。

例 1 某人用盐和开水配制了 400 克浓度为 15% 的盐水，那么在配制的过程中，用了多少克的开水？

这里的溶质是盐，溶剂是水，溶液是盐水。我们很容易求出盐的质量为

$$400 \times 15\% = 60 （克）$$

溶液总共 400 克，所以其余的质量是溶剂贡献的，即开水的质量为

$$400-60=340（克）$$

是不是很容易？

其实任何难的题目分解到最后都是这么容易的。只是分解的过程有时候并不是那么的明显罢了。所以，"循序渐进"这四个字在数学的训练中显得尤其珍贵。任何试图违背这个规律的人，到最后发现还是慢慢走来得快。每个人的天赋差异决定了你经历"渐"的时间的长短，但是想绕过这一步，是不可能的。

例 2 在 200 克浓度为 15% 的糖水中加入 50 克糖，那么糖水浓度变为多少？再加入 150 克水，浓度变为多少？最后又加入 200 克浓度为 8% 的糖水，浓度变为多少？

首先看第一问：溶液质量和浓度是已知的，那么

$$溶质质量 = 200×15\%=30（克）$$

加入 50 克糖后，溶质变成了 80 克，溶液的质量变成了 250 克，此时糖水浓度变成

$$\frac{80}{250}=32\%$$

再看第二问：加入 150 克水之后，溶质不变，溶液质量多了 150 克。此时浓度变成

$$\frac{80}{250+150}=20\%$$

最后看第三问：又加入 200 克浓度为 8% 的糖水，意味着溶质和溶液质量都发生了改变。溶液质量很显然就是

$$200+400=600（克）$$

而溶质质量为

$$80+200×8\%=96（克）$$

所以糖水浓度为 $\dfrac{96}{600}=16\%$。由此可见，抓住了核心的关系式，以不变应万变即可。

例3 在浓度为 40% 的酒精溶液中加入 5 千克水，浓度变为 30%。问：再加入多少千克纯酒精，浓度才能变成 50%？

如果本题列方程来做，我们不妨设原来溶液有 x 千克，那么溶质有 $0.4x$ 千克，此时加入 5 千克水，浓度变成

$$\frac{0.4x}{x+5}=30\%$$

解得 $x=15$ 千克。所以再加入 5 千克水后，溶液共有 20 千克。

设再加入 y 千克的纯酒精，浓度又变成 50%，此时方程变成

$$\frac{6+y}{20+y}=50\%$$

解得 $y=8$，所以只要再加入 8 千克的纯酒精，那么浓度就变成 50% 了。

但是不用方程怎么做？其实答案就蕴藏在解方程里，大家可以自己先尝试一下，或者让孩子先尝试一下。别忘了，尝试到精疲力竭的时候告诉，往往是效果最好的时候。

接下来，我们来看如何不列方程能快速计算所加的溶液的分量。我们假设溶液 A 的浓度为 $a\%$，加入了浓度为 $b\%$ 的溶液 B 后，新的溶液浓度变成

了 c%，问：溶液 A 和 B 的质量比是多少？（此处 $a>c>b$）

在没有找到简便方法前，我们仍然列方程——毕竟此时没有更好的办法。

设溶液 A 和溶液 B 的质量比为 x，则

$$\frac{x \times a\% + b\%}{x+1} = c\%$$

解得 $x = \dfrac{c-b}{a-c}$。没错，这就是简便解法！看下面的"十字交叉图"。

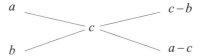

借助上图，我们就可得到关于溶液配比的简便算法。

上一个例子里，加水稀释怎么理解比较合适呢？水的浓度就是 0 啊！所以一样可以使用这个方法。

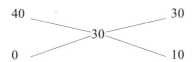

因此三份 40% 的酒精配上一份水，就能得到浓度为 30% 的酒精溶液了。而水的质量是 5 千克，那么 40% 的酒精的质量就是 15 千克了。然后又加入纯酒精，浓度变成了 50%，此时

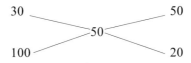

所以质量比为 5 : 2，此时有 30% 的溶液 20 千克，马上可得纯酒精的质量为 8 千克。

虽然从根源上说，这个方法脱胎于方程，但是在计算上确实带来了很大的便利性。

我们来看一个具体的应用。

例 4 甲、乙、丙三瓶糖水，浓度依次为 63%、42%、28%，其中甲瓶有 11千克；先将甲、乙两瓶糖水混合，浓度变为 49%，然后把丙中的糖水全部倒入混合液中，得到浓度为 35% 的糖水。问：丙瓶中原来有多少糖水？

我们利用上述方法：

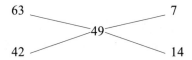

所以甲、乙的质量比为 1 : 2。当丙倒入后，可以得到

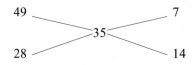

因此混合溶液和丙溶液的质量比也是 1 : 2。

因为甲瓶质量是 11 千克，所以乙瓶是 22 千克，甲、乙质量之和为 33千克，丙瓶的质量是混合溶液 2 倍，则丙瓶质量为 66 千克。

让我们进一步增加难度。

例5 有一杯盐水，如果加入 200 克水，那么浓度变为原来一半；如果加入 25 克盐，那么浓度变为原来的 2 倍。问：盐水原来浓度多少？

如果用方程来做，根据"缺什么，设什么"的原则，我们可以设原来浓度为 x。很显然，此处溶液的质量和解题也有关系——你就想，原来的溶液如果只有 1 克或者 1 吨，那么浓度变化的情况会是如何？所以，还要设原来溶液质量为 y 克，这样原来溶液中所有的成分的质量就都定了。

根据加 200 克水的条件，我们得到新溶液浓度为

$$\frac{xy}{y+200} = \frac{x}{2}$$

根据加 25 克盐的条件，我们得到新溶液的浓度为

$$\frac{xy+25}{y+25} = 2x$$

通过第一个方程解得 $y = 200$ 克，再把这个结论代入到第二个方程，解得 $x = 10\%$。

不过对于小学生来说，形式运算总是面目可憎的。特别是当有两个字母在一起时，总是让人心有余悸。所以，我们来看看如何用十字交叉法来解题。

当然，这里也是要设原来的浓度为 $x\%$，

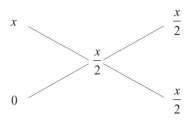

也就是说，原来溶液和水的质量比为 1：1，即原溶液有 200 克。

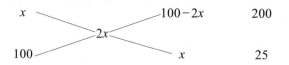

即 $\dfrac{100-2x}{x}=\dfrac{200}{25}$，得到 $x=10$。

从形式上来说，孩子会更容易接受这样的方程。在某种意义上来说，孩子在小学阶段被"灌输"一种想法：尽量采取不用设未知数的办法解决问题。这么做一来是鉴于孩子的身心发展规律，他们还没有做好接受形式运算的准备；二来是为了锻炼孩子的逆向思维。所以不要总觉得小学方法是奇技淫巧，或是单纯为了难为学生而设置的各种障碍，这种锻炼还是很有必要的。

我们来看比较难的浓度问题。

例6 有甲、乙、丙三种酒精溶液，质量比是 3：2：1，把两瓶酒精溶液混合后再按原来的质量分配到各自的瓶中，称为一次操作。现在先对甲、乙两瓶酒精溶液进行一次操作，再对乙、丙两瓶酒精溶液进行一次操作，最后对丙、甲两瓶酒精溶液进行一次操作。三次操作之后，甲、乙两瓶的浓度分别是 57% 和 51%，求最初丙酒精溶液的浓度是多少？

晕——这恐怕是大家看到本题后的一个最直观的感受。高中物理为什么难学？因为很多时候，题中的过程分析不清楚；函数为什么难？也是因为过程分析不清楚。既然过程分析这么重要，啥时候应该开始打基本功啊？就是在做这种难的应用题的时候啊。

当然，如果孩子能很好地掌握形式运算，那么直接列方程是最方便的：假设甲、乙、丙三种酒精溶液的浓度分别为 a, b, c，而甲、乙、丙的质量分别为 3, 2, 1，那么第一次混合后，甲、乙的浓度相同，变成

$$\frac{3a+2b}{5}$$

第二次新的乙和丙混合后，浓度变成

$$\frac{\dfrac{3a+2b}{5}\times 2+c}{3}=0.51$$

第三次新的丙和新的甲混合后，浓度变成

$$\frac{\dfrac{3a+2b}{5}\times 3+\dfrac{\dfrac{3a+2b}{5}\times 2+c}{3}}{4}=0.57$$

有的读者已经要昏过去了。

事实上，问题没你想的那么难。我们把 $\dfrac{\dfrac{3a+2b}{5}\times 2+c}{3}$ 看成一个整体，

代入 $\dfrac{\dfrac{3a+2b}{5}\times 3+\dfrac{\dfrac{3a+2b}{5}\times 2+c}{3}}{4}$ 中，发现马上可以化简成

$$\frac{\dfrac{3a+2b}{5}\times 3+0.51}{4}=0.57$$

于是可以得到 $\dfrac{3a+2b}{5}=0.59$。把这个结果反代到

$$\frac{\dfrac{3a+2b}{5}\times 2+c}{3}=0.51$$

中，可以得到 $c=0.35$，即丙的浓度为 35%。

但是对大多数小学生来说，这个运算太难了。所以我们还是来看一看小学生能接受的方法。这道题是一环套一环，换句话说，只要一环的信息全部掌握了，那么所有的信息就都能掌握了。那么应该从哪一环突破呢？很显然是最后一环。

为什么？因为要是从第一环就突破了难题，中间过程要来干啥？如果中间过程能突破难题，那最后一环还要来干啥？如果最后一环突破不了，那这道题目是在弄啥咧？

最后一环是分别操作过一次的甲和丙。在操作前，甲的浓度不知道，丙的浓度就是乙最终的浓度；操作完成了之后的浓度是知道的，设甲、乙混合后的浓度为 $x\%$，我们用十字交叉法可以得到

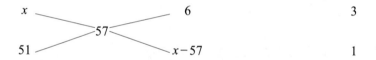

（为什么是 $x-57$ 而不是 $57-x$ 呢？因为 57 比
51 大，所以 x 一定比 57 大）

得到 $x=59$，即甲、乙混合后的浓度为 59%。

而乙被混合后再和丙混合得到的酒精溶液的浓度为 51%，我们再次用十字交叉法，设丙的浓度为 $y\%$，即得

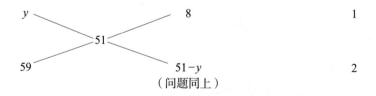

（问题同上）

解得 $y=35$。

你看，这下小朋友是不是好理解多了？这就是所谓的过程分析。

在今后的数学或者物理学的学习中，过程分析将是横亘在学生面前的拦路虎。想要学好，这一步是绕不过去的，所以，像这样有难度的练习题其实非常必要。比如说，在动力学中能量和动量守恒定律的运用问题中，木块或小球撞来撞去，想弄清这个过程就要仔细分析每次碰撞前后动量和动能的变化，从而列出方程。有时候是局部考虑，有时候是整体考虑——家长们是不是回想起了自己的高中时代？如果再联系上述这些应用题，是不是觉得有点意思了？

17

整除和余数

整除和余数是小学数学中非常重要的一块内容。我之前讲过能被 2 到 11 的整数整除的整数的特点，当时的目的是锻炼学生的数感，现在要求提升了，我们要进一步深入研究整除和余数的知识点。

第 1 节　整除

首先我们要做一个补充，关于能被 7, 11, 13 整除的数的特点：一个整数的末三位数字与末三位之前的数字所组成的数之差（以大减小）能被 7（11, 13）整除，那么这个数就能被 7（11, 13）整除。（被 7 和 11 整除的其他规律和此处补充的规则并不冲突，大家喜欢用哪个都没有问题。）

很多家长看见这条规律的第一反应就是：让娃背去！很遗憾，此时这个做法反而是错误的。

难道你就没一点好奇心吗？是不是应该先找几个数来试试看，证实规律果然是对的；然后下一个问题应该是："为什么？为什么满足这条规律的数就行得通呢？"

我们要始终对新知识抱有强烈的好奇心，才会有兴趣去挖掘知识背后的规律。但如果孩子没有好奇心，怎么办？

上面所说的其实就是引导过程——把规律给孩子，观察孩子的反应。如果让孩子直接背，不妨问他："你有没有想过为什么这是对的呢？"这个规律为什么对，后文会介绍，这里家长可以先自己尝试着证明一下。

数的整除和余数，说到底就是一个式子：

$$m = kn + r$$

其中 m 是被除数，k 是除数，n 是商，r 是余数——理论知识就这么讲完了，当然不能仅限于理论上，我们还是要通过一些实际的例子来告诉大家怎么教孩子。

例1 若整数 $\overline{x2004y}$ 能被 99 整除，求 x 和 y 各是什么数字？

我们该如何处理这个问题？被 99 整除的数的特点是什么？老师可能没讲过，那很正常。考试谁会总考你都讲过的东西呢？

有的家长可能回过神来了："贼老师，是不是该化归了？"没错，就是它了！

该怎么化归？既然不知道 99 的整除规律，那能不能通过其他方式来凑出来呢？我们看到，99 可以分解成 9 乘以 11，而 9 和 11 的整除规律我们是知道的，所以只要这个数既能被 9 整除，又能被 11 整除，题目就做完啦！

被 11 整除的数的特点是什么？无论是刚才补充的规律还是之前讲的规律，其实都挺麻烦的，所以我们先考虑 9，这就是数学中最常用的技巧之一：柿子挑软的捏！

被 9 整除的数的特点是，该数的各位数字之和能被 9 整除，所以，$\overline{x2004y}$ 各位数字之和 $x+y+6$ 要能被 9 整除，如此一来，$x+y$ 只能等于 3 或者 12。

贼老师，那 27 和 36 也都是 9 的倍数啊，为什么不考虑了呢？

因为 x 和 y 都是一位数啊，两个一位数之和最多就是从 1（为什么不能是 0？因为首位至少是 1）到 18 这几个数，如果 $x+y+6=27$，那么 $x+y=21$，是不是矛盾了？

范围一下子就缩小了很多。再来看被 11 整除的情况。我们有两种判断的方法，究竟哪种更合适呢？试试！不要不敢尝试，想到什么就写下来。不爱动笔简直是学数学的大忌！必须要勤动笔，就算是错了，也是一种锻炼。爱迪生发明电灯泡的时候，就是不断地实验各种材质的灯丝，多达几千种的材料都被淘汰了，别人的冷嘲热讽他也不在乎。失败？不存在的——我只是找到了一种不能成功的方法。所以，做数学题，特别是有一定难度的题目，一定不要怕尝试。

在这个题目中，$\overline{x2004y}$ 看起来是很难处理的，对孩子而言，这可能并不是很好的办法，于是我们就可以试另外一种方法：$x+4-2-y=x+2-y$ 要是 11 的倍数（这里只能是 0 或 11）。

这个看起来就容易多了，结合 $x+y=3$ 或 12，再来分析！如果 $x+y=3$，由于 $x-y$ 和 $x+y$ 有相同的奇偶性，所以 $x-y$ 也是奇数，它加上 2 不可能等于 0；那只能 $x-y=9$ 了，这个解显然超过小学数学的范围。所以 $x+y$ 只能等于 12。

再来看，如果 $x+2-y=0$，那么只要稍微凑一下就可以得到 $x=5, y=7$；如果 $x+2-y=11$，必然有 $x=9, y=0$，这与 $x+y=12$ 矛盾。所以，这个六位数就是 520 047。

聪明的大朋友，你们学会怎么教小朋友了吗？

有很多家长问我："孩子做不到举一反三，有没有什么办法？"

办法？就先认真读一读这本书吧！要知道，很多人一辈子也学不会举一反三。吃饭是基本技能，系鞋带是基本技能，但是举一反三并不是。何况代数、几何里面的差异使得"举一反三"这四个字变得更是"说起来容易，做起来难"。我只能说，大家认真学习本书里的内容，或许能帮孩子培养起举一反三的能力来，但这世界上谁敢说他一定能帮你的孩子做到举一反三？

教育孩子一定不能着急。这本书的一个根本目的在于教家长怎么教孩子。你要花时间陪孩子，并且给孩子指出有哪些可能是正确的路，哪些是错误的路，特别是，不要反过来让孩子把你蒙了。如果说家长朋友实在没耐心看这本书，那以后就请您不要苛责孩子——一个成年人都没有耐心去理解本书所讲的内容，凭什么要求认知能力尚不健全的孩子做到呢？如果你随便把孩子扔进一个培训班就满意了，由他自生自灭，那么请自便。

闲话说完，我们来看稍微难一些的整除问题。

例 2 某七位数 $\overline{1993xyz}$ 能同时被 2, 3, 4, 5, 6, 7, 8, 9 整除，那么 x, y, z 分别是什么数字？

刚才只是考虑两个数，有人就已经要崩溃了，现在居然要考虑 8 个数？很多家长从自己的少年时代一直到现在，一看见数学题就烦，那怎么可能搞好孩子的教育？一定要冷静，只有冷静才能发现解决问题的方法。

首先，虽然这里有 8 个数，但是如果一个数能被 8 整除，那么必然能被 2 和 4 整除，所以不用再考虑 2 和 4，8 个数转眼就变 6 个数了。

然后，如果一个数能被 9 整除，那它是不是一定能被 3 整除？同时，能被 8 和 9 整除的数必然能被 6 整除，所以是不是只剩下 4 个数 5, 7, 8, 9 了？

再看，如果一个数能被 5 和 8 整除，那么其末位数字必然是 0，所以这时候只剩下 7, 8, 9。题目是不是被简化了很多？

后面不会做也不要紧，如果能陪孩子分析到这一步，也是极好的啊！得不到最后结果，能做出一部分，这本身就是胜利。

题目求的是 x, y, z 各是什么数字。接下来，我们就来考虑各自整除的特点了。

能被 7 整除的数的特点最麻烦，一定是最后考虑。

能被 8 整除的数看其后三位数字，因为结尾是 0，所以 xy 构成的两位数只要是 4 的倍数就可以了，也就是从 04 到 96 共 24 个数的组合——这时候哪怕你一个个地试，最多也只要 24 次就能把答案凑出来了，相比原来的 1000 次，计算量已经降低很多了。

然后再考虑被 9 整除的数。1993 各位数字之和是 22，所以 $x+y$ 只能等于 5 或 14。先来看等于 5 的情况。x 和 y 两数字之和等于 5，并且要求 xy 是 4 的倍数，那么这个数只能是 32；代入原数，得到 1 993 320，刚好能被 7 整除。再来看 $x+y$ 的结果是 14 的情况，xy 要是 4 的倍数，因此只能是 68，代入之后发现 1 993 680 并不能被 7 整除，所以不满足题意。

题目是不是不像想象中的那么难？为什么说数学能很好地锻炼逻辑思维能力？从上面整个抽丝剥茧的过程就能看到，"丝丝入扣"这四个字简直写满了全过程。

好，我们再来尝试一道更难一些的题目。

例3 已知 41 位数 $\overline{5555\ldots x999\ldots9}$（5 和 9 各有 20 个）能被 7 整除，求 x 是数字几？

估计九成以上的人读完题，直接就把它给撇到一边了。明明说了能被 7 整除的数的规律很麻烦，怎么偏偏就出要求能被 7 整除呢？可题目就这么出了，怎么办吧？平复一下激动的心情，然后心平气和地来看问题。

我们考虑被 7 整除的数的特点，将最后一位数字乘以 2（9×2=18），再用其他剩下的数字组成的数与这个积相减（99-18=81），第一步得到 $\overline{5555\ldots x999\ldots81}$，然后再操作一次变成 $\overline{5555\ldots x999\ldots6}$——完全没有规律可言！

怎么办？别忘了，凑成被 7 整除的数还有一招：用末三位数字减去前面的数字组成的数，如果结果能被 7 整除，那原数就能被 7 整除。这样操作一次就变成了 $\overline{5555\ldots x999\ldots000}$，而 000 不影响对 7 的整除性质，所以只要考虑 $\overline{5555\ldots x999\ldots9}$（14 个 9）能否被 7 整除即可。这样操作三次，就变成了考虑 $\overline{5555\ldots x99}$ 能否被 7 整除。是不是简化得很快？

但是，前面的那一串 5 可怎么办？通过观察之后我们发现，999999 是一定能被 7 整除的！任何六个一样的数字组成的六位数都能被 7 整除！因为 $\overline{xxxxxx}$ 可以写成 $\overline{xxx}×1001$ 的形式，而 1001 能被 7 整除，所以 555…555（18 个 5）一定能被 7 整除，于是，题目就变成了 $\overline{55x99}$ 什么时候能被 7 整除。

这时候，后三位减去前两位得到 $\overline{x44}$，然而我们注意到，44=100-56，而 56 恰好是 7 的倍数，也就是说，$\overline{(x+1)00}-\overline{x44}=56$，如果 $\overline{x44}$ 是 7 的倍数，那么 $\overline{(x+1)00}$ 必然是 7 的倍数，所以 x 只能等于 6。题目做完了。

这一路分析下来，是不是觉得有很多举一反三的地方可以体会？整除问题的关键在哪里？就是一定要先把整除的性质弄明白。

附：被 7,11,13 整除性质的证明。

设一个数为 $1000x+y$，我们改写成 $1001x-x+y$，因为 1001 是 7, 11, 13 的倍数，所以只要验证 $y-x$ 或者 $x-y$ 是否能被 7, 11, 13 整除即可。证毕。

第 2 节　猜的技巧

之前我们讲了一些整除的基本技巧，接下来要看难一点的。

我们注意到，被 7, 11, 13 整除的数的基本规律都是可以用最后三位数字组成的数去减掉前面其余部分组成的数，然后看是否能被这三个数整除。而在证明这个性质的时候（见本章第 1 节附），我们无意间得到了 7, 11, 13 的最小公倍数——1001。也就是说，所有形如 $\overline{abcabc}$ 的六位数都可以被这三个数整除，因为 $\overline{abcabc}=1001\times\overline{abc}$。

这是一条很有用的性质，一定要补充给孩子。我们要明白这样一个事实：在几乎所有的考试里，在大家对知识点的掌握相同的情况下，其实拼的是速度。所以对于一些常用的结论，就算孩子有能力推导，也一定要让他们背一背。把数学当成语文来学当然是一种很功利的做法，但对于考试来说，是极为实用的。像这些零碎的知识点，应该让孩子专门找个本子记下来，然后经常翻看，以便能熟练地背诵，这样在考试的时候就能节约很多时间——相信我。而且，要从家长帮孩子总结，过渡到家长提示孩子总结，最后到孩子主动会总结。记住：是总结和背诵规律，不是背题！

例1 修改 31 743 中的某一位数字，可得到 823 的倍数，问：修改后这个数是多少？

如果你的第一反应是试图找出被 823 整除的数的特点，恭喜你，你已经略有小成了。

别生气，虽然你做了无用功，但真的已经很棒了！不要害怕走弯路，作为老师，最怕的就是学生压根儿不动。比如在这个例子里，你就是检验 823 是不是质数，也要花那么一点点的时间呢。笔头不勤，数学一定是学不好的。

好，那么接下来又到了关键点：怎么拐弯呢？

仔细看看，就会发现这个题目除了 823 的整除性质不明确之外，到底修改了哪个数字也是不知道的。如果我们逐个试，因为 823 这个数很大，所以这个数去除一个五位数之后，得到的范围并不会太大，比如，

$$10\,000 \div 823 \approx 12,\ 99\,999 \div 823 \approx 121$$

我们可以试大概 110 次——好吧，当我没说过范围不会太大这回事。

我们再回头看题，接下来的目标自然就是缩小试验的次数。怎么缩小呢？我们发现，对于 31 743 这个数来说，固定的数字越多，需要猜的范围就越小。如果假定首位数字 3 不变，那么一下子就可以缩小范围：

$$30\,000 \div 823 \approx 36,\ 39\,999 \div 823 \approx 49$$

转眼就把范围缩小到 14 个数了。当然，这时候我们就可以挨个试了，工作量

也变得不是那么大。但是，我们还有更快的办法。

如果再假设最后一位数没动，那么这时候变更过的数应该是 $\overline{3xxx3}$。由于除数是 823，所以商应该是 $\overline{y1}$ 的形式，而在 36 到 49 之间，只有 41 满足条件，一试即得 $41 \times 823 = 33\ 743$。题目就做完了。

在本书中，我们提供的某些解法可能不是相关题目的最优解法，但基本上都是思路最自然的一类解法。我的目的是让家长学会怎么教学，而并不是教题目本身。有时候，我甚至会故意把一些解题的过程写得曲折一些，那也是因为对于很多初学者来说，有可能会走同样的弯路。我始终秉承这样的理念：一道题目本身并没有太大意义，当它被提出来以后，它的使命就终结了；但弄明白题目背后的玄机，却很有意义。最高等级的训练就是自己出题目，不过这对于 99.99% 以上的学生完全不适用，所以我就不讲了。这本书针对的是大多数家长可能面对的孩子的能力层次。

有的家长会觉得，例 1 讲的猜测简直破坏了数学的美感，其实猜测、归纳、逻辑推理都是数学乃至全部科学研究常用的技术手段。"猜"或许会天马行空，这时候，数学的感觉就非常重要了。我们之所以在最初花那么多时间培养所谓的数感，就是为了这个目的。孩子们的天分是不一样的，有的娃就是天生感觉好，一猜就准，这也不是后天能培养出来的。所谓培养，只是相对于自己而言，比自己过去的成绩有进步就是好的。在这么多年的教学生涯中，我见识过太多的学生，个体的差异实在是太大了，所以家长一定不要横向比，那真是比着、比着就要走火入魔了，要纵向比，和自己比，这样心态也会好很多。

我们再来看一个靠猜解题的例子。

例2 有一些自然数，从左向右与从右向左读完全是一样的，我们把这样的数称为"回文数"，比如 1331、181、77 都是回文数。如果一个六位回文数除以 95 的商也是一个回文数，那么这个六位数是多少？

很多时候，人不是被难死的，而是被吓死的。你要教育孩子不害怕，首先要做到自己不害怕。这种题目就是高考用来拉分的所谓"创新题"的雏形。当然，"创新题"是我给这类题起的名字，它一般出现在选择题的最后一题，往往会给出一个全新的定义——可能是数学上真的有这种明确的定义，也可能是出题人自己搞出来的新概念，然后让你作答。这种题目的主旨就是考核学生在短时间内的学习能力，也就是考察所谓的"急才"。我们当然不要求孩子能七步成诗，但是由于考试的时间短，对于从未接触过的概念如何在短时间内抓住其要旨，这也是我们要传授给孩子的本领。

很显然，这个题目中的新东西是"回文数"，也就是正着反着都一样的数。那么，你第一个考虑的问题应该是：六位的回文数写出来应该是什么样子的呢？

$$\overline{abccba}$$

是不是应该这么考虑？假如你连这个形式都写不出来，那还怎么做题？

所以这是破解本题的第一步。

那么，商这个四位的回文数就是 $\overline{abba}$。为了区别，我们可以写成 $\overline{deed}$。再看条件可得

$$\overline{abccba} \div 95 = \overline{deed}$$

也就是说，这是个整除的问题。被 95 整除的数的特点是什么呢？不知道。但是我们知道 $95 = 5 \times 19$，所以 $\overline{abccba}$ 起码应该能被 5 所整除吧？

很好，我们瞬间就能确定 $a = 5$ 或 $a = 0$ 了。但是很显然 a 不能等于 0，因为那样构不成六位数，所以 $a = 5$。题目简化成

$$\overline{5ccb5} \div 95 = \overline{deed}$$

于是我们很快能确定 $d = 5$。为什么？因为 $\overline{4ee4}$ 乘 95 的积最多四十几万，小于 $\overline{5bccb5}$，d 只能是 5 或 6，但 $\overline{6ee6}$ 乘 95 的积的末位数肯定是 0，所以 4 和 6 立刻被排除了。

但是，b 和 c 的排列组合在理论上还有 100 种可能性啊！怎么破？既然我们在被除数的地方吃瘪了，那么就看看，还有什么地方是不确定的呢？没错，商！如果从商的角度来考虑，那么理论上只有 10 种可能，即从 5005 到 5995，假如挨个试一遍，最后就能发现 5555 是唯一符合条件的，原来的六位数是 527 725。

现在是不是觉得"猜"也挺好玩的？

第 3 节　余数

前面一直讲整除，现在我们来讲一讲余数的事儿。所谓的余数，就是指两个数相除，但被除数 a 不是除数 b 的整数倍，还多了那么一点点的东西。用公式写出来就是：

$$a=pb+r$$

其中 $0<r<b$（$r=0$ 时即为整除）。

数学最可恨的地方就在于，基础的内容也就两三句话，但一到应用就让人抓狂。这个心路历程，想来大家都是有的吧。如果说，让大家求 27 除以 5 得几、余几，估计你们都会觉得小儿科。作为进阶训练，这样的强度当然无法让大家满意。我们先来看一个简单的例子。

例1 97 和 79 除以一个数，余数都是 7，那么这个数可能是多少？

我们当然可以用穷举法一个个地试，但理论上要试 79 次，才能把所有情况算完，这显然不是数学上的方法。那应该怎么办呢？

我们在解决任何问题之前，一定要养成一个习惯：就是看看我们手里有什么工具。

为什么高考数学那么难，因为到了考场上的时候，你能用的数学工具非常多——你会不会用是一回事，但工具确实摆在那里，因此挑选合适的工具也是很重要的能力。你说："我要砍树！"然后带了榔头、墨线、斧头、键盘、筷子等工具一个个地去试，这树啥时候能砍倒？正确的做法就是从一堆工具中挑选出斧头，这才是对路的。同样，我们在解决数学问题的时候，一定要学会先理一下自己有什么工具，然后就能判断，解决这个问题的方法一定是在这些工具里。

方法不在我有的工具里，怎么办？

那就只能看着"拌"了……

我们来看这个题目，关于余数的工具只有文章开头提到的定义，所以我们自然要从定义出发。

考察一下 $a=pb+r$，把等式两边都减去 r，得到 $a-r=bp$。97 和 79 减去 7 以后，都可以被某个数除尽，这道题就变成了求 97 和 79 减去 7 之后的所有公约数。90 和 72 的所有公约数包括了 1，2，3，6，9，18。这些数去除 97 和 79 以后，余数都是 7 吗？

这时候再回忆一下，r 也是有要求的！每个 r 必须要小于除数 b，而比 7 大的约数只有 9 和 18，所以其他数被排除了。

我们再回忆一下整个过程：我们有什么？有且仅有关于余数的定义；然后，想要确定 b，就要对 $a-r$ 进行分解，同时要注意 r 的范围。

紧接着来一个类似的例子。

例2 100 和 84 除以同一个数，得到的余数相同，但余数不为 0，这个除数可能是多少？

你可能突然发现，这就属于传说中的"数字变一变，立马抓瞎"的情况。不要急，不要急，还是按照刚才的方法来理一理：

$$100=pb+r$$
$$84=qb+r$$

很显然 p 不等于 q，现在要求 b 的可能值，怎么办？

我们从前面的例子里得到了一点启示：有余数的问题，如果化成整除的问题，似乎能更得心应手一些。那是当然啊！毕竟前面讲了那么多了。好，那现在怎么把这个题目变成整除呢？

把两个式子一减，我们发现 $16=(p-q)b$，也就是说，这个除数必然是 16 的因子，那么符合条件的有 1, 2, 4, 8, 16 这几个数。但是 1, 2, 4 都能被这两个数整除，所以答案就是 8 和 16。

你学会了吗?

例3 有一个大于 1 的整数，用它除 300、262、205 得到相同的余数，求这个数。

沿着之前的思路，$300-262=38$，$262-205=57$，而 38 和 57 的公约数为 1, 19，但是题目要求的数要大于 1，所以答案只能是 19。

其实在我国古代，人们对余数也做了很多的研究，著名的"孙子定理"就是其中一个例子。出于历史的原因，以我国人名命名的数学定理少之又少，而孙子定理只能算半个，因为西方更喜欢把这个定理叫"中国古代剩余定理"。

定理的内容是这样的:

三人同行七十稀，

五树梅花廿一支，

七子团圆正半月，

除百零五便得知。

唉，我们就是写个数学定理都那么诗情画意。那怎么翻译成数学的语言呢?

三人同行七十稀，把除以 3 所得的余数用 70 乘;

五树梅花廿一支，把除以 5 所得的余数用 21 乘;

七子团圆正半月，把除以 7 所得的余数用 15 乘;

除百零五使得知，把上述三个积加起来，减去 105 的倍数，所得的差即
为所求。

与定理相配套的，是这样一个题：今有物不知其数，三三数之剩二，五
五数之剩三，七七数之剩二。问物几何？

就是说，现在让你求个数，除以 3 余 2，除以 5 余 3，除以 7 余 2。我们
只要稍微凑一下就知道答案是 23。那如果让你求个数，除以 311 余 127，除
以 589 余 277，除以 3007 余 1829，这个数是多少？

打人犯法，请把你的拳头收起来。

所以我们要有一个通用的解法，这个解法当然存在，但是对小学生来说
过于难了，这里就不多说了，还是回到我们能接受的范围内吧。我们现在来
看类似的例 3.1 和例 3.2。

例 3.1 123123...123（123 组 123）
除以 99 的余数是多少？

这也是一类很常见的竞赛题。这么大的一个数，列竖式都没法列啊！所
以我们还是要想，怎么处理这个问题呢？被 9 整除的数的特点很好找，各位
数字之和等于 9 的倍数即可，但是被 11 整除的数怎么办？

马上想到了 1001 ！

没错，一旦看见被 7, 11, 13 整除，就往 1001 上想，一般来说不会错。
123 123 必然能被 11 整除，而 123 123 123 必然被 9 整除，所以 6 个 123 就
能被 99 整除。我们从 123 组 123 中拿掉 120 组，只要计算 123 123 123 除以
99 的余数就可以了。

动笔一算，答案等于 90，题目就做完了。

数学为什么越来越难学？因为到后面你可用的东西太多了，选择趁手的工具也是非常需要技巧的事情。上一节里，我们能用的工具只有余数的定义，现在就要把整除都结合起来，瞬间难度就上来了。正如《庖丁解牛》所讲的道理，一个数学学得不错的学生，一定具备把题目分解成若干个简单知识点的能力。

例 3.2　请找出所有的三位数，
使它除以 7、11、13 的余数之和尽可能大。

在给孩子训练的时候，也要注意养成这样的能力。什么情况下余数才最大呢？除以 7 余 6，除以 11 余 10，除以 13 余 12，满足这样的最小的数是 1000，它是一个四位数。这并非没有意义！

当这个数为 1000 的时候，我们发现此时余数和是 28。那么问题来了，27 有没有可能？如果和是 27，余数的情况怎么样呢？

除以 7 余 5，除以 11 余 10，除以 13 余 12；

除以 7 余 6，除以 11 余 9，除以 13 余 12；

除以 7 余 6，除以 11 余 10，除以 13 余 11。

沿着这条路走下去，逐个验证。先来看第一种情况。考虑除以 11 余 10，除以 13 余 12，那么这些数为：142, 285, 428, ... 其中 285 除以 7 余 5。再来看第二种情况：除以 7 余 6，除以 13 余 12，有 90, 181, 272, 363, 454, 545, 636 等，其中 636 除以 11 余 9。最后看第三种情况，除以 7 余 6，除以 11 余 10 有 76, 153 等，76 除以 13 余 11，但只有两位数，而下一个就是 1001 了，所以不行。于是只有 285 和 636 满足条件。

循序渐进，排除万难——想想，现在多啃一题，没准将来就能多挣一分，还是值！

还有一类余数问题也是小学数学中常见的题型：求运算结果的末几位数字是多少？比如，2 的 100 次方末两位数是多少？ 58 的阶乘末四位数是多少？诸如此类的问题。这是最大的两类求末位数字的问题，一类是幂，一类是阶乘。当然，上述第二个问题很简单，答案是 0000；第一个问题？不好意思，我也得好好算算才行。像这种问题怎么解决？这时候我们应该这样教娃："最简单的情况应该是怎么样的呢？"

没错，永远从最简单的地方入手。

我们怎么处理末位数字是几的问题？比如说，2 的 108 次方的末位数字是多少？你也许听过那个关于国际象棋的故事，国王要赏给发明国际象棋的人麦子，结果发明者说，第一格放一粒麦子，以后每格翻倍。后来国王发现，2 的 64 次方已经是个天文数字了：18 446 744 073 709 551 616。所以要算 2 的 108 次方，数长得就没法看了——在完成这么大的计算量之后才能得到一个末位数字，这肯定是"高射炮打蚊子"了。怎么办？

这时候你应该告诉孩子："既然不知道 2 的 108 次方的末位数字，那我们就看看次数低一点的情况吧？"

试探是美德。真的，当你拿到题目无从下手的时候，先简化，再试探，这一定是最终解决问题的方法。

2 的一次方等于 2，平方是 4，然后是 8, 16, 32, 64, 128, 256, ...

我们发现，把所有的末位数字写成一排，就是 2, 4, 8, 6, 2, 4, 8, 6，所以 2 的 108 次的末尾数字应该就是 6。是不是觉得豁然开朗了？

例 4 求 $7 + 7 \times 7 + \cdots + \underbrace{7 \times 7 \times \cdots \times 7}_{2008个7}$

的末两位数是多少？

既然会做一位数了，那么两位数应该也不在话下咯？我们把 7 的次方罗列出来：

$$7$$
$$49$$
$$343$$
$$2401$$
$$16\,807$$

不难发现，7 的各次方的末两位数的规律是：07, 49, 43, 01，所以每四个一组之和正好末两位是 00，所以答案就是 00。我们发现，其实求末 n 位数字，就是求这个数除以 10 的 n 次方以后的余数。

这两个规律大概会让你觉得，原来数学这么简单吗？别高兴得太早，是时候展示数学真正的力量了！

例 5 求 $1 \times 3 \times 5 \times \cdots \times 2007$ 的末两位数是多少？

顿时觉得无法下手了吧？那就写几个数，然后除以 100，观察余数看看吧！

1 的时候余 1

1×3 余 3

1×3×5 余 15

下一个余 5

下一个余 45

下一个余 95

下一个余 35

这个时候结果已经是 01、03、15、05、45……了，仍然没有出现有规律的迹象。怎么办？是时候转弯啦。

既然直接除以 100 得到余数很困难，那我们就退而求其次。100 可以分解成 25 乘以 4，而从 1 到 2007 这些乘数中有 201 个数是 5 的倍数，所以结果一定能整除 25；而从 1 到 2007 的乘数中除以 4 的余数分别是 1, 3, 1, 3, 1, 3, ... 这就有规律了吧？

我们发现，余数为 1, 3, 1, 3 的四个数相乘以后，得到的数除以 4 的余数就是 9 除以 4 的余数，也就是 1，一共 251 组 1, 3, 1, 3 的余数相乘，所以这个数除以 4 的余数是 1。于是，这时候的问题就转化成：在 0 到 100 内挑一个数，这个数能被 25 整除，但是除以 4 余 1，那么这个两位数是多少？

提示：这个两位数可能会是 25 和 75。很显然，只有 25 除以 4 余 1，所以末两位数是 25。

以上这些例子，无一不透着化归二字。虽然"化归"这个词恐怕你们已经听腻了，但是对不起，我后面还要重复、重复、再重复。

外一则——华罗庚的车牌

讲了这么多关于整除的知识点,我不禁又想起了华罗庚先生。华先生真的是难得一见的天才,一个没有接受过系统高等教育的人,仅凭自学就达到这样的高度,实在难以想象华先生的天赋得有多高啊。而且,华先生不光做数学研究,还非常热衷于推广数学,这是非常难得的。苏联人在这方面曾做得很好。在我国,华老就是领头羊。他撰写了一系列的科普文章,还经常给中学生做报告,现在想来,这些孩子是多么幸福啊。

华先生对于数学思想的领会极其深刻,而且对于不同阶段的学习者有什么要求,他也了如指掌。对于初学者,他就强调数形结合。所谓"数少形时难直观,形少数时难入微",就是出自他口。同样,他也非常强调计算能力的培养。

在长期的数学学习和教学中,我也是逐步体会到华先生的伟大之处的。所以我也一直强调:计算是基本功。无论你以后是否从事数学研究,计算过关都是重要的。

这个计算就是理论上每项有 6 个数相乘,共 720 项加加减减,当然实际上项数会少很多,但是华老做的心算,就算化简下来,怕也是有几十项或一百多项。

还有一次,华老带着自己的研究生和一些中学老师散步,途中看见一辆车，然后就问："这个车牌能被 7 整除，但不能被 11 和 13 整除，为什么？"

大家一看，这个车牌号是 31-03219，去掉连接号就是 3 103 219。大家都惊呆了：这算得也太快了吧！

这里我们回忆一下能被 7, 11, 13 整除的数的特点：用最后三位数字组成的数减去前面剩下的数字组成的数，如果所得的差是能被 7, 11, 13 整除的数，那么原数也就能被这三个数整除。但是，华老怎么能算得这么快呢？啊，刚才华老好像抬头看了一眼云，难道这就是所谓的云计算？

华先生一看大家没反应，就笑嘻嘻地说："晚上到我房间坐坐。"然后扭头跟研究生们说："如果你们想出来了，就和中学老师们一起来；如果想不出，就别来了……"

你们体会一下当时研究生们的心情……

当天晚上，"好奇宝宝"中学老师组团如约而至，华先生又问一遍，还是无人作答。于是，华老公布答案了。7, 11, 13 这三个数有个很棒的最小公倍数——1001，要验证一个数能不能被这三个数整除，可以借助看这个数是不是 1001 的倍数来判别。3 103 219 这个数，从头往下砍，可以看出 3 003 000 是 1001 的倍数，去掉 3 003 000 后还剩下 100 219，再去掉 100 100，剩下 119，而 119=7×17，所以，3 103 219 这个数只是 7 的倍数，而不是 11 和 13 的倍数。

中学数学老师们再次集体惊呆。

什么叫"举一反三"？什么叫"活学活用"？这就是例子。日常的积累非常重要，对于那些特殊的数，要经常拆一拆、组合组合，烂熟于心，对提升计算速度和准确率都是有好处的。

顺便说一句，据说，华先生带的那群研究生，那晚一个人都没敢去。

18
质数与合数

质数与合数是个非常有意思的内容。

关于质数的理论可以写厚厚的一本书，里面有趣的内容很多，当然也很难，比如著名的哥德巴赫猜想、孪生质数猜想等，都是和质数有关的问题。

在关于质数的问题中，最难的自然是黎曼猜想。与哥德巴赫猜想和孪生质数猜想不同的是，这两个猜想小学生都能明白在说什么，但是黎曼猜想需要学习很多的专业知识才能读懂题意，所以，我在这里就不过多展开了，有兴趣的读者可以找一下我写的关于黎曼猜想的科普文章。

在小学数学中，关于质数和合数的内容也非常丰富，现在我们就讲讲关于质数与合数的专题。

第 1 节　从基本概念讲起

什么是质数？质数，又叫素数。如果一个整数除了被 1 和自身整除之外，不能被其他任何整数整除，那这个数就称为质数；如果一个整数能被除了 1 和自身以外的数整除，就是合数。

于是，1 尴尬了。被 1 整除的数只有 1，所以 1 既不是质数又不是合数。

2 也很尴尬，只能被 1 和 2 整除，而除了 2 以外的任何一个偶数至少能被 1, 2 还有自己整除，所以只要这个偶数不是 2，就一定是合数。

2，是唯一的偶质数——忧伤，淡淡的忧伤。

不必难过，请牢记这一点，我们在后面的解题中会反复用到这一性质，敲黑板：2 是唯一的偶质数，这个很重要。

数学的迷人之处在于，定义是如此的简洁，而后衍生出来的变化却是如此的多样。理论上来说，关于质数和合数的所有题目我们都会做了。比如，任一大于 2 的偶数都可写成两个质数之和；又比如，我们定义孪生质数就是指相差 2 的质数对，例如 3 和 5，5 和 7，11 和 13，求证这样的质数对有无穷多对。

行了，别看了，这两个问题一个是哥德巴赫猜想，一个是孪生质数猜想。我没说错吧，大家都能轻易地读懂题目，但是想证明出来？门儿都没有。不过别气馁，目前这个世界上还没有人能做出来呢。

那么到底有哪些数是质数呢？

2, 3, 5, 7, 11, 13, 17, 19, 23, 29, 31, 37, 41, 43, 47, 53, 59, 61, 67, 71, 73, 79, 83, 89, 97，前 100 个自然数里有这么多的质数呢！大于 100 的质数我就不写了。如果把所有质数排成一个长长的列表，那么合数就是从这个列表中挑出一些质数做乘法所得到的积——当然，一个质数可以被重复挑选多次。

我们把合数分解成若干个质数的乘积的过程称为"分解质因数"。不难证明，每个合数的质因数分解形式，除去质数的排列顺序外，分解是唯一的。证明略，读者可参考潘承洞先生的《初等数论》。（哈哈，终于可以用"证明略"这三个字了，调皮一下真的好开心。有兴趣的读者可以尝试证明一下，做不出来也挺正常的，不要放在心上！）

我们来看一些例子。

例1 把 15，22，30，35，39，44，52，77，91 平均分成三组，使得每组三个数乘积相等，这三组数分别是什么？

理论上，我们一共有 1680 种分组的办法，所以穷举虽然能做出题来，但真的不是啥好办法。所以要考虑一种办法，起码能够减少尝试的次数。

那该如何考虑？两个数做乘法的实质其实就是它们的质因数之间的乘法。那我们该如何去判定两个数相等？

其实，只要对比两个数在分解质因数后的形式是否相等——质因数的大小、个数、次数都得对上——就可以了。

对于较大的数，我们往往通过分解质因数的办法，然后利用质因数分解是唯一的这个结论，对比两边的质因数及其次数是否相等，来判定这两个数是否相等。换句话说，我们只要把上面九个数分成三组，并按照质因数来分组就可以了！

$15 = 3 \times 5$

$22 = 2 \times 11$

$30 = 2 \times 3 \times 5$

$35 = 5 \times 7$

$39 = 3 \times 13$

$44 = 2 \times 2 \times 11$

$52 = 2 \times 2 \times 13$

$77 = 7 \times 11$

$91 = 7 \times 13$

然后怎么办呢？我们又要仔细观察了——仔细观察就是法宝！观察什么？从一般中找特殊，从特殊中找一般，从多的里面找少的，从少的里面找多的。像找数的规律，就是从特殊的几个数里找到一般规律，而找反例，就是从对的里面找出那个错的来。

这一堆质因数里，13, 11 这种较大的数很醒目；再一看，13 有三个，11 也有三个，那肯定得分开，必然是一组一个包含 13，一个包含 11。就像点兵点将一样，我们先把含 13 的挑出来：

$39 = 3 \times 13$

$52 = 2 \times 2 \times 13$

$91 = 7 \times 13$

含 11 的有：

$22 = 2 \times 11$

$44 = 2 \times 2 \times 11$

$77 = 7 \times 11$

最后剩下的三个数是：

$15 = 3 \times 5$

$30 = 2 \times 3 \times 5$

$35 = 5 \times 7$

很显然，44 不能和 52 搭配，因为这样的话实在是"太 2"了：一共 6 个 2，它们要占 4 个？其他数就没法活了。所以 44 要么和 91，要么和 39 组合。

而 22 很显然要和 30 凑一起，因为这样才能凑出俩 2 来，44 和 52 都是自带两个 2 的。22 和 30 包含了两个 2，一个 3，一个 5，一个 11，所以还缺一个 7 和一个 13，因此 22, 30, 91 一组；35, 39, 44 一组；52, 77, 15 一组。是不是很简单？

质因数分解玩的就是"天下大势，分久必合，合久必分"这个套路。很多时候，我们需要把数拆开来，拆得越细越好，有时候又得合一块。

优秀，给你
点个赞！

等等，贼老师，我好像想起了什么？这看起来是不是又和整除的性质搭上了？

"头痛医头，脚痛医脚"是最低级的学习手段。家长平时一定要注重对孩子发散思维能力的培养。怎么培养？就是让他多想想，一个问题会不会和其他知识点之间有什么联系。一般说来，我们用到 13 以内的质数的整除性质就足够了。即便对于小学生的数学竞赛来说，也很少有需要超出被 13 整除的情况。所以熟练掌握整除的性质对于质因数分解是很有好处的。必须指出的是，数学其实是一个整体，不要单独地去学一个知识点，那样的话一定会走进死胡同。从小学到初中，再到高中，这是一脉相承的体系。很多老师也好，学生也好，就喜欢就事论事，到头来吃亏的还是自己。

假定你们已经在脑海中过了一遍整除的各项性质，接下来再来看一些例子吧。

例2 小明是个初中生，有一次参加数学竞赛，他的名次、分数和岁数的乘积是 2910，求小明的名次、分数、岁数各是多少？

很显然，2910 能被 10 整除，291 能被 3 整除，商是 97。也就是说，

$$2910 = 2 \times 3 \times 5 \times 97$$

接下来就是看怎么搭配比较合理。既然小明是初中生，那么年纪应该超过 12 岁小于 16 岁，而这四个数中，只有 3×5＝15 岁才是有可能的；剩下的就是考 2 分、排第 97 名和考了 97 分、排第 2 名，两种组合哪个看起来靠谱？似乎都不算很离谱啊，毕竟当年华罗庚先生在中国科学院招研究生的时候面试，考生只要不是得 0 分，就算过关呢！

不纠结了，我们看下一个问题！

例3 请问：算式 1×2×…×15
的计算结果末尾有几个 0？

事实上，这个题也不是很难计算，10 的阶乘是 3 628 800，只要在此再乘 11, 12, 13, 14, 15，结果也就出来了。

所以，硬算虽然可以，但一定不是好办法。要数有几个 0，那就要想明白，0 是从哪里来的？这还不简单，就是乘以 10 嘛！

于是就把题目变成了这些数相乘，能乘出多少个 10 来？ 10 又是等于 2×5，所以就是看能配对出多少个 (2, 5) 的数组。

含有 2 的数太多了，偶数都包含 2。而 5 呢？只有 5, 10, 15 三个数包含 5，所以最后算得结果的末位只有三个 0。

那 150 呢？除了普通的 5 的倍数，我们注意到，像 25, 50, 75 这些数都是 25 的倍数，那可是能提供两个 5 的，而 125 则有三个 5！所以在这个时候，数起来要特别当心。

对，对，对，不重复，不遗漏。

恭喜你，都会抢答了！

例 4 9216 可以写成两个自然数的积，则这两个自然数的和最小是多少？

我们当然可以把 9216 质因数分解，但是我想说的是，什么是融会贯通？之前让孩子们背的平方表，96 的平方就是 9216，所以最小和就是 192——现在明白为什么要背了吧？你吃过的苦不能白吃，流过的汗不能白流。

小知识：

37 和 73 是两个很有意思的质数。这两个数的十位和个位数字在交换次序后仍然是质数，而且 37 是第 12 个质数，73 是第 21 个质数。73 如果写成二进制就是 1001001，也是正、反读起来都一样的。我也不知道介绍这个有什么用，总之，我觉得挺有意思。

第 2 节　脑筋小转弯

上一节的问题都是从质数和合数的基本概念出发，下面来看看怎么利用基本概念转弯。

例 1 三个自然数的乘积为 84，其中两个数的和正好等于第三个数，请求出这三个数。

我们可以设这三个数为 x, y, z。根据题意可得：

$$xyz = 84 \text{ 和 } x+y=z$$

代入可得：

$$xy(x+y) = 84$$

这是一个二元三次方程。

当未知数的个数比方程数多的时候，这种方程称为"不定方程"。一般的，不定方程的解有无穷多个。何况这个方程小学生根本没法解，但它有个好处：x, y, z 是自然数。于是我们就考虑，既然乘积是 84，那么 84 能分解成哪些数的乘积呢？很显然，$84 = 3 \times 4 \times 7$，且 $3+4=7$，所以这三个数就是 3，4，7。

可能有的家长说了："这也算拐弯？"

我一直强调，只要吃透"化归"二字，数学就学好了。说人话就是会转弯。可是，每个知识点转弯的方式都不一样的，有的是正常转，有的是漂移过弯，说到底，"循序渐进"四个字很是要紧。

某个培训机构曾经想请我去讲课，说组织了一批很好的学生，要我在初二结束的时候把高中的内容讲完。我说："整个地区能有一两个适应得了这种学习方法的学生就不错了，其他人就惨了。"一知半解其实是很可怕的，绑架一批孩子就为了那么一两个人。这对其他孩子来说，可能会彻底毁了他们学数学的兴趣，于是我拒绝了。

我插播这段故事的目的是：不要看不起容易的转弯，任何难的转弯都是这样一点点渐变的。不信？我们来看看：超过 80 的 9 个连续的自然数中，最多有多少个质数？

最少有多少个质数，大家都知道应该是 0 个……因为从上次写的质数的分布来看，数越大，质数分布就越稀疏，区区 9 个连续的自然数，完全有可能都是合数！

但是最多有多少个质数？你会郁闷地发现，连"暴力解题"你都一下子找不到门路。难道把 80 以后的所有数全部写一遍？硬算，也只能对有限的情况进行"暴力破解"，但对于这种无穷的情况也是束手无策。想到这里，自然而然就要开始转弯了。

怎么转？

还是要学会读题：超过 80 的 9 个连续自然数中的质数的个数……还记得我们讲的质数的定义吗？然后推广得到，除了 2 以外的所有偶数都是合数，所以在 9 个自然数里，偶数越少越好；但奇偶数是相间的，所以 9 个自然数中最少也要有四个偶数。

那么剩下的五个奇数中最多有几个质数呢？

这五个连续奇数结尾必然是 1, 3, 5, 7, 9，但假如数的结尾是 5，那么它一定是 5 的整数倍，而且又大于 80，所以该数一定是合数。其他的数呢？似乎没有规律了。所以理论上，最多是四个质数。

问题来了，究竟是哪四个质数呢？

作为一名考生，必须要挖掘题目中的每个细节，没有用的东西，数学题里通常是不会提供的。我们发现，现在只有"超过 80"这几个字没有用上，那该怎么用？题目这么出，至少说明这几个数离 80 不会太远，对不对？不然干吗要放这个条件呢？这就是个指示牌。我们通过试验发现，101，103, 107, 109 这四个质数满足条件。

其实，我在上小学的时候，压根没有这样的观察力，但是我有个习惯，就是边学、边总结。现在回过头来看，观察力真的是很重要的一环，于是我就把自己的经验总结告诉大家，希望孩子们在和我同样的年纪的时候就超过我。

之前我们多次提到了发散性思维，我在这节中也多讲两句。经常听见有家长说："贼老师，我娃的发散性思维不强。"熟悉我的人都知道，我这人特别擅长把天聊"死"。听到这种疑问，我往往会接一句："啥叫发散性思维？"

一般来说家长都会语塞。

讲道理，很多人来问的问题其实答案都很简单，但是给了答案，也不见得孩子就能做得到。基本上所有数学学习的问题都可以归结成两条：一是天赋，二是坚持。

天赋你能改变得了吗？改变不了吧。

那你坚持得住吗？很多家长顶三天可以，但是三个月呢？三年呢？又顶不住了……回过头来又问："贼老师，我娃的数学不行，你看咋办？"我能有啥办法？

就比如说发散性思维的训练，其实就是如何让孩子学会触类旁通、举一反三。最简单的训练方法就是逆运算，有多少家长坚持住了呢？你会让孩子背 34 的平方是 1156，但是 1156 是多少的平方，有多少孩子能答出来？这个我之前也反复强调过多次了。逆运算是最基础的发散性思维，做数学难题其实和艺术创作差不多，都需要想象力的。有些孩子的想象力是从娘胎里带来的，有的就是靠后天训练。

我曾看见一篇文章里说，华罗庚先生每天睡觉前都在脑子里做数学题，都不用草稿纸，你好好训练也能这样。

除了"你好好训练也能这样"这句之外，其他的都是真的。他老人家能做到不代表你也能做到，我们能够用纸把题目做出来就阿弥陀佛了。所以不要强求天赋，但坚持训练是必要的。

其实，很多内容的学习都可以进行发散性思维的训练，在质数与合数里也不例外，我就用一个例子来演示一下。

例：甲、乙、丙三人打靶，每人打三枪，三人的环数之积都是 60，并且环数都是不低于 2 且不超过 10 的自然数，把三个人的总环数从高到低排列，依次是甲、乙、丙。问：4 环是谁打的？

乍一看，这道题有点摸不着头脑，这感觉就像这么一道题：公交车在第一站上来八个、下去七个，在下一站上来三个下去四个……直到最后一站全下完了，最后问：公交车一共有几站？但是再仔细看，这就是个分解质因数的事情：

$$60 = 2 \times 2 \times 3 \times 5$$

接下来就是怎么归置这几个数的问题了。

三个人总环数是不同的，而且没有超过 10 环的，所以 5 最多只能和 2 搭配；而 3 不能和 4 搭配，于是把这几个数写出来，我们发现只有这么几种可能：

3, 4, 5

2, 5, 6

2, 3, 10

其他均不符合要求。三个人的总环数分别是 12 环、13 环、15 环。从高到低分别是甲、乙、丙，所以 4 环是丙打的。

题目不难，那我们怎么开展发散性思维的训练呢？

首先，为什么最后的问题是"4 环是谁打的"？我们看到 2 环、3 环、5 环各出现了两次，所以无法断定是谁打的；10 环的话，一下子就猜到是甲的成绩了，因为如果环数之间的差越大，且乘积相同，那么和必然越大——这个证明要到中学学了不等式才会，但并不妨碍我们作为一个结论先用起来。所以，问题"4 环是谁打的"或者"6 环是谁打的"，在这个题目里的效果是一样的。

看看，这就是出题人的思维方式了。按道理，出题人的水平一定是高过做题人的，因为前者需要把很多东西综合起来考虑，同时，他在题目出完以后还要看看有没有什么条件是多余的、可以去掉的，有没有什么条件可以写得更隐晦一点，这个层次就不一样了。你要引导孩子朝这个角度去考虑问题——不要多，每天拿一到两个题目出来试试就好了。

还能不能再延拓一点？当然可以。

60 这个数在分解质因数以后有四个质数，它有多少个因数呢？

我们写出来以后发现，有 1, 2, 3, 4, 5, 6, 10, 12, 15, 20, 30, 60，一共 12 个因数。

那么，质因数的个数和因数的个数之间有什么联系呢？

59 是个质数，它所有的因数一共就只有两个……看起来好可怜。

为什么只差了 1，因数的个数差了那么多？12 个因数确实不少，那么有没有比 60 小，也有 12 个因数的数呢？……

你看，问题是不是一堆一堆地就跟着来了？学会自问自答，境界就上来了。所以一鱼两吃，一题也要多想，不要做完就拉倒了，那样提高起来真的会很慢。思考的力量，强过单纯的机械训练。

第 3 节　唬人的难题

《扁鹊见蔡桓公》里有这么一句话："医之好治不病以为功。"翻译成白话就是：医生喜欢治疗那些根本不存在的病，把这个作为自己的功劳。蔡桓公看来对医生是有很大偏见的……不过有些数学题就和蔡桓公眼里的"无良医生"一样，没有什么真"本事"，但只要一包装，就能达到很强的唬人效果。比如我们来看这个题。

例 1 三个质数的倒数之和是 $\dfrac{1661}{1986}$，
则这三个质数之和是多少？

对小学生来讲，这么丑陋的分数真的会让人吓一跳。

我一直崇尚首先按照题目的字面意思开展正面强攻——看清楚，是"首先"，不是永远只有正面强攻一种手段。

三个质数的倒数和？那么，要设这三个数是 x, y, z 的话，光是代数式的运算很多孩子就吃不消了。那这时候应该怎么转弯？

倒数求和，那肯定涉及通分，1986 就应该是通分完了以后的分母，而

$$1986 = 2 \times 3 \times 331$$

331 又恰好是质数，所以答案就应该是 336。不放心的话，回头验算一下就完事了。

很多时候，娃娃们不是被题目难死的，而是被题目吓死的。云山雾罩的一通描述，题目都读晕了，还想把题目做出来？所以不得不再次承认的一点

就是，要把数学学好，语文也很重要。一定要能很快地弄明白，题目到底想要你干什么。

例2 一位小朋友在做一道两位数乘以两位数的乘法题时，把一个乘数中的数字 5 看成了 8，由此得到乘积是 1872，那么原来正确的乘积应该是多少？

首先，这个题目如果做对的话，答案一定是小于 1872 的。我想顺便再强调一波验算意识——这个问题我多次强调了，随时随地想一想自己有没有出错总是好的，就像你做完加法，就把结果减回去，做完乘法就把答案除回去一样，顺手就检查了。拿一支笔一步步点着看，是没有前途的，只会浪费时间。但是像这样靠逆运算和基本常识推断的检查效果往往会很好。

回到题目中来。如果正面去做，设 $ab \times cd = 1872$，5 到底是 a、b、c、d 中的哪个？不知道。所以这时候一定考虑要转弯。既然是两个两位数相乘得到 1872，那么我们看看是哪两个两位数呢？我们将 1872 分解质因数，可以得到

$$1872 = 2 \times 2 \times 2 \times 2 \times 3 \times 3 \times 13$$

比照条件，"两位数乘以两位数""一个乘数中的数字 5 看成了 8"，这可以发生在十位，也可以是在个位。如果个位是 8，我们可以凑出两种情况：$1872 = 48 \times 39 = 78 \times 24$；如果是十位是 8，没有满足条件的两位数。所以最后应该是

$$45 \times 39 = 1755$$
$$75 \times 24 = 1800$$

其实也没你想的那么难。

例3 三个质数的乘积恰好是它们和的 5 倍，
这三个质数分别是多少？

还是一样的套路，如果设这三个数为 x, y, z，那么列出等式就是

$$xyz = 5(x+y+z)$$

这是一个三元三次的不定方程，一般来说，这是无法确定唯一解的。但是，由于这三个数都是质数，因此就有转机了。我们观察到，题目里唯一出现的数是 5，很好，我们立刻确定这三个质数中有一个是 5。

为什么？因为如果不包括 5，其他任何 5 的倍数都是合数，这和三个数都是质数的条件相矛盾。于是，现在题目就变成了："找两个质数，使得这两个质数的乘积恰好等于两个质数的和加上 5。"方程写出来就是

$$xy = x+y+5$$

我们不妨设 $x \leqslant y$，如果 $x=2$，马上可以算出 $y=7$；如果 $x=3$，$y=4$，显然不满足要求；若 $x \geqslant 5$，左边不小于 $5y$，右边不超过 $3y$，矛盾！所以只有一组 $2, 5, 7$ 满足条件。

有了这些基础训练，我们就可以玩一些具有一定难度的题目了。加油！

数学中的难题，基本都是综合题，即把杂七杂八的知识点串起来得到的题目。初学者往往只能单线作业，所以在并行处理题目中的不同知识点时会遇到很大困难，更何况是对认知能力尚不足的小学生而言。

例4 若 n 为正整数，$n+6$ 和 $n+10$ 都是质数，
求 n 除以 3 所得的余数。

若将这个题目改为：$n+6$ 和 $n+10$ 都是质数，证明这样的质数对有无穷多个。这样一改，也许在世界范围内也没人会做了，毕竟这是孪生质数猜想

等于 4 的情形，现在最好的结果似乎也不过是 200 多一点，距离解决问题还早得很呢。

既然我们讲的是小学内容，我们还是要从小学生的角度来考虑。n 除以 3 以后，余数有几种情况呢？这就是关于余数的知识点了。我们知道，任何一个整数 n 的余数都有 n 情况，对于 3 来说，余数有 0, 1, 2 三种。

如果余数为 0，此时 n 恰好是 3 的倍数。那么 $n+6$ 显然也是 3 的倍数，所以无论如何不会出现质数；如果余数为 1，也就是 $n=3p+1$，那么此时

$$n+6=3p+7$$
$$n+10=3p+11$$

还是看不出来什么有用的结论，那就放一放呗，谁规定必须每步都能看出点名堂的？如果余数是 2，$n=3p+2$，此时

$$n+6=3p+8$$
$$n+10=3p+12$$

于是 $n+10$ 必然是 3 的倍数，余数一定是 1 了。

当然，这并不代表一个整数除以 3 余 1，就一定能让上述两个数为质数。

我们并没有通过把 n 找到的办法来求解，而是把其他不可能的情况排除掉，所以看到孩子半途而废的时候，家长一定要鼓励他们尽可能地多写一些情况，再进行对比。

例5 证明：
超过 40 的偶数都可以表示成两个奇合数之和。

啧啧，要是把这道题目中的合数改成质数，那就是哥德巴赫猜想了，别说小学生，全世界所有的数学工作者也要集体撞墙了。

这道题看起来真的是难死了。因为比 40 小的最大的偶数是 38，

$$38=3+35=5+33=7+31=9+29=11+27=13+25=15+23=17+21=19+19$$

看到没有？如果题目中的数是 38，问题就完美地解决了。但问题是，40 以上的偶数有多少？无穷无尽啊！难道都像 38 这样，一个个地验证？所以，我们必然要找一个通用的做法。像这样找一个满足题设条件的做法，我们称为"构造法"。

构造法涉及的题目是数学中难度最大的一类题目，因为需要大家具备一定的想象力和创造力。这个训练起来可费时间了，而且孩子们之间的能力差异在此体现得淋漓尽致——还是那句话，努力就好。

构造法是一个不断实验的过程。我的想法是，有没有可能把这两个奇合数的形式猜出来呢？猜测是靠谱的，但这也等于没说，因为这道题目就是要干这个事。关键是怎么猜。

我们想这样一个问题：偶数能不能分类？如果可以，怎么分比较合适呢？

什么是偶数？即末位数字为 0，2，4，6，8 的数，而且两个末位数相同的偶数之差一定是 10 的整数倍，而 10 是 5 的倍数，所以，我们有没有可能把这些合数写成 $5k+p$ 这种形式呢？其中 p 是奇合数，而 k 是奇数。

先来看 2，第一个数是 42，按照上面的想法，由于 $5k$ 这个数必然以 5 结尾，所以另一个数必须以 7 结尾。以 7 结尾的第一个合数是 27，所以所有以 2 结尾且大于 40 的偶数都可以写成 $5k+27$（其中 $k \geq 3$）。

同理，以 0 结尾的数可以写成 $15+5k$（$k \geq 5$），以 4 结尾的可以写成 $9+5k$（$k \geq 7$），以 6 结尾的可以写成 $21+5k$（$k \geq 5$），以 8 结尾的可以写成 $33+5k$（$k \geq 3$）。完美。

我们硬生生地构造出了所有大于 40 的偶数被拆成两个奇合数的情况，这里偶数的尾数分类就是题眼。这一步确实比较难想到，需要大家日常不断地积累。

再来一波真正的难题，前方高能预警！让我们来看看，就是用小学的知识点，怎么让 99%（保守估计）的高中生都目瞪口呆。

例 6 从 1！2！3！…100！中去掉一个数，使得剩下的数的乘积构成一个完全平方数。问：被去掉的数是哪一个？

自然数后面跟一个感叹号，这是一种运算，名叫"阶乘"。我们规定 0！＝1，其他自然数的阶乘就是从 1 开始连乘，一直乘到自己。10 的阶乘 10！是 3 628 800。10！已经那么大了，还要把 99 个阶乘再乘起来……重复 100 次，找出不是完全平方数的那个数？此路不通也。

> 所以，你就别妄想硬做这道题目了吧。一个个地试出答案，那是门儿都没有的事情啊。

> 看看，贼老师准备转弯了！

在这个题目中，题眼到底在哪里？我觉得就是完全平方数。什么样的数是完全平方数？或者说，完全平方数写出来应该是个什么样子呢？毕竟贼老师只要求背到前 100 的平方，所以超过 10 000 的数是不是完全平方数，大家应该很难直接判断出来。何况这么大的数，我们肯定是不会直接计算出结果，然后再来判定。老贼这个问题问得有点没头没脑：完全平方数到底是个什么样子呢？

我们首先随便写一个完全平方数 576，它是 24 的平方，24 分解成质因数之后是 2×2×2×3，于是 576 = 2×2×2×3×2×2×2×3。我们发现，576 中任何一个质因数的个数都是 24 中质因数的个数的 2 倍。也就是说，完全平方数就是能写成偶数个质因数乘积的形式！

此时，题目就变成了：从 1 的阶乘一直乘到 100 的阶乘，去掉哪一个阶乘，剩下的这个天文数字的质因数的个数都是偶数个？

$$1! \times 2! \times \cdots \times 100! = 某数的平方乘上某个阶乘$$

我们能不能把这个平方先凑出来？怎么凑？ 100! 和 99! 有什么关系？

$$100! = 99! \times 100$$

所以

$$100! \times 99! = (99!)^2 \times 100$$

于是，我们可以扔掉这个庞大的数中的很多平方了，因为它们对最后的结果已经没有影响了，有影响的只剩下 2×4×6×⋯×100 这 50 个数的乘积。

有没有可能从这个数里筛选出一个完全平方和阶乘的乘积呢？我们又发

现，这 50 个数都是偶数啊！于是我们把 2 都提取出来，就变成了

$$2^{50} \times 1 \times 2 \times \cdots \times 50 = 2^{50} \times 50!$$

所以该被扔掉的数就是 50!。

当然，这道题的出题人还算比较有良心的。我们可以很轻松地把题目推广到一般情形，这个数如果不是以 100 的阶乘结尾，而是以任何一个以 $(4n)!$ 结尾的数，那么答案就是去掉 $(2n)!$。所以，题目想要出得难一些，方法实在是太多了。我们一直强调题目是做不完的，一定要抓住实质，而不是单单记住一个解法，这才是王道。

针对这道题，我们也可以从几个小一点的数开始试一下。改变结尾的数为 3!, 4!, 5!，我们发现只有 4! 的时候可以删掉 2!，那样的话就变成 $3! \times 4! = 144$ 是完全平方，继而猜测，是不是去掉 $(2n)!$ 的时候满足题意——这也是一种非常棒的猜测思路。

最后，家长可以和孩子一起思考以下这道题。

已知对任意的正整数 n，我们都有公式：

$$1^2 + 2^2 + \cdots + n^2 = \frac{n(n+1)(2n+1)}{6}$$

求分数

$$\frac{1^2(1^2+2^2)(1^2+2^2+3^2)\cdots(1^2+2^2+\cdots+100^2)}{100!}$$

化成最简分数后的分母是多少？

19
逻辑推理

　　逻辑推理这块内容在小学教材上是没有的，但是一直以来，这都是数学教学的重要组成部分。我们经常说，数学能锻炼人的逻辑推理能力，此言不虚。其实，我们的逻辑推理能力在日常的数学学习中已经得到了一定训练，接下来让我们直面纯逻辑推理的题目。

　　事实上，逻辑推理题算是网络上流传的数题中影响力最大的一类，比如著名的微软面试题：给你 12 个球，其中一个球的质量和其他 11 个不一样，但是不知道它的质量比标准轻还是重，给你一架天平，要求称三次找出这个球来。此外还有"海盗分赃"等题目，有兴趣的读者可以去搜索一下。当然还有一些所谓的逻辑推理纯粹就是为了搞笑，比如，有个盲人去治疗眼睛，结果治好了。他回来的时候坐火车，过完一个隧道后就跳车自杀了，问你这是为什么？答案是：他在过隧道时以为自己又瞎了，所以就跳车了。乘坐高铁时能跳车吗？坐绿皮车都跳不下去。这种胡编的题目完全脱离生活，也谈不上逻辑，没有任何意思。

　　但是有的题目就很好玩，比如有一个很知名的题目。

　　有四个人 A、B、C、D，他们知道各自戴的帽子颜色为两黑两白；A 与其他三个人相互看不见，而其他三个人只能看见自己前面的人的帽子颜色。过了一会儿，有人说："我知道自己帽子颜色了！"这个人是谁？（如下页图）

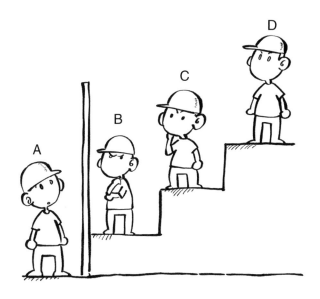

　　这就是一个好题目。要注意的是，题目中的每句话都有用。首先可以肯定，A 不知道自己帽子的颜色，因为他得不到任何有用的信息，所以一定不是 A。能得到最多直接信息的人是 D，他可以看见 B 和 C 的帽子的颜色，但是由于 B 和 C 的帽子一黑一白，所以他也不能说出自己帽子的颜色。假如 B 和 C 戴的帽子是两黑或者两白，那么 D 马上就应该能判断出自己帽子的颜色，也就不会需要"过了一会儿"才有人说出知道自己帽子的颜色了。C 没能等到 D 说出"知道自己帽子的颜色"，所以马上就可以判断出自己和 B 的帽子应该是一黑一白；同时，既然 B 的帽子是白色的，那么自己帽子的颜色自然是黑色的了。是不是很有意思？

　　这个题目就当作是个引子吧。我们逐步地来进行训练。

　　简单地说，逻辑推理的初步要求就是找到矛盾，高级要求就是很快地找到矛盾——找得太慢了，对于考试来说意义不大。

　　所谓的矛盾，就是前后有冲突的地方。比如说，前面说"甲数学不好"，后面说"甲证明了黎曼猜想"，这就是矛盾了。有些矛盾可以很直接地被看出来，但有些矛盾隐藏得比较深，需要仔细去挖掘。

例1 在三个盒子里，一个装有两个黑球，一个装有两个白球，还有一个装有黑球和白球各一个，现在三个盒子上的标签都贴错了，你能否仅从一个盒子里拿一个球出来，就确定这三个盒子里各装的是什么球？

我们要开始搞事情——哦，不对，是"制造"矛盾了。通过观察发现，题设条件是不能直接产生矛盾的，于是要大胆假设，小心求证。事实上，这八个字就是解决逻辑推理问题的精髓。

假设我们拿到贴有两个黑球标签的盒子，从中摸出一只白球，那么有两种可能，要么这个盒子里是两只白球，要么是一白一黑，此时无法推出另外两只盒子的情况；只有摸出黑球的时候才能唯一确定其他两个盒子的情况，所以不行。由对称性可知，贴有两个白球的盒子也是没有办法确定的，所以只剩下从一黑一白的盒子里往外拿这种情况了。

你看，这个就是加条件制造矛盾了。通过加了条件，我们排除掉了不可能发生的情况，只剩下可能的情况。

假设拿出来是黑的，那么必然一黑一白标签里装的是两黑，所以两白标签里就装着一黑一白，两黑标签里装的是两白。同理，如果拿出来是白色，答案也是唯一确定的。

这就是逻辑推理的第一条——没有事情要搞事情。事实上，逻辑推理是一类很有意思的问题，上手也比较容易，真的会让人欲罢不能。

例2 一次物理竞赛，甲、乙、丙、丁、戊、己、庚、辛八个人获得了前八名。老师让他们猜一下谁是第一名，甲说："己或者辛。"乙说："我。"丙说："庚。"丁说："乙不是第一。"戊说："甲说的不对。"己说："我和辛都不是第一。"庚说："丙不是第一。"辛说："甲说的对。"老师说：你们八个人中有三个人猜对了。请问：甲今年几岁了？

> 嗯，相信大家碰到过这种"坑人"的假奥数题。比如，一艘船上有 26 只绵羊和 10 只山羊，问：船上的船长几岁？这种题根本不是正经逻辑推理，是在毁数学的名声，各位一定要睁大眼睛啊！所以本题的问题应是：谁是第一名？

> 啊，怎么不问谁是第一名？

本题中题目的条件好长，直接就把很多人的耐心磨没了。题目长就慢慢做呗，你又不赶火车！仿照上题中"搞事情"的思路，如果甲说的是对的，那么乙不对，丙不对，丁对了，戊不对，己不对，庚对了，辛对了——至少四个人对了，所以甲说的不对；如果乙说的是对的，甲不对，丙不对，丁不对，戊对，己对，庚对——四个人对了，所以乙也不对；如果丙说的是对的……

> 等等，贼老师，难道就这么一个个地排除吗？

> 请问你有更好的办法吗？没有？那就继续！

如果丙是对的，那么甲不对，乙不对，丁对，戊对，己对——至少四个对了，所以丙不对；如果丁是对的，那么甲不知对错，乙不对，丙不知对错，戊不知对错，己不知对错，庚不知对错，辛不知对错。好吧，这是前所未有的困难，这么多不知对错的，怎么办？那就放一放，如果其他的假设能判断出结果来也未可知。

继续看，如果戊是对的，那么甲错了，乙不知对错，丙不知对错，丁不知对错，己对了，庚不知对错，辛错了；如果己是对的，那么甲错了，乙不知对错，丙不知对错，丁不知对错，戊对了，庚不知对错，辛错；如果庚对，甲不知对错，乙不知对错，丙不知对错，丁不知对错，戊不知对错，己不知对错，辛不知对错；辛同甲，所以也不对。也就是说，丁、戊、己、庚有可能是对的。

接下来该怎么办？因为在这四个人对情况的讨论过程中，其他人的情况是无法确定的，所以我们按照"搞事情"的原则，要对某个不能确定对错的人定性，然后推出其他人的情况。

先来看丁对的情况，假如甲也对，那么乙错，丙错，戊错，己错，庚对，辛对，所以甲肯定不对；假如丁对而甲错，那么乙错，丙不知对错，戊对，己对，庚不知对错，辛错。

好吧，做到这里就差不多知道，这条路看来是行不通的。为什么？因为实在是太麻烦了。虽然我们不怕穷举，但是穷举也得能看得到头啊。始终有这么多不知对错的情况，每次要二分法做下去……适可而止吧。

这次是属于撞南墙撞得比较厉害的一次。不过走弯路真的一点都不可怕，可怕的是从此失去了信心。

这时候我们应该考虑怎么换思路了。我们很容易落入敌人——啊，不——出题者布下的陷阱。通常，我们都希望直接根据条件来推出最后的结论，但是现在看这个过程实在太麻烦了，既然把所有名次确定这条路走不通，我们是否可以试试回头看，题目要求的是什么？——"谁是第一名"。

我们似乎走了很长的弯路：开始的目标是求所有人的名次，但是题目要求的只是谁是第一名？是不是瞬间感觉简化了很多？因为无非就是八种可能，挨个套在条件上试试看。

如果甲第一，那么丁、戊、己、庚对了；

如果乙第一，那么乙、戊、己、庚对了；

如果丙第一，那么丁、戊、己对了；

如果丁第一，那么丁、戊、己、庚对了；

如果戊第一，那么丁、戊、己、庚对了；

如果己第一，那么甲、丁、庚、辛对了；

如果庚第一，那么丙、丁、戊、己、庚对了；

如果辛第一，那么甲、丁、庚、辛对了。

好吧，丙是第一。我一开始之所以要兜那么大个圈子，只是为了向大家说明，不要怕误入歧途。学会从错误的地方转弯，比会做那么几个题目要有用的多得多。我可不会告诉你，其实是我自己一开始也误入歧途了。

我从不否认自己是"暴力美学"的忠实粉丝。但我很喜欢巧妙解法，因为数学之美能够在巧妙解法里得到淋漓尽致的体现。然而在考试的时候，你未必能在规定的时间内找到这么好的解法，所以"穷举法"或者"暴力解答"都是必要的手段——虽然丑陋，但是见效。

作为激发兴趣、以研究为目的，甚至茶余饭后消磨时间的玩意儿，追求艺术性的解题方法的确令人赏心悦目。如果能够在平时练出艺术性的解题能力那当然是最好，否则的话，没有办法的办法有时候真的是最佳办法。

比如这道题目，我们就是通过"暴力验证"最后得出结论：丙是第一名。但是这个解法无论如何是不美的。

怎么让解法美起来？需要一双"贼拉亮"的眼睛——利用条件自身的矛盾。

我们注意到，甲和己、乙和丁、戊和辛是矛盾的，换句话说，在这六个人中，必然三对三错。如果己有三人是对的，那么意味着剩下的二人必然是错的，即丙和庚，如此一来，马上可以知道丙是第一名。巧方法是真的好，但就怕你在短时间内找不到。

我们已经发现，逻辑推理的关键在于突破口，而突破口选取得是否合理，直接决定了题目能否顺利地解决。难的逻辑推埋就是把多种要素掺杂在一起，一股脑说出来，然后要你推断出要求的结论。比如，在上一个例子中，要素只有一类，即每个人的名次，如果有多种要素会是什么情况呢？我们来看下面的例子。

例3 人类的血型分为 A、B、O 和 AB 四种。子女血型和父母血型的关系见下表。现在有 3 个分别穿红色、黄色、蓝色上衣的孩子，他们的血型依次为 O、A、B，每个孩子的一对父母都戴着相同颜色的帽子，颜色也是红、黄、蓝三种，依次表示所具有的血型为 AB、A、O，问：穿红、黄、蓝上衣的孩子的父母各戴什么颜色的帽子？

父母血型	子女可能血型
O, O	O
O, A	A, O
O, B	B, O
O, AB	A, B
A, A	A, O
A, B	A, B, AB, O
A, AB	A, B, AB
B, B	B, O
B, AB	A, B, AB
AB, AB	A, B, AB

题目那么长，要素那么多，直接先把人绕晕了。但是，你只要仔细读题就会发现：因为父母帽子颜色相同，所以意味着父母都是同血型的，而且不会出现同时为 B 型的情况。所以题目现在就简化成：三个孩子的血型为 O、A、B，每对父母的血型同为 AB、A、O，求他们之间的配对关系。

找到一个形式简单的等价命题，可以大大简化思考的时间。

戴红帽子的父母均为 AB 型，对照图表，他们的孩子血型可能为 A、B 和 AB 型；戴黄帽子的父母均为 A 型，他们孩子的血型可能为 A、O 型；戴蓝帽子的父母均为 O 型，他们的孩子血型只能是 O 型。所以戴蓝帽子的父母的孩子只能是 O 型，穿红上衣；戴黄帽子的父母的孩子不能为 O 型，只能是 A 型，穿黄上衣；最后剩下就是穿蓝上衣的孩子，他的父母戴红帽子。

太简单了？那我们再来看一个。

例 4 房间里有 12 个人，其中有些人总说假话，其他人总说真话。第一个人说："这里没有一个老实人。"第二个人说："这里最多有一个老实人。"第三个人说："这里最多有两个老实人。"以此类推，第十二个人说："这里最多有 11 个老实人。"请问房间里到底有多少个老实人？

又一个看起来束手无策的题。很多学生面对难题的解决办法就是看着发呆，其实总是有些事情是力所能及的。对于这道题目，第一步应该做什么呢？

回忆之前讲的，逻辑推理在很多时候需要我们加点料，假设什么是对的，或者是错的，帮助我们进行推理。

既然我们不知道到底哪些人说的是对的，哪些人说的是错的，那么不妨就从第一个人开始看起。假设第一个人说的是对的，那么他自己就是骗子——事实上，当年证明"上帝不是万能"的时候，人们就用过这招：假设上帝是万能的，那么他能不能创造出一块自己举不起的石头？如果他能，那么他至少有一件事情做不到；如果不能，那就直接说明上帝不是万能的。根据这个假设，"这里没有一个老实人"就是错的，也就是说，第一个人说了实话——这就矛盾了。所以第一个人肯定是个骗子，即这里有老实人。骗子 +1。

第二个人说"这里最多有一个老实人"，假设他确实是那个老实人，那么从第三个人开始到最后一个人说的话都是对的。所以老实人有 11 个，与只有第二个人是老实人的假设矛盾！因此第二个人也是骗子。骗子 +2。

假设第三个人说"这里最多有两个老实人"是对的，那么从他开始到最后一个都是对的，矛盾！所以他也是骗子。骗子 +3。

依此类推，我们发现前六个人都是骗子，因为假设第六个人说的是真话，那么后面六个人也都在说真话，所以第六个人还是骗子。所以，从第七个人开始都是老实人，房间里共有六个老实人。

题目并没有看起来那么难吧？

例5 某次会议上，甲、乙、丙、丁四人进行交谈，他们分别用了汉语、英语、法语和俄语四种语言，并且还知道：

1. 甲、乙、丙会两种语言，丁只会一种；
2. 有一种语言四人中有三人会；
3. 甲会俄语，丁不会俄语，乙不会英语；
4. 甲和丙、丙和丁不能直接交谈，乙和丙可以直接交谈；
5. 没有人既会俄语又会法语。

请判断他们都会什么语言。

本题我们能直接做出的判断就是：甲会俄语，但是不会法语。我们是得不出其他直接结论的。于是，我们可以假设甲会俄语和英语，或者俄语和汉语，或者只会俄语，然后进行推理，看看是否会有矛盾产生。不过这里我打算介绍一种更好的办法：图表法。

我们可以把人和"是否掌握某种语言"之间的关系列个表（表1），然后一点点填上表格，这样看起来会比较直观，也比较容易梳理。

表1

	汉	英	法	俄
甲			不会	会
乙		不会		
丙				
丁				不会

　　首先来看条件1，用条件1来判断是否合适呢？不合适。为什么？因为需要太多的假设。理论上，我们总是可以穷举，因为情况总是有限的，统统罗列出来以后，总能发现其中一款是对的。但是，我们希望尽量减少尝试的次数，所以合理性也是我们需要考虑的问题。

　　来看条件2，这个看起来就可以试试假设了。如果三人都会的这种语言是法语，那么只能乙、丙、丁都会法语，这和条件4矛盾；如果这种语言是俄语，那么丁不会俄语，只能甲、乙、丙会俄语，但是甲和丙不能直接交流，所以不是俄语；如果是英语，根据条件3，那就是甲、丙、丁会英语，同样与条件4矛盾。所以，三个人都会的语言是汉语。

　　再回头看条件4，甲和丙、丙和丁无法交流，而乙和丙可以交流，所以丙一定不会汉语，不然丙至少可以和甲或丁中的一人进行交流，也就是说，会汉语的是甲、乙、丁。因为丁只会一种语言，所以丁只会汉语，且甲和丁都不会英语和法语。此时我们得到表2。

表 2

	汉	英	法	俄
甲	会	不会	不会	会
乙	会	不会		
丙	不会			
丁	会	不会	不会	不会

如果孩子推导到这一步，家长可以多多鼓励，毕竟貌似距离胜利不远了。

所以，丙是一定会英语的，不然英语就没人会了。丙一定不会俄语，不然就能和甲交流了，所以丙会的两种语言是英语和法语（表 3）。

表 3

	汉	英	法	俄
甲	会	不会	不会	会
乙	会	不会		
丙	不会	会	会	不会
丁	会	不会	不会	不会

而乙和丙是可以交流的，如果乙会俄语，那么乙就不会法语，如此一来，乙和丙就不能交流了，此时矛盾。我们可以完成这张表格了（表 4）。

表4

	汉	英	法	俄
甲	会	不会	不会	会
乙	会	不会	会	不会
丙	不会	会	会	不会
丁	会	不会	不会	不会

像这种能一条一条列出来的，我们通常都用列表的办法来进行推理。同时，找准突破口是非常关键的，一定要找那些尽量少假设，但是又能多制造矛盾的条件。

例6 甲、乙、丙、丁、戊各从图书馆借了一本小说，他们约定读完后互换，假定五个人总是同时交换书，经过数次交换后，他们都读完了这五本书。现已知：

1. 甲最后读的那本书是乙读的第二本书；
2. 丙最后读的那本书是乙读的第四本书；
3. 丙读的第二本书，甲一开始就读了；
4. 丁读的最后一本书是丙读的第三本书；
5. 乙读的第四本是戊读的第三本；
6. 丁第三次读的书是丙一开始读的那本。

假设甲、乙、丙、丁、戊最后读的书是 A、B、C、D、E，请根据以上情况决定他们读的第四本书分别是什么？

这个题目包含了三重要素：人、书和读书的次序。所以，表格的行就表示人，列表示次序，交叉处表示书——这个很关键，因为这里其实有三个维度。理论上来说，我们需要一个立体的表格，但是，此处巧妙地运用交叉处代表具体某本书，得以规避，这就是本题的题眼。接下来，我们看具体的分析过程。

首先，甲、乙、丙、丁、戊最后读的书是 A、B、C、D、E，甲读的最后那本书是乙读的第二本书，乙读的第四本书是戊读的第三本书，丙最后读的是乙读的第四本，丁最后读的书是丙读的第三本，根据以上的信息，我们可以直接填出表格（表 5）。

表 5

	一	二	三	四	五
甲					A
乙		A		C	B
丙			D		C
丁					D
戊			C		E

此时，除了条件 3、条件 6 没有用上，其他似乎都已经用过了。条件 3 说的是"丙读的第二本书，甲一开始就读了"。但是，甲一开始读的书有四种可能，所以这并不是一个太好的选择。条件 6 说的是"丁第三次读的书是丙一开始读的那本"，那么也有三种可能。两害相权取其轻，如果要拿这两个条件开刀，也是挑条件 6 会好一点。

从上述行文的口气你也该猜到了，肯定不会是从这两个条件直接入手。既然想到要尽可能地减少尝试次数，那么一定是从已知条件多的那个人入手。我们看到，乙的情况被了解得最多，所以乙应该是一个不错的突破口。对于乙来说，第一本读的书可能是 D 或者 E，但是我们注意到，如果乙读的第一本书是 E，那么第三本书就是 D——和丙冲突了，所以乙的读书次序直接就可以确定了（表 6）。

表6

	一	二	三	四	五
甲					A
乙	D	A	E	C	B
丙			D		C
丁					D
戊			C		E

　　如果大家玩过数独的话，就会马上发现，这个表有点数独的意思：每行、每列都必须是 A、B、C、D、E 这五个不同的字母，这样我们马上可以把第三列填满，根据条件 6 还有意外收获：丙开始读的是 A（表 7）。

表7

	一	二	三	四	五
甲			B		A
乙	D	A	E	C	B
丙	A		D		C
丁			A		D
戊			C		E

　　现在空得最少的行或者列就是丙了，对于丙来说，第二次读的书应该是 B 或者 E。如果丙第二次读的是 B，那么甲一开始读的也就是 B——矛盾；所以丙第二次和甲一开始读的书是 E（表 8）。

表8

	一	二	三	四	五
甲	E		B		A
乙	D	A	E	C	B
丙	A	E	D	B	C
丁			A		D
戊			C		E

　　剩下的，根据同行、同列必须填写不同的 A、B、C、D、E 的原则，马上就可以把表格补完整了（表9）。

表9

	一	二	三	四	五
甲	E	C	B	D	A
乙	D	A	E	C	B
丙	A	E	D	B	C
丁	C	B	A	E	D
戊	B	D	C	A	E

　　所以甲、乙、丙、丁、戊五个人第四轮读的书为 D、C、B、E、A。

　　我们来看一个难一点的例子。

例 7 五个学生甲、乙、丙、丁、戊参加一场比赛，某人预测比赛结果的名次顺序是甲、乙、丙、丁、戊，结果没有猜对一个名次，也没有猜对任何一对相邻的名次（即某两个人实际上名次相邻，而猜测中名次也相邻，且顺序相同）；另一个人预测比赛结果为丁、甲、戊、丙、乙，结果猜对了两个名次，同时还猜对了两对相邻的名次，求比赛结果。

第一个人真的不能买彩票啊，一个没猜对就算了，相邻名次竟然也都没有猜对的，真乃神人也！我们发现，从这个"倒霉蛋"那里能得到的信息太少了。利用一下超前的排列组合知识，我们知道一共有 120 种不同的排列方法，和他的猜测完全不同的也有好几十种，需要排除的可能性太多——不好。所以，突破口应该放在第二个人身上。

第二个人猜对了两个名次，也猜对了两对相邻的名次，这大概是个什么情况呢？相邻一对字母，如果有一个位置对了，那么另一个必然是对的。因此，这两对猜对了的名次顺序中，至多有一对的位置对了。那会不会没有一对是对的呢？

我们想这样一个问题，这两对次序正确的名次是怎么排列的？

如果三个人相邻的次序是对的，但是他们排错了位子，我们用 A 统一表示这三个人，用 B 统一表示其余两个人，那么只有以下几种可能：AAABB，BAAAB，BBAAA。对于第一和第三种来说，如果 BB 都是对的，那么相邻次序正确的就不止两对；如果是第二种，AAA 相对次序是对的，但是在整个序列里的位置是错的，然而其他两个人的位置又是对的，这不是矛盾了吗？

所以，三个人相邻次序是对的，但是占错了整个序列中的排位这种情况不存在。

那么，这三个人相对次序是对的，并且在整个序列中的排位是对的，这种情况可能吗？仔细读题，一共就对了两个人的位置，所以不可能。于是，我们只要考虑猜对两对的次序，并且其中一对的位置也猜对了的情况。

这时候，我们至多讨论四次就能得到正确答案了——丁、甲、戊、丙、乙只需要讨论四组相邻的情况即可。我们用 X 表示位置没有排对的那些人。

情形一：假设正确顺序为丁甲 XXX，那么正确的排序应该是丁甲丙乙戊或者丁甲乙戊丙。若丁甲丙乙戊是正确的，那么"倒霉蛋"猜对了丙，矛盾；如果丁甲乙戊丙是对的，那么甲乙相邻，"倒霉蛋"也猜对了相邻的次序，矛盾。

情形二：X 甲戊 XX。另外有两个字母相邻的次序是对的，那么只有丙乙，所以丁甲戊丙乙是唯一的排序，这次第二个人五个全对了，矛盾。

情形三：XX 戊丙 X。此时类似于情形二，也不可能是正确名次。

情形四：XXX 丙乙。其实我们也很倒霉，试到最后一种才试成功了。此时满足条件的有两组：甲戊丁丙乙和戊丁甲丙乙，显然第一组甲的位置和"倒霉蛋"猜测的位置一样，所以矛盾，结果只能是戊丁甲丙乙了。

看看，我写了这么大一堆，其实如果找准突破口，即"两对相邻"和"两个位置排对"是什么意思，剩下的就是体力活了。

相信大家对逻辑推理已经有一定了解了。其实，数独是一种很好的逻辑推理训练。如果孩子尚在低年级，不妨先从数独玩起。

逻辑题中的要素越多，条件隐藏得越深，推理的难度就越大。我们大都缺乏这样一种能力：把题设条件用数学语言表示出来。对很多人来说，数学题中的条件就是每个字都认识，但是连起来就是："这是什么？这又是什么？"

我们接下来开始讲一些难度偏大的推理题。

例8 甲、乙、丙、丁四个队进行足球循环赛，每场比赛胜者得 3 分，打平各得 1 分，负者得 0 分。已知：

1. 比赛结束后四个队的分数都是奇数；
2. 甲队总分第一；
3. 乙队恰有两场平局，并且其中一场是与丙队比赛。

问：丁队的分数是多少？

我们可以把能直接推出来的结果都写出来。首先，四个队的分数只能是 1, 3, 5, 7, 9；其次，甲的总分第一，所以甲的得分肯定超过 3 分。

到目前为止，我们不能确定任何一队的积分，所以突破点很可能在第三条：要么从第三条直接推出什么有用的结论，要么用它和前两条结合。

乙队两场平局带来了 2 分，而且是恰好，也就是说，第三场不是平局，如果输了，总分只有 2 分，矛盾！如果胜了，总分 5 分，符合条件。所以乙的积分是 5 分。

是不是有突破了？

那么接下来该突破谁？

要么丙，要么甲。因为丁在条件里都没被点名，所以应该不被考虑。如果考虑丙，我们只知道丙和乙是平局，并且丙的积分是奇数，其他没了。你又要假设丙的分数是 1, 3, 5, 7，然后开展讨论（为什么不可能是 9？），从目前掌握的情况来看，信息是不够充分的——当然，可能是我们没分析出来，但这并不妨碍我们换个角度来尝试，这也是我一直灌输的关于做题要学会转弯的理念。

那么甲呢？甲既然排第一，那么积分有可能是 7 或 9。如果是 9 的话，那么要三战全胜，对乙也要胜，但乙现在的战绩是不败，所以甲和乙只能是打平的。所以甲是两胜一平，积 7 分。

而且我们能得到：甲胜丙和丁，平乙；乙平甲和丙，胜丁。

所以丙现在一平一负，丁两负。丙无论胜还是平丁，分数都变成偶数，所以丙只能输给丁。丁一胜两负，积 3 分。

整个分析过程就是不断地试探、试探、再试探，多次提出假设、否定假设，这是很常见的过程。可以看出，逻辑推理是一类能非常好地锻炼孩子做题"韧性"的题目。

例9 赵老师给张三、李四、王二麻子各发了一张写着不同整数的卡片。赵老师说："张三的卡片上写着一个两位数，李四的卡片上写着一个一位数，王二麻子的卡片上写着一个比 60 小的两位数，并且张三拿的数乘以李四拿的数等于王二麻子拿的数，请大家先看一下自己拿的数，然后猜猜其他两个人的数是多少？"
张三说："我猜不到其他人的数。"
王二麻子说："我也猜不到其他人的数。"
张三听了王二麻子的话，问李四："你猜得出我和王二麻子的数吗？"
李四说："我猜不到。"
听到这里，张三说："我已经知道李四和王二麻子的数了！"
请问：三张卡片上的数各是多少？

在诸多的"一会儿知道，一会儿不知道"类型的逻辑推理题中，这道题算是入门级别的了。

首先，王二麻子拿的一定不是质数，否则，李四手上拿的一定是 1，且张三 = 王二麻子，矛盾；其次，张三拿的数一定是小于 30 的，否则李四手上也只能拿 1，且张三 = 王二麻子，也矛盾。然后……就没有然后了。

我们可以再想想，张三手上的数能不能再小一点呢？

事实上，如果张三手上的数超过 30，那么他马上可以确定李四手中的数只能是 1，只有这样乘积才能小于 60；如果张三手中的数在 20 到 30 之间，那么李四手上只能拿 2，因为假如他拿 1 的话，那么张三和王二麻子的数一样，和条件中的"不同整数"矛盾，假如李四拿的是 3 的话，张三和李四二人的数的乘积就超过 60 了。可见，张三手上的数必然小于 20，也就是说，只能从 10 到 19 中选。

对于王二麻子来说，他手上的数一定是不小于 20 的，那么我们先找出来有哪些数是不可能的。显然，所有不小于 20 的质数就不考虑了，即 23，29，31，37，41，43，47，53，59；接下来，那些只能有一种形式分解成一位数乘以两位数形式的数：20，22，24，26，28，32，33，34，38，39，45，46，51，55，57，58，这些数也统统不要了，否则，王二麻子马上就能知道张三和李四拿的数是多少了，连磕巴都不带打一个的，也就不存在张三还需要再问李四知道不知道结果，而李四却说不知道的情况。还有一些数虽然超过了 20，但是不能分解成一个两位数乘一位数的形式：21，25，27，35，49，它们也要被淘汰。这时候，剩下的数就只有 30，36，40，42，44，48，50，52，54，56。

接下来又该怎么办？

张三一开始说"猜不到"，也就是说，李四手上的数至少有两种可能，2 或 3，与之对应的两位数最少也有两种可能；同时，王二麻子马上就能判断出张三手上的数是小于 20 的。但我们发现，40，42，44，50，52，54，56 这几个数虽然可以写成多种一位数乘两位数的情形；但是，要写成一个小于 20 的两位数乘以一个一位数的形式，这个数却是唯一确定的。既然王二麻子判断不出来，那么这几个数也就都不对了。现在，我们只剩下 30，36，48 这三个数了。

逐个分析：如果王二麻子拿的是 30，那么张三为 10 或 15；既然王二麻子说"猜不到"，那么张三和李四知道，只有 30，36，48 三种可能；而张三拿的是 5 的倍数，所以不用问李四，他就应该知道其他两个人拿的数了，矛盾。

所以，既然张三需要问李四，那么也就意味着，这个数只能是 36 或 48。

$$36 = 2 \times 18 = 3 \times 12$$
$$48 = 3 \times 16 = 4 \times 12$$

如果张三手上拿的是 16 或 18，那么张三不用问李四就能知道其他人手上的数是多少了；同理，只有当李四手上拿着 3 的时候，他才会在被张三问的时候，无法确定张三手上到底拿的数是多少。

因此，最后的答案就是：$12 \times 3 = 36$。

别崩溃，都说了这是比较简单的题了。我们来看一道据说是"狄拉克奖"得主文小刚教授出的题。

从 2 到 100 中取出两个数，把它们的和告诉甲，把它们的积告诉乙。甲对乙说："我不知道这两个数是什么，但我肯定你也不知道。"乙说："我现在知道这两个数了。"甲说："如果你知道了，那我也知道了。"问：这两个数是多少？

讲真的，这道题我推了差不多有一节课的时间，现在你们将看到的是我推导的全过程。

首先，甲手里的数的范围可能是从 5 到 199。但很显然，如果是 5 的话，只能拆成 2+3；如果是 199 的话，只能是 99+100。假如两个数的和是 5 或 199，那么甲肯定知道这两个数是多少了。198 可以写成 100+98 或 99+99，两数相乘以后是 9800 或 9801，同理，6 可以写成 2+4 或 3+3，两数相乘以后是 8 或 9；但由于 8 或 9 的分解是唯一的，因此如果甲拿到的是 6，乙有可能知道这两个数。但无论是哪种情况，乙都可以判断出这两个数，所以甲手里的数的范围其实只能是从 7 到 197。

此外，如果乙手上的数能够分解成两个质数的乘积，那么乙马上就可以确定这两个数是多少了。因此，甲手里的数一定不能被写成两个质数的和的形式，那些可以拆成两个质数和的偶数，也就被剔除在外了。当然，别忘了还有一个特殊的质数——2，所以 2 和其他质数的和也都排除了。甲手上也不可能是这些数：5, 7, 9, 13, 15, 19, 21, 25, 31, 33, 39, 43, 45, 49, 55, 61, 69, 73, 75, 81, 85, 91, 99。

接下来还得慢慢排除。

我还是考虑从大的数据入手。比如 195 有几种拆解可能 100+95, 99+96, 97+98，但无论是哪一种组合，两个数的乘积都是确定的。但是，这个数要多大才能唯一确定呢？这个下界不太好确定。不过，在 195, 196, 197 的拆解过程中，我发现一个数：97。

这个数可太好了。为什么？因为这是 100 以内最大的质数——换句话说，任何一个数，只要能拆成 $97+x$ 的形式，那么 $97 \times x$ 一定是唯一确定的。所以，大于 99 的数都排除了。那么小于 99 的数呢？我们能不能也找到一个类似于 97 的数，借此排除很多数？

这个数一定是一个质数，并且既然要唯一确定，那么这个数哪怕乘以 2，也要超过 100 了，否则的话，至少有两种可能。比如说 $2162=94 \times 23=47 \times 46$，作为乙来说，这么一来就无法判断这个 47 到底是 47 带来的，还是 94 带来的。因此，乘以 2 就超过 100 的最小质数是 53，只要是大于 53 的数，乙都有可能唯一确定，甲就不可能言之凿凿地对乙说"我肯定你也不知道"。所以，这两个数的和必须小于等于 53。

经过这样的筛选，我最后只剩下了这 10 个数：11, 17, 23, 27, 29, 35, 37, 47, 51, 53，甲手上的数只可能是这其中一个。

到目前为止，我用的只是甲说的第一句话，乙说的话我还没用上呢！

到了该用的时候了。乙说："我现在知道这两个数了。"这话该怎么解读？他这是说，这 10 个数中有一个和别的数不一样！可哪里不一样？我也不知道。我推到这里的时候也是一头雾水，这时候再看甲说的话："如果你知道了，那我也知道了。"甲要根据乙说出"知道了"，就能知道这两个数。

这是不是等于抄了一遍题目？非也非也。仔细想想，乙既然说"知道了"，那就说明，这 10 个数中的某一个数被拆成两个数的和，而它们的乘积是唯一确定的。其他的数再怎么拆，所得的两个数也乘不出同样的积来！

再进一步呢？这时候，我真的是没头绪了，那么不妨随便找一个看看吧。以 11 为例，$11=2+9=3+8=4+7=5+6$。其中，$2 \times 9=18=3 \times 6$，而 $3+6=9$，9 并不在上述 10 个数里，所以如果乙手上是 18，只能分解成 2×9，那么乙就可以判断出来；$3 \times 8=24=4 \times 6=2 \times 12$，而 $4+6=10$，$2+12=14$，这两个和都不在这 10 个数里，所以乙也能判断出来；$4 \times 7=28=2 \times 14$，而 $2+14=16$ 也不在这 10 个数里，所以乙也可以判断出来；轮到 $5 \times 6=30=2 \times 15$，于是有 $2+15=17$，17 在这 10 个数里，此时乙不能判断。也就是说，乙只有一种情况不能判断，但在多个情况下可以判断。

问题是，甲如果拿着的是 11 的话，他就要晕头转向了，他无法得知乙拿的数到底是 2×9、3×8 还是 4×7 的积！换句话说，我们要做的就是把甲拆成两数之和，并且关于这两个数的乘积，乙只能判断出一种可能性，而其他情形无法判断，那么这个数就是我们所要的。

显然 11 不是我们要的数。那么下一个数就是 17，可拆成七组：

$$17=2+15=3+14=4+13=5+12=6+11=7+10=8+9$$

- 第一组：$2×15=30$，我们讨论过，无法判断。
- 第二组：$3×14=42=6×7=2×21$，$2+21=23$ 在备选名单里，无法判断。
- 第三组：$4×13 = 52 = 2×26$，可以判断。
- 第四组：$5×12=60=20×3$，$20+3=23$ 在备选名单里，无法判断。
- 第五组：$6×11=66=2×33$，$2+33=35$ 在备选名单里，无法判断。
- 第六组：$7×10=70=2×35$，$2+35=37$ 在备选名单里，无法判断。
- 第七组：$8×9=72=3×24$，$3+24=27$ 在备选名单，无法判断。

此时我们发现，假如乙能判断出来，甲肯定也能判断出来，那么两个数就是 4 和 13。

后面的情况可以作为练习，请各位自行补充完整——谢天谢地，到第二个数就试成功了！这要是两数之和是 53 时，答案才是对的，我怕是真的要"哇"的一声哭出来。不过我是真的不信，甲和乙这俩人能这么快判断出来对方知道不知道。

这样的题目，哪怕只会做一半，都将是极好的锻炼。

20
抽屉原理

"抽屉原理"是一个重要的知识点，但难度较大，学生做起来、家长辅导起来会有一定的困难，所以更需要细心体会。

所谓"抽屉原理"，又叫"鸽笼原理"，主要由以下三条所组成。

原理 1：把不少于 $n+1$ 件的物体放到 n 个抽屉里，则至少有一个抽屉里的物品不少于两件。

原理 2：把不少于 $mn+1$（n 不为 0）件物体放到 n 个抽屉里，则至少有一个抽屉里有不少于 $m+1$ 件物体。

原理 3：把无穷多件物体放入 n 个抽屉，则至少有一个抽屉里有无穷件物体。

想要深刻理解这三条原理，最好的办法就是自己去证一证。没错，数学的证明题分成两类："这也要证啊"和"那也能证啊"。不过，抽屉原理算不错的了，大家看见过要求"求证 0 只有一个"的习题吗？反正，当年我看见这道题的时候真是崩溃了。

事实上，这三条原理还真的是可以证明的。首先来看原理 1。

理论上，我们可以把所有放置的情况给罗列出来：n 虽然是任意的自然数，但不管它怎么大，总还是有限的一个数，但是，这显然不是什么好的证明办法。因为可能性实在是太多了，而且这个结论看起来真的不需要证明啊。于是有一种想法，能不能从它的反面出发，即没有一个抽屉的东西多于一件。

学好语文的重要性就在这里："不少于两件"的反面究竟是"不多于一件"还是"不多于两件"？这是第一关。当你理清了这个反面其实是"不多于一件"之后，我们再往下看。

因为有 n 个抽屉，且每个抽屉里的物品不多于一件，所以物品总数一定小于等于 n，不可能等于一个比 n 大的自然数，所以矛盾！

这就是传说中的"反证法"。我们可以利用反证法把后面两条性质证明一下——我把它留作给家长的练习，然后你可以用此来训练孩子。后面两条性质的证明并没有什么实质性的改变，所以，作为一个平行的练习还是比较容易的。"模仿"也是一种非常重要的能力：指明方向、降低难度，对于孩子的早期训练是很有好处的，既可以增强他们的信心，又可以摸索学习的规律。

我们来看一些例子。

例 1 学校在周末组织 4 个班的同学去春游，有 3 个地方可以选择：博物馆、天一阁和野生动物园。试说明，一定至少有两个班去同一个地点。

我们要做的是引导孩子，让他们学会把什么看作"抽屉"，什么看作"物品"，然后再套用抽屉原理。敲黑板！这也是所有用到抽屉原理的题目的通用办法：构造出"抽屉"和"物品"。当然，理论总是简单的，之前我已经讲过，构造法是数学中最具创造力和技巧性的方法，几乎只有 0 和 1 两种状态——要么构造出来，要么构造不出来。

在这个题目中，"抽屉"和"物品"是很容易看出来的。我们可以把班级数看成物品，把地点看成抽屉，然后很容易得到结论：因为把 4 件物品放进 3 个抽屉，所以至少有一个抽屉要放不少于两件的物品。

一声轻叹：要是所有的抽屉原理题目都如此简单，那该多好啊。

不急，我们可以再来看一个简单的例子。

例2 在 1830 个人中，
至少有多少人的生日是在同一天？

很显然，1830 就是物品的数目，那么抽屉数是多少呢？一年 365 天嘛。因为 $\dfrac{1830}{365}$ 等于 5 余 5，所以至少有 6 个人同一天生日。

所以应该是 $\dfrac{1830}{366}=5$ ，至少有 5 个人在同一天生日——这才是正解！

相信各位家长在自己当学生的时候，也吃够了粗心的苦头，所以在这种细节上也有过切肤之痛。怎么让孩子考虑得更全面，细节做得更好？这往往就是成败的关键。

从抽屉原理的证明中看出，逆向思维是数学中一种很重要的思维方式。之前我讲了大量和运算中的验算相关的逆问题。我始终认为，对于验算，最好的检验方法就是逆运算。然而，除了计算和验算之外，在数学中充斥着大量的逆问题，需要我们用逆向思维来考虑。很多家长总是觉得"逆向思维"太神秘、太高级了，但其实说穿了，就是反过来想。比如说"咸豆腐脑是好吃的"，如果倒过来说成了"好吃的是咸豆腐脑"，这显然就不对了——这就是逆问题。

以抽屉原理为例，我们更多的是需要构造出"抽屉"和"物品"，从而满足题目的要求，但有时候，我们也需要根据要求，倒推出"抽屉"或者"物品"的数目，这就是一类逆问题。

例 3 在某校的小学生中，年龄最小的学生是 5 岁，最大的是 13 岁，从这个学校中至少选出几个学生，才能保证一定有 4 个学生的年龄相同？

这就是一个逆问题，知道最后的分配方式，求"物品"的总数，和抽屉原理的叙述方式正好掉了个个儿。

我们怎么来考虑呢？还是先看已经知道了什么条件。很显然，我们应该以不同的年龄种类作为抽屉，从 5 岁到 13 岁，一共是 9 个不同的年龄，所以就有 9 个抽屉。

要保证一定有 4 个学生的年龄相同，那就是说，每个年龄恰好至少有 3 个学生，这时候再来一个学生，必然会落进某一个抽屉，使得这个抽屉里有 4 样相同"物品"。所以，总数就应该是 $3 \times 9 + 1 = 28$，也就是说，至少要选出 28 个学生才能保证一定有 4 人是同岁。

好，我们再来看一个复杂一些的逆问题。

例4 一副扑克牌里共有 54 张牌，其中 2 张是大王和小王，还有黑桃、红桃、草花、方块四种花色各 13 张，那么：

　1. 至少从中摸出多少张牌，才能保证里面有黑桃？

　2. 至少从中摸出多少张牌，才能保证里面至少有 4 张红桃？

　3. 至少从中摸出多少张牌，才能保证有 5 张牌是同一花色的？

一个个来啊。

首先，要保证里面有黑桃，也就是其他所有牌，即 2 张大、小王，加上剩下的三种花色共 39 张，全部拿完了之后，再摸一张，所以至少要 2+39+1=42 张，才能保证里面有黑桃。

如何保证里面至少有 4 张红桃？那也就是说，我们的运气足够背，把不是红桃的 41 张牌都摸完了，再摸 4 张，那肯定都是红桃了，所以 41+4=45 张。

最后，保证里面有 5 张牌是同一花色，这时候就转化成第一个题目了，2 张大、小王，其余一种花色各来 4 张，这时候随便摸一张就有 5 张牌是一个花色了，共计 2+4×4+1=19 张。

只要注意到大、小王是干扰项，那么这个题目是不是就很容易了？

例5 一张圆桌的周围恰好有 12 把椅子，现在已经有一些人在桌边就座，当再有一人入座时，他就必须和已就座的某个人相邻。问：已就座的至少有多少人？

> 哈哈哈，这有何难？6 人！

> 真的是 6 人吗？不再考虑考虑？

毫无疑问，此时在你的脑海中浮现出 12 把椅子围成一个圈，并且 6 个人恰好是间隔着坐下去的。没错，此时不管你怎么坐，一定有人和你相邻，但是，这时候是你两边都有人和你相邻，而题目的要求是"与某个人相邻"！

事实上，当一个人坐下的时候，如果要保证没人与自己相邻，那么他就要霸占 3 把椅子，即自己坐的这把和左右两把椅子，换句话说，把 3 把椅子作为一组，一共需要 4 组这样的椅子，所以最少就是 4 个人已经就座。

这个题目可以再次提醒孩子：学好语文是多么重要啊！

以上这些例子有一个共同的特点：抽屉和物品很容易确定。但是，这样的"福利"并不是经常能赶上的。虽然你很不情愿，可是终归要走上这条路：抽屉不太好找。

例6 小张把围棋子混装在一个盒子里，每次从盒子中摸出 5 枚棋子，那么至少要摸几次，才能保证其中有 3 次摸出的棋子的颜色情况相同？

灵魂的拷问来了：抽屉是谁？有几个抽屉？

我们再读一次题目，题目要你求的"摸几次"实际上是"物品"的数量，所以"抽屉"就应该是棋子的颜色情况。摸出的 5 枚棋子有几种不同的颜色情况呢？5 黑，4 黑 1 白，3 黑 2 白，2 黑 3 白，1 黑 4 白，5 白，一共是 6 种情况。

那么，要保证有 3 次摸出的棋子颜色情况相同，也就是说，每种情况恰好出现了 2 次之后（6×2=12 次），下一次不管你怎么摸，一定有 3 次相同的情况出现，所以是 6×2+1=13 次。

大家注意一下上面的排序方式，看起来是不是很整齐？嗯，这是一个考虑分类的好习惯，对于以后学习排列组合，以及一切分类讨论都有巨大的帮助，因为它蕴含了六个字：不重复，不遗漏。

贼老师怎么翻来覆去就讲了这么几种思想？

因为这些思想在不同的知识点里有不同的表现形式啊！

作为本书的作者，我当然有能力把这些表现形式的精神实质都抽象、概括出来，但对于初学者来说，这恰好是需要有人辅助的地方，有人帮忙把这个抽象的玩意儿掰碎了、揉烂了，初学者才能咽得下去。孔子云："温故而知新。"在学习本节的时候，你可以和之前提到的化归、"不重复，不遗漏"等原则的不同变形联系起来，这样一来，你就能慢慢学会站在一定的高度来看数学。你对数学的认识提高了，对具体的数学学习也会变得容易。

例 7 将 1 只白袜子、3 只黑袜子、3 只红袜子、9 只黄袜子和 10 只绿袜子放入一个口袋里，请问：
1. 一次至少要摸出多少只袜子，才能保证一定有颜色相同的两双袜子？
2. 一次至少要摸出多少只袜子，才能保证一定有颜色不同的两双袜子？

这道题中的"抽屉"和"物品"该怎么确定呢？"物品"很显然是这些五颜六色的袜子。但是"抽屉"该怎么构造呢？其实抽屉原理就是在考虑极端情况——对，就是看你能"点背"到何种程度。

我们把白、黑、红三种颜色的袜子都摸完了，是不是也无法配出两双同色袜子？再来摸出 3 黄 3 绿，这时候就是无论如何也配不出两双同色袜子的极限了，因为随便再摸一只，都会出现两双同色袜子（黄或绿）。因此，至少摸出 14 只袜子，才能保证能摸出两双同色袜子。

再看"两双不同颜色的袜子"：各种袜子一样一只，然后针对只数最多的那种颜色的袜子可着劲儿地摸；配成双的袜子都是同色的，而数量最多的种类就是绿袜子，所以你把绿袜子摸完了，其他袜子一样一只，再摸上来任何一只，都能保证有两双异色袜子了。因此，第二问的情况至少要摸 15 只。

如果把题目改成"至少配成两双袜子，需要摸出几只袜子"呢？配成两双袜子之前，先来看配成一双需要摸出几只袜子：很显然，一共 5 种颜色，所以需要摸出 6 只。如果想再配成一双呢？此时最坏的情况就是，再摸一只出来，仍然配不成对——这是可能的，只要再摸一只已经配成双的那种颜色的袜子，就会出现这种倒霉的情况。但是如果接着再摸，不管摸上来的是什么颜色，肯定都能有两只配对了，所以最少应该摸出 8 只。

题目稍微换一换，答案就变了，所以一定要注意审题，千万别想当然。数学的一半是语文，一点不错。

接下来，我们来看几个难一点的抽屉原理的题目。

例8 有 $3n+1$ $(n>2)$ 个同学围成一个圆圈，坐好后发现任何 2 个男生之间至少有 2 个女生，那么最多有多少个男生？

一看到这个题目，怕是有很多读者要打退堂鼓了。怎么直接上来就出现 n 了？看起来实在是太可怕了。还是那句话：不要被吓到。这个时候，我顺便传授一点点所谓的经验之谈：这个答案十有八九是和 n 有关的——这是一个方向，也就是说，你最后的答案估计要带个 n。

$3n+1$ 这个数对小学生来说并不算很难理解，毕竟学过面积公式或者周长公式以后，他们就会知道随着 n 的变化，$3n+1$ 也是变化的。

问题是，第一步该如何处理呢？如果没有头绪，就不妨写几个 n 的值看看。由于 n 是一个大于 2 的任意自然数，所以本着方便的原则，不妨先取 $n=3$。这时，题目变成了：有 10 个孩子，任何 2 个男生之间至少有 2 个女生，那么最多有多少个男生？

要男生尽可能多，那么女生必须尽可能少。所以，"任意 2 个男生之间恰好有 2 个女生"，这是一个最佳情况；又因为大家围成一个圈，所以我们可以画出来：

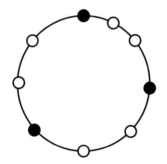

图中一共有 9 个孩子，实心圆代表男生，空心圆代表女生。我们发现，此时再来一个男生，无论你怎么放，都不可能做到 2 个男生中间至少有 2 个女生了。所以，再加进来的只能是女生，也就是说，在有 10 个孩子的时候，男生最多有 3 个。

如果你觉得这还不算规律，不妨试试 13 个，最终发现，此时男生最多有 4 个。也就是说，$3n+1$ 个孩子最多只能放 n 个男生。是不是很简单？

例9 888 名学生站成一个圆圈，如果任意连续 32 人中至多有 9 名男生，那么男生最多有多少人？

首先我们大概可以估计一下有多少男生

$$\frac{888}{32} \times 9 = 27.75 \times 9 = 249.75$$

或

$$\frac{888 \times 9}{32} = 249......24$$

所以男生最多 249 人。

如果题目到此为止，那就不符合循序渐进的原则了，对吧？然而事实上答案就是 249。你是不是要目瞪口呆了？大胆猜测，小心求证，总是不会错的。像这样的估计其实还是很有价值的，因为你完全不知道这 249 个人会以什么形式分布。

很显然，"一字长蛇阵"肯定是不行的。到最后还剩 24 个学生，里面就不能再加任何男生，因为这样会和"任意连续 32 人中至多有 9 名男生"的条件起冲突。不考虑余数 24，即 $\frac{888-24}{32} \times 9 = 27 \times 9 = 243$。这样一来，只有 243 个男生。

既然密集分布行不通，那么我们就希望尽可能平均一点。

我们用 x 表示男生，y 表示女生，32 个学生分为 9 个 x 和 23 个 y，怎么穿插最匀称？估计一下，每 2 个男生之间要插进 2.5 个左右的女生，所以可以这样排列：

$$xyyxyxyyxyxyxyyxyyxyyxyyxyyxyyy$$

也可以这样排列：

$$xyyyxyxyyyxyyyxyyxyyyxyyxyyxyyy$$

哪个好？我感觉是下面那个排列更好。为什么？它更匀称。果然，按照下方的排列方式循环 27 次，然后再接上 *xyyyxyyyxyyyxyyyxyyyxyyy* 这样一个 24 人的序列，最后恰好就是男生 249 人。

有兴趣的家长不妨试一试上面的情况，看看能不能构造出 249 人来。啊，对了，这也是构造法。你是不是觉得构造法实在太难了？事实上，在数学竞赛或者难度较大的考试中，经常需要构造的技巧来解题的。抽屉原理是其中一个知识点，因此，抽屉原理往往被认为是对构造法的极好的训练方式。我们之前说过，由于构造法非常难掌握，而且很多时候还需要"灵机一动"，因此，接下来的内容真的特别适合锻炼孩子的意志力。

大家或许都想在数学上多学一点，但每个人的目的是不同的。有的孩子真就是这块料子，有的孩子希望在小升初的时候能够有一定优势，有的人纯粹是看着别人学，自己有枣没枣打三杆子……不同的目的，动力自然不同。如果孩子真是优秀的苗子，那么这部分内容一定要仔细看；如果你是想在小升初的时候占点优势，那么可看、可不看；如果你是跟风学习，那么这部分可以直接跳过了。

贼老师诚不余欺也！

例 10 求证：从 1 到 100 这 100 个数里挑 51 个数出来，一定存在两个数的差等于 50。

从 100 个数里随便挑 51 个，不同组合写出来，其数量是一个天文数字，非常不现实，所以穷举法直接跳过。既然明确是用抽屉原理，而且"物品"总数是清楚的，接下来就是构造出"抽屉"来装这些物品，使得最后达到我们想要的结果。

怎么考虑？想一想，什么样的两个数能相减得出 50？1 似乎只能和 51

搭配才能得到差是 50，这是固定的搭配；2 和 52 也可以……以此类推，50 必须和 100 搭配才能得到差是 50。好，我们已经很好地回答了这个问题：什么样的两个数相减能得到差是 50？

下一个问题是：怎么说明 51 个数里必然有这样一组数？我们发现，把 100 个数按照上面的方式进行分组，从得到的 50 组数中的每组里都任意挑一个数，那么这 50 个数两两做差是无论如何也不等于 50 的。但如果再从剩下的 50 个数中挑出一个数的话，必然要落进这 50 个抽屉的其中一个里，于是我们就得到了结论。

所以，把条件中的每句话翻译成数学语言，还是很重要的。

例 11 从 1 到 100 这 100 个自然数中，至少取多少个数才能保证至少有两个数互质？

什么是互质？两个数的最大公约数是 1，就说这两个数互质。

这道题看起来不是那么好回答了。当然，题目难度还是在小学生的能力范围之内，如果要让广大读者求任意两个自然数互质的概率，那估计大家能得到正确答案的比例不超过万分之一。而且你想猜都没法猜，答案完全超过你的想象：

$$\frac{6}{\pi^2}$$

没错，答案是 6 除以圆周率的平方。你要是能猜对，我就敬你是条汉子。

最简单的方法就是用黎曼 Zeta 函数来做，但是，这显然已经超过了几乎所有读者的能力范围，所以不做深究。

好在这个题目中的数字是有限的。不要着急，让我们先冷静下来：首先要把文字翻译成数学语言。

我们来看什么情况下怎么都找不到互质的数？

2 是最小的质数，所以要两个数不互质，最简单的办法就是找两个偶数：在一堆数里面，你把所有的偶数挑出来，肯定两两不互质。

1 到 100 里一共有 50 个偶数，把这 50 个偶数挑出来，应该就是极限了。假如换成 3 的倍数，那就只能挑出 33 个数，如果此时再来一个奇数，那它估计就能和某个偶数互质。

你看我的用词——"应该""估计"，你要是在证明题里这么写，你的作业就会毫不留情地被老师批评了。但是，这样的尝试是很有意义的，对于最后问题的解决，其实就差临门一脚了。

想一想，既然极限应该是 50，那么我们就把这 100 个数分成 50 组，把剩下的奇数往里塞——随便你怎么塞。但是，最容易想到的塞法难道不应该是相邻的两个数就分成一组吗？这样正好分成很整齐的 50 组，每组两个数。我们发现：任意相邻的两个正整数一定是互质的。所以，挑出 50 个偶数，剩下随便再挑来一个数，必然与其相邻的偶数互质。

你有没有一点点的领会？抽屉原理的难点在于"抽屉"的构造，特别是对于第一次接触到的题目来说。数学题要做得漂亮，无非是化归思想掌握得好，但是这个"好"又谈何容易？所以对于初学者来说，很有必要把题目多变几个形式，让他们能够理解，基本知识点可以怎样被改头换面。

例 12 在一个边长为 2 的等边三角形内（包括边界）任意选 5 个点，请证明：一定有 2 个点之间的距离不大于 1。

这是从来没碰到过的问题。我们是第一次讲几何构型的抽屉原理，读者"抓瞎"了也正常。

我们想这样一个问题，这回需要几个抽屉？很容易想出来：4 个。为什么是 4 个？

需要证明的结论是"一定有 2 个点之间的距离不大于 1"，也就是说，一定要有 2 个点落进同一个抽屉里，其他 3 个点可以落在不同的抽屉里，所以应该是 4 个抽屉。

抽屉和抽屉之间是平等的，所以我们需要把这个正三角形分成 4 个一模一样的小三角形。很显然，这 4 个三角形也应该是正三角形。

我们把正三角形的三条边的中点都连起来，这就得到了 4 个一模一样的小正三角形——这是最直接的想法，至于方法对不对，其实我也不知道，先试试再说呗。

现在我们有 5 个点和 4 个抽屉，所以，必然有一个抽屉里至少有 2 个点。而在一个正三角形中，两点之间最远的距离显然是两个顶点之间的距离，小正三角形的边长是 1，所以一定有 2 个点之间的距离不超过 1。

运气不错，一击即中。

例 13 求证：在 1，11，111，1111，…这一系列的数中，一定有一个是 71 的倍数。

既然题目敢这么出，说明这个数不是那么容易能找到的。如果题目换成 37 的倍数，那么直接找到 111，题目就做完了，所以让我把满足题设条件的这个数翻找出来，我是拒绝的。

数学家经常被物理学家"抹黑",比如有这么个笑话。工程师的房子着火了,他拿出一个灭火器把火扑灭了;物理学家的房子着火了,他花了半天时间发明一种新式的灭火器,把火扑灭了;数学家的房子着火了,他看了看墙角的灭火器,然后说:"灭火的方法是存在的。"说完睡觉去了。

没错,我们数学家只要知道 71 的倍数存在就可以了,至于是多少,那是物理学家的事情。

这道题目怎么证明存在性呢?

还是要把这个数找到。

不对啊,贼老师,你自己刚才不是说不找的吗?怎么又要找了?

找是要找,但肯定不是具体找到一个数。我只要在其中找到某个数,但它又不是具体的数,就可以了。你是不是又听糊涂了?

既然讲抽屉原理,那抽屉在哪里?我们看到,这些数是很有规律的,71的倍数也是很有规律的。我们把问题扩大一点,变成:"怎么保证任意给出的一些数,里面必然有 71 的倍数?"

保证不了。

我们可以很简单地构造出无数的自然数,里面一个都不是 71 的倍数,比如把所有自然数中 71 的倍数去掉即可。但是,如果我们任意挑出 72 个数,那么里面一定有两个数的差是 71 的倍数。

为什么?因为任意一个自然数除以 71 得到的余数只能是从 0 到 70 这 71 个数,所以再加一个数,必然有两个余数相同,那么此时,这两个数的差就是 71 的倍数了。

所以，1, 11, 111, 1111, …这些自然数里必然有两个数的差是 71 的倍数。这两个数不妨设为 A 和 B，且 $A > B$，那么 $A - B$ 一定是 11…100… 的形式。而 100… 必然和 71 互质，所以前面的 11…1 就是 71 的倍数了。证毕。现在明白了什么叫"找到某个数，但它又不是具体的数"的意思了吧？

有了前面的积累，我们可以来看一些难题了。

例 14 将一个 5×5 的方格中的每个小方格都染成黑、白两种颜色之一，求证：一定存在一个长方形，4 个顶点处的 4 个方格同色。

每个格子可以选择黑白两色，一共有 2^{25} 种不同的染色方式。在理论上，我们或许能做到把所有情况都写出来，但草稿纸也不便宜——当然，计算机可以做到这一点。

这本书里把各类问题基本被分在不同的章节里，这其实有个非常大的好处——章节主题给了你大致的解题方向。比如这个染色问题，你就知道会要用抽屉原理来做。

还是这个老问题：抽屉在哪里？我们想 4 个顶点同色，肯定是要分组，然后保证两组装进同一个抽屉里。根据抽屉原理，一般都是至少两个物品落进同一个抽屉里，对吧？所以，4 个顶点应该被分成两组，也就是说，我们需要把原命题改为："求证：必然有两组同色的顶点能构成矩形。"

问题来了：这 4 个同色顶点怎么能构成矩形呢？

必然是除去连对角线以外，两两同行同列。所以题目就变成了："求证：在一个 5×5 的矩形中，一定有除去连对角线以外的同行同列的 4 个点是同色的。"

你可能要问了："贼老师，这种变化有什么用啊？"

这就是我一直强调的先要把题目变成数学语言。

然后再考虑，我先证明第一行一定有两个同色的小方格行不行？这是很显然的。因为一共 5 个小方格，所以至少有两个小方格同色，我们记为 A_1，A_2，不妨设同为白色。我现在把 B_1-E_1 染白色，B_2-E_2 染黑色（ A_i 所在列依次记 A_i, B_i, C_i, D_i, E_i，其中 i=1, 2, 3, 4, 5 ），结果，无论怎么样也构不成同色矩形，构造失败。

失败的原因在哪里？因为只有两列，你能选择的余地太小了。

我们不妨扩大一点选择范围。很显然，在第一行内，至少有 3 个格子可以染相同颜色，对吧？我们不妨设在 A_1, A_2, A_3 这 3 个格子内染了白色。

在其余 4 行对应的列里，在每行里最多只能有一个格子涂白色，如果有两个白色的格子，马上就和第一行中某两个白色格子构成了所要的矩形了。

既然只有一个白色的格子，我们用 X 表示黑色，Y 表示白色，那只有这样四种情况：

YXX, XYX, XXY, XXX

如果有一行挑了 XXX，那么其他 3 行不管怎么染，一定存在一个顶点全为黑色的矩形；如果没有一行挑 XXX，那么 4 行的 3 种染色方式里，必然有一种染色方式染了两次，仍然能出来一个黑色的矩形。

题目就做完了。是不是分析得丝丝入扣？

这也是我做这道题的整个思考过程。直接构造是一件很困难的事情，所以我们要东试试、西试试——试不可怕，可怕的是没有尝试的方向，像无头苍蝇一样乱撞。

例15 将一个 4×19 的方格表每个方格都染成黑、白、红三种颜色之一，请证明：一定存在一个长方形，四个顶点处的四个方格同色。

还是先看第一行，第一行有 19 列，染 3 种颜色，所以至少有一种颜色让 7 个格子同色，不妨假设 A_1 - A_7 染了黑色；仿照前面的题目，那么后面 3 行相同的 7 列里最多只能有一个格子染黑色，其余 6 个格子染两种颜色，那么一共有 $7 \times 64 = 448$ 种情况。

好吧，此路不通。我们希望的是出现三种情况，这样抽屉就刚刚好，然而现在的抽屉数的零头都比我们预期的多，所以一定错了。

此时就要考虑换条路走了。问题出在哪里？我们考虑了对行染色，所以出现了太多的情况，那么改改，对列染色呢？每列 4 个格子，那么肯定有一种颜色染了两格；4 个格子里挑两格染成同色，一共有 6 种情况；既然一共有 3 种颜色，那么共有 18 种情况。

所以必然有两列在位置相同的地方染了同色。证毕。

这些例子对小学生来说已经是相当难的抽屉原理问题了，这里我采用"自问自答""误入歧途"等方式来模拟孩子们做题时可能碰到的困难。家长可以根据这些模拟的场景提前做好预案，同时，我也对如何引导孩子做了一定的说明。当然，引导的方式有很多种，这里只是一些建议，只要能奏效，不要拘泥思路是否和我的一样。

第三篇

初中篇

　　这一篇既是写给初中生的，也是写给他们的家长的。从小学到初中，数学学习要迈一个台阶，这个台阶迈好了，后面的高中甚至大学的数学学习都会比较顺利。

　　初中数学不仅是一个在知识上承上启下的台阶，也是一个难度上的分水岭。在初中阶段，学生开始更多接触真正意义上的数学思维——数学再也不只是计算的"把戏"。从方法到思路，在数学的学习中都要有所转变。你准备好了吗？

21
绝对值

这是初中数学和小学数学的第一个分水岭，也是数学科目各级升级考试中经久不息的考点。

绝对值为什么这么受欢迎？我们知道，小学数学的问题几乎不涉及分类讨论，中学阶段的数学难题差不多都要分类讨论。而分类讨论的"始作俑者"就是绝对值。而且，绝对值还有一个很重要的意义：这是代数和几何第一次有了真正意义上的相互结合的知识点。也就是说，这个代数概念是具有几何意义的。

某个数的绝对值，是指该数在数轴上对应的点到坐标原点的距离，而距离是没有负的。当然，我们要严格定义"距离"，那是大学数学才干的事情，作为中学生来说，距离的概念更多来源于生活。

假如用代数的形式来表示绝对值的话，那么可以得到：

$$|a| = \begin{cases} a, & a > 0 \\ 0, & a = 0 \\ -a, & a < 0 \end{cases}$$

换句话说，绝对值的结果一定是非负的。

这看起来是一句正确的"废话"，但它既可以被视为解题的思路，也可以被看作检查的利器——在计算的过程或者结果中，如果你看到运算出来的

——北京二环路边上的房子，三千元一平米——打一数学名词。

——绝对值！

绝对值是负数了，那就好好再看看吧。这种低级错误在考试中太常见了，而且很多都是程度相当不错的学生在犯。每次参加高考阅卷，我都看见过类似的错误，还有就是正弦或余弦的值大于 1，真是白白失分。别说普通考生了，我自己也犯过这样的错误。就在今年教师资格证的数学科目考试中，一个很简单的压缩映射题目，我竟然把 $\frac{1}{2}$ 写成了 $\frac{1}{3}$，考完出来后，我后悔得直撞墙！所以，低级错误并不会因为大家的数学水平高低而区别对待，对所有考生真的是一视同仁。但利用上述常识，你就可以进行规避。

一般来说，绝对值化简是绝对值学习的第一步。我们看一个例子。

例 1 设 $|a| > |b|$，$|c| > |a|$，$a > 0$，$b < 0$，$c < 0$，

化简：$|a+c| - |b+c| - |a+b|$

我们需要充分利用这些条件。$|a+c| = ?$ 因为 c 的绝对值大于 a，而 $a > 0$，且 $c < 0$，所以 $a+c < 0$，因此

$$|a+c| = -c - a$$

因为 a 的绝对值大于 b，而 $a > 0$，$b < 0$，所以 $a+b > 0$，因此

$$|a+b| = a + b$$

又因为 b，c 都小于 0，所以

$$|b+c| = -b - c$$

所以

$$|a+c| - |b+c| - |a+b| = -c - a + b + c - a - b = -2a$$

当然，这种直抒胸臆的化简还是比较少见的，更多的情况还是会和其他

知识点结合起来。

例2 求方程

$|x-2|+|x-3|=1$ 的实数解的个数。

遇到有绝对值的题目，第一步就是去掉绝对值符号，这一定是正确的解题思路。但是，题干中有两个绝对值，所以必然要进行分段讨论。

分段的原则就是：对每个绝对值的"零点"进行排序。本题中两个绝对值的零点分别是 $x=2$ 和 $x=3$。当然，如果有更多的绝对值，那么就接着排，然后把这些零点从大到小排好，逐段分析每个绝对值化简完的符号。

根据这两个零点，我们可以把数轴分成三段：$x \geqslant 3$，$2 < x < 3$，$x \leqslant 2$。

当 $x \geqslant 3$ 时，$2x-5=1$，得到 $x=3$；

当 $2 < x < 3$ 时，$x-2+3-x=1$，恒成立；

当 $x \leqslant 2$ 时，$2-x+3-x=1$，得到 $x=2$。

所以方程有无穷多个解。

其实，绝对值问题归根到底就是一句话：去掉绝对值符号。

是啊，关键是怎么去掉啊？

例3 若关于 x 的方程

$||x-2|-1|=a$ 有三个整数解，则 a 的值是多少？

这个题目看起来就不太好做。为什么？a 只要非负，这个方程一定有解，至于有几个解，不清楚。解的数量应该随着 a 不断变化，但是，现在说方程恰好有三个解，而且是整数解，问 a 的值。如果这个问题倒过来，告诉你 a 的值是多少，让你解方程，相信很多人都能做对了。

那么该如何考虑？当然，你先要问自己手上有什么工具。然而，我们似乎只有一样工具：去掉绝对值符号——那就先去掉看看。

很显然 a 必然是非负的，所以我们可以把方程变成：

$$|x-2|-1=a \text{ 和 } |x-2|-1=-a$$

所以 $|x-2|=1\pm a$ 。

因为方程恰好有三个整数解，所以 a 是整数。又因为 a 非负，如果 $a>1$ 的话，那么 $1-a<0$ ，方程至多两个解。于是 $a=0$ 或者 $a=1$ 。

如果 $a=0$ ，方程变成了 $x-2=1$ 或者 $x-2=-1$ ，只有两个解，不满足条件；当 $a=1$ 时，恰好有三个解。于是题目做完了。

这道题已经算绝对值问题中比较难的了，但是需要转弯的地方其实并不多，直接一步步分析就可以解决掉。然而"指定解的个数"，很多人可能确实没接触过这类问题，所以很多学生会被吓倒。

例4 已知方程
$|x|=ax+1$ 有一负根且无正根，求 a 的取值范围。

不用多考虑，首先去掉绝对值符号，变成两个方程

$$x=ax+1 \text{ 和 } -x=ax+1$$

等等，题目要求是有一负根且无正根。

当 $a=1$ 时，方程 $x=ax+1$ 无解，方程 $-x=ax+1$ 有解，即 $x=-\dfrac{1}{2}$，故 $a=1$ 满足题设条件。当 $a\neq1$ 时，方程 $x=ax+1$ 的解 $x=\dfrac{1}{1-a}>0$，因为 x 去掉绝对值符号后仍然是 x，这意味着 $x>0$（下同理），解得 $a<1$，此时方程有正根；当 $a>1$ 时，方程没有正根而有负根。

我们再来考虑 $-x=ax+1$，此时 $x=\dfrac{-1}{a+1}<0$，得到 $a>-1$，此时方程有负根。但由上可知，当 $-1<a<1$ 时，方程不仅有负根，而且还有正根，故 $a>1$。综上所述，当 $a\geqslant1$ 的时候，方程恰好有一负根。

问题来了，为什么不直接从第一个方程里得到 $a>1$ 不就完了？

事实上，和普通的方程相比，绝对值方程可能会出来一些叫"增根"的东西。比如我们解方程

$$|x-1|=\frac{1}{2}x-1$$

去掉绝对值符号后，可以得到两个方程

$$x-1=\frac{1}{2}x-1 \text{ 和 } 1-x=\frac{1}{2}x-1$$

这两个方程的解分别为 $x=0$ 和 $x=\dfrac{4}{3}$。但是，当你把这两个根代入到方程，发现它们都不是原方程的解。为什么会出现这种情况？

如果从函数的观点来看，这是很容易理解的事情：绝对值把函数图像位于 y 轴下半部的部分直接翻上来了，而另一个函数其实是和被翻上来的那部分相交了，因此这些根就是增根。

如果从方程的观点来看，假如限定了 x 的范围再去解方程，那么 x 的取值就不是随意的，而是有限制的。因此，虽然方程能解出来，但是解超出了

限定范围也是没用的。

从以上两个例子中，你有没有看到什么花哨的解法？没有吧。不过结合之前讲的内容，可能有读者会担心："如果考试中碰到需要很强的创造力的构造题目，那该怎么办？"

这么说吧，中考和高考中的所有构造问题都是有迹可循的，那种需要靠灵光一现的构造，只会在竞赛题中出现。因此，如果你的目标不是纯粹参加竞赛，那么像这样抽丝剥茧的分析能力，足以让你在高考数学中取得好成绩了。

绝对值问题之所以被各级出题人青睐，就是因为分类讨论思想可以在此发挥得淋漓尽致。我们来看一个"硬核"的解不等式问题。

例5 解不等式
$$|2x-1|+|3x-2|+|4x-3|<1$$

当然，思路来得很快。之前说过，绝对值题的解题精髓就在于去掉绝对值符号。如果碰到多个绝对值，那么就把每个绝对值的零点计算出来，然后从大到小排好，分别讨论。你看，思路是很清楚的，但是真的算起来，又是另一回事。

首先，三个零点分别是 $\frac{1}{2}$，$\frac{2}{3}$，$\frac{3}{4}$，所以我们可以把数轴分成 4 段。

当 $x\leqslant\frac{1}{2}$ 时，不等式变成 $1-2x+2-3x+3-4x<1$，解得 $x>\frac{5}{9}$，矛盾！

当 $\frac{1}{2}<x\leqslant\frac{2}{3}$ 时，不等式为 $2x-1+2-3x+3-4x<1$，解得 $x>\frac{3}{5}$，解得 $\frac{3}{5}<x\leqslant\frac{2}{3}$。

当 $\frac{2}{3}<x\leqslant\frac{3}{4}$ 时，不等式为 $2x-1+3x-2+3-4x<1$，解得 $x<1$，解得 $\frac{2}{3}<x\leqslant\frac{3}{4}$。

当 $x > \dfrac{3}{4}$ 时，不等式为 $2x-1+3x-2+4x-3<1$，解得 $x < \dfrac{7}{9}$，此时解为 $\dfrac{3}{4} < x < \dfrac{7}{9}$。

综上所述，不等式的解集为 $\dfrac{3}{5} < x < \dfrac{7}{9}$。

万丈高楼平地起，你在整个数学学习生涯中碰到的分类讨论，都是从这个地方开始的。

例6 x，y，z 是实数，并且满足 $x+y+z=0$，$xyz=2$，求 $|x|+|y|+|z|$ 的最小值？

是不是觉得，想说自己绝对值已经过关，有点早了？其实，能判断出题目的难度，这也是要具备一定水平的。很多年前，一个同事和我叫板，说他的初等数学比我好，我笑笑不说话。后来他一直闹腾，我的老领导说："这样吧，我出一道题，你俩比试一下。"题目一拿到手，我就说："太繁了，懒得做，但是我保证他不会做。"结果，我那同事做了三天也没做出来，从此以后不敢再乱蹦。现在想来，我们那时候年少气盛，不过讲道理，能判断题目的难度还是挺重要的。如果你能一眼看出这个题目不好做，其实表明你已经对绝对值有一定认识了。

为什么这么说？因为在这个题目中，x，y，z 的零点虽然好区分，但范围是无法直接判定的，笼统地去掉 x，y，z 的绝对值符号，其实意义不大。所以，本题的突破点在于如何精准地去掉绝对值符号。

我们注意到 $x+y+z=0$，$xyz=2$ 这两个条件，能否通过它们来判断出 x，y，z 的符号呢？

不难发现，x，y，z 三个字母是对称的，因此我们只要求出一种情况即可。再仔细分析下去，三个数之和为 0，那它们肯定有正有负；而且这三个数的积等于 2，所以三个数中一定是一正两负。能判断出这一点，离做出题目就不远了。

所以设 $x>0, y<0, z<0$，$y+z=-x, yz=\dfrac{2}{x}$，于是 y, z 就是方程

$$t^2+xt+\dfrac{2}{x}=0$$

的两个根。通过判别式 $\Delta \geqslant 0$ 可以得到 $x \geqslant 2$，所以

$$|x|+|y|+|z|=2x \geqslant 4$$

这道题综合了一元二次方程中韦达定理的逆定理，以及绝对值符号判断等多个知识点。这种题型是你们以后将面临的难题的主要结构。

其实，在中学阶段的难题基本上都是由不同部分的内容综合而成，把每个知识点单列出来，都不见得有多难，但是掺杂在一起，就让人有"老虎吃天，不知从何下嘴"的感觉。而且，随着年级的不断升高，这种综合性就会越来越强。

随着你们的段位不断提高，要越来越适应这种综合题的出题思路。虽然本书中每一章的例题有时候会有一些难度，但是只要你认真领会，理解 80% 以上的内容是没有问题的。然而，一旦把这些内容综合起来，大家恐怕就要顾此失彼了。以浙江省某几年高考的函数题为例，如果不加绝对值，其实很多考生还能再多得几分，但是把绝对值一加上，很多考生就连去掉绝对值符号都不会了。所以，基本功往往是最容易被忽视，却又是最容易被打脸的内容。

提高对数学的认识要从基本功抓起，基本功要从基本概念的理解抓起。怎么判定自己某一章内容有没有学好呢？一个最简单的办法就是在每一章内容结束之后，你问问自己："本章学习的最重要的内容是什么？"如果你回答得出来，那么再去拿这个问题请教你的数学老师，看看他怎么回答，如果他和你的答案一样，那么你离学通就八九不离十了。

22

多项式的四则运算

有家长会问:"贼老师,你为什么这么强调计算?从小学到初中,你这讲起来没完了?而且学校里老师似乎并没有这样强调啊?"

因为计算本来就是从小学延续到初中,而且计算中包含了太多的技巧和数学思想。数学计算的重要性已无须赘言,家长们在自己的学生时代经历过多少次想得到结果却算不出来的痛苦?要知道,在数学高考题中,计算量是相当大的。如果你打算考大学,那么我觉得还是有必要系统地给你讲一讲。

事实上计算里的技巧种类繁多,但是有一些技巧性过强,不适合大多数学生。本书的目的是帮助"更多"的孩子,因此,我在这里介绍的都是基本技巧,通过一定量的练习,大家应该都可以掌握。

从小学内容过渡到这里,有一个思想是一以贯之的——化归。这可是比计算更有用的东西,在后面的文章里我还会反复地讲,因为数学思想的形成是一个漫长的过程,更多时候,学生们的数学思想要靠"熏"出来。

在我的数学教学观里,我把计算能力和知识点称为"术",而把数学思想称为"道"。"术"是为"道"服务的,而"道"是可以反过来提升"术"的,二者相辅相成、缺一不可。像化归、数形结合、归纳、极限等思想方法是最难学的内容,直接把它们搬出来,估计就把大、小读者都吓翻了——毕竟很多家长在自己做学生的时候就没搞明白。所以上手内容是"术",终极目标是"道"。作为家长，要做好孩子在"术"的学习过程中的监督工作，如果家长能力比较强，也可以进行指导。

那"道"的问题怎么解决？按照本书中提到的方法，学生自己去体会，或是家长去引导孩子，"道"就有可能被悟出来。十年修为一朝悟道，确实，领悟"道"是一件比较困难的事情，但是，你在追求数学思想的道路上努力过，总好过完全没有想过这个问题。

从本章开始，我将讲述初中的计算问题。我现在假设孩子们对数的学习已经初步过关了，也就是说，大家能熟练背诵平方表，能应对 12 以内的自然数的高次幂，能运用平方差公式及其延伸来进行两位数乘两位数的运算，以及对特殊的数对的乘法也能估算平方根，等等。如果是这样，是时候培养对式的运算能力了。

首先要谈的当然是多项式的四则运算——这是对数的四则运算的直接推广。

第 1 节　多项式的加减法

多项式的加减法运算，其根本在于"合并同类项"。这是任何一个数学老师都会告诉你的话，但是重点在于：怎么才能做好合并同类项？六个字：不重复，不遗漏。

我们首先看最简单的情形，一元高次多项式的加减法。比如

$$(x^4 + x^3 - 2x^2 + 1) - (x^5 - x^3 + 3x^2 - x - 1) = \ ?$$

对于初学者或者计算特别容易错的学生，一定要检查自己有没有把同类项用相同的记号标注出来！

$$x^4 + x^3 - 2x^2 + 1 - x^5 + x^3 - 3x^2 + x + 1$$
$$= -x^5 + x^4 + 2x^3 - 5x^2 + x + 2$$

在这个简单的例子里，x^3 和 x^2 都有同类项，用不同记号标注就一目了然。在最后写答案的时候，一定要按照降幂排列，不要高高低低的，这样一来就能很容易做到"不遗漏，不重复"。

随着年级的增长，我的计算会越来越熟练，那么省掉这些记号会不会更好，哪怕偶尔省略一下呢？

千万使不得！

以贼老师现在的水平来说，已经算是脱离了计算的低级阶段，但是这些标注的习惯，我一直保留着。好钢用在刀刃上，这种时间千万不能省，哪怕你运算再熟练，也不要吝惜这标注的几秒钟时间。别小看这几个标注，它们最大的好处就是利于区分。在多项式的计算中，在项数比较多或者存在多元的情况下都很可能会看岔，如果不注意形成了"痼癖"动作，以后就很容易出现计算错误。因此，这条不是建议，而是要求：必须对同类项进行标注！

其次的好处就是利于检查。我们在复核的过程中，只需要把下标相同的项进行核对：一看次数、二看字母；如果确认是同类项，那么接下来再看系数。一类一类进行检查，这样效果才会出来。否则，做题的时候眉毛胡子一把抓，检查的时候还是如此，等犯了错又是轻飘飘一句"粗心"就混过去了，你连错误的根源都找不到。

比如，在做多元的多项式题目之前，一定要有一个习惯，就是挑一个字母进行降幂排列，比如：

$$x^3y^2z + x^4y + x^2y^2 + xz^3 + x^3y$$
$$\Rightarrow x^4y + x^3y^2z + x^3y + x^2y^2 + xz^3$$

这样还不对！一定要这样：

$$x^3y^2z + x^4y + x^2y^2 + xz^3 + x^3y$$
$$\Rightarrow x^4y + x^3y^2z + x^3y + x^2y^2 + xz^3$$

在这里，我们把 x 当成主元，其他字母当次元；如果是主元同次的情况，挑一个次主元，按降幂排列，依次进行。

哪怕你平时再不讲究，做计算的时候一定要有点强迫症，不把这些字母啊、次数啊排列得整整齐齐绝不罢休！如果孩子做不到，这就是家长作为监护人必须行使监管权利的时刻！

多项式的加减法和数的加减法一样，是乘除法的基础，所以一定要保证过关。特别是用来区分不同项的下标，一定不能因为熟练就不标注。

最后总结一下关键词："标注""降幂排列"。做好这两点，多项式的加减法就基本过关了。

第 2 节　多项式的乘法

多项式的加减法是基础，所需的只是耐心。从本节开始要讲的多项式乘除法就麻烦一些，有一些技巧是必须要掌握的。

多项式运算的总要求就是"不重复，不遗漏"。这一点在加减法的内容

里有所提及。我们可以把这个要求一字不易地平行移植到多项式的乘除法
中——真正把这个总要求体现得淋漓尽致的，还是在乘除法上。而且出人意
料的是，多项式的除法恐怕比你想象中要有用得多。

接下来我们具体看看。其实，多项式的乘法无非就是三律：交换律、结
合律、分配律。

在开讲之前，我们来看看培养起数感是多么有用。比如：

$44 \times 25 = ?$ 如果你确实认真学了之前的章节，那么应该不难发现，我
们可以把算式变成 $4 \times 11 \times 25 = 1100$。再比如说计算 $32 \times 45 = ?$ 我们把 32 拆
成 2×16，把 45 拆成 5×9，那么 $16 \times 9 = 144$，$2 \times 5 = 10$，答案就是 1440。请
尽量培养起这样一种习惯：做计算的时候一定要先观察一下，不要埋头就
算——数感的作用就是帮助你简化计算。

顺便多说一句，千万别忘了检查。1100 末两位能被 4 和 25 整除，且显
然是 11 的整数倍，所以答案肯定对了；1440 显然能被 8、5、9 整除，答案
基本没问题。

一定要在有"数"的地方养成这样的习惯，在"式"的运算上的好习惯
培养起来就快了。毕竟一通百通，式的运算肯定也需要"凑"，也要有验算。

当然，有一些基本的运算法则，比如：

$$(x^2 + x - 1)(x + 1) = x^3 + x^2 + x^2 + x - x - 1 = x^3 + 2x^2 - 1$$

这个步骤简直就是平平无奇嘛！还真不是那么平平无奇。

首先，一定要养成一种习惯：同类项一定要用不同的记号进行标注区
分。在上面这个例子里，x 的平方项和一次项的项数都超过一项了，所以都
要区分开。

其次就是验算。这个结果到底对不对呢？基本上是对的。为什么是"基本上"？我们将要介绍的是简易判断法，而不是用逆运算——不用除法来判断，那就只能说"基本上"是对的。当然，这种简易判断法的准确率也相当高。而且话说回来，就算用除法（逆运算）验算，谁也不能保证百分之百正确，只能说正确率会非常高而已。

我们注意到，$(x^2+x-1)(x+1)$ 包含有 $x+1$ 的因子，也就是说，最后的积能被 $x+1$ 整除。

注意：如果一个多项式能被 $x+1$ 整除，那么这个多项式的奇次项系数之和等于偶次项系数之和！一定要看清楚，不是奇数项系数之和等于偶数项系数之和！

你一定深深地感受到，我在这一刻都要歇斯底里了。这是判别一个一元多项式是否含有 $x+1$ 这个因子的最快捷的办法。为什么可以这样判断，我们后面会提到，你在这里先记住这个有用的结论。

我们来看前面的计算结果：x^3+2x^2-1。那么这里奇次是三次方，偶次是平方项和常数项（0 次方）；奇次项系数和是 1，偶次项系数和也是 1，所以一定含有 $x+1$。结果应该是对的。

但是，如果你把计算结果写成了 x^3-x^2+2，这也满足检验标准啊！这时候，我们还需要一点辅助的技巧——看首尾。

结果的常数项等于每个乘式的常数项的乘积，最高次项等于每个乘式的最高次项的乘积。所以在 $x^3 - x^2 + 2$ 这个式子里，常数项本应为 -1，答案一定错了。

运算越低级，出错概率就越低。虽然逆运算是通用的法则，但对于一些特殊的情况来说，我们还是要尽可能多地提升速度。像这里用系数和来判别含有因式 $x+1$ 的乘法是否正确，就是一例。

除了 $x+1$，还有没有含其他因子的快速验算方法呢？有，$x-1$。如果 $x-1$ 和其他多项式做乘法，那么结果的各项系数之和为 0。比如计算：

$$(x-1)(x^3 - x + 1) = x^4 - x^2 + x - x^3 + x - 1 = x^4 - x^3 - x^2 + 2x - 1$$

结果的各项系数之和为：$1-1-1+2-1=0$。常数项 $-1 \times 1 = -1$，两方面一对照，我们对这个结果基本就可以放心了。

事实上，以上两种检验方式是含有一次式 $x-a$ 这类因子的特例。我们做多项式乘法的时候，如果碰到形如 $(x-a)g(x)$ 这种形式，这里 $g(x)$ 也是一个多项式，那么就可以把 $x=a$ 代入最后的计算结果中去，假如最后的结果等于 0，那么计算结果应该就正确了。

比如，我们计算 $(x-2)(x-3) = x^2 - 5x + 6$，该如何验算？把 $x=2$ 代入到 $x^2 - 5x + 6$ 中去，得到 $4-10+6=0$。如果不放心，可以再把 $x=3$ 代入，得到 $9-15+6=0$。所以，这个答案肯定就对了。

我们还可以把这一验算方法推广到所有含一次式的情况。若多项式乘法为形如 $(ax+b)g(x)$，这里 $g(x)$ 也是一个多项式，那么就可以把 $x = -\dfrac{b}{a}$ 代入最后的计算结果中去，假如最后的结果等于 0，那么计算结果就是正确的。

如果你背熟了我之前建议的那些数据，是不是觉得验算起来很快了呢？这就是我要讲的关于多项式乘法中包含有一次式的情况的检验方法。大家现在明白为什么要做那些基础训练了吧？如果妄图跳过前面的内容，就直接来看这里，你最后发现还是得回去背。

没办法，我们不可能跳过前面的六个馒头，直接吃第七个就饱了的。

计算和验算是相辅相成的，一定要树立起计算完了就验算的观念。恰当的方法能够让你用别人计算的时间就完成计算和验算两项工作，并且是行之有效的验算，能大大提高计算的正确率。想远离所谓的粗心，解决计算能力不过关的困扰吗？那就按部就班地做吧！

第3节　多项式乘法中的换元法

上一节讲到一元多项式乘法的计算和验算。其实，我强烈建议高中生也好好重新学习一下整个系列，因为90%以上高中生的计算能力是远远不过关的，所以，他们很有必要从头开始过一遍计算。

我建议学生在初中阶段必须熟练掌握三种基本计算的技巧和方法：换元法、配方法、待定系数法，同时结合一些基本公式，这样可以大大简化计算的复杂度。

在讲这三种方法之前，我们还是要来看看需要掌握哪些常用的公式。

我经常开玩笑地说，学数学最大的好处就是不用背东西，几乎所有的公式都是可以推导的。这话没毛病，但对于中小学生来说并不适用。计算的熟练程度直接决定了你的数学考试成绩，所以对一些公式必须要烂熟于心，一定要做到该背的公式能够脱口而出。如果等到考试的时候，你要现场推导公式，那么后面的题目就别做了。这里多说一句，高中数学中需要大量背的公式就是三角公式，要是仅靠考试卷首提供的公式你才能记得清它们，那考试一定歇菜了。

多项式乘法的重要公式如下：

- $(a+b)(a-b)=a^2-b^2$（这个无须赘言了，平方差公式，之前介绍速算的时候已经介绍过，把乘法当减法做的利器）
- $(a\pm b)^2=a^2\pm 2ab+b^2$
- $(a\pm b)(a^2\mp ab+b^2)=a^3\pm b^3$
- $(a\pm b)^3=a^3\pm 3a^2b+3ab^2\pm b^3$
- $(a+b+c)^2=a^2+b^2+c^2+2ab+2bc+2ca$
- $(a+b+c)(a^2+b^2+c^2-ab-bc-ca)=a^3+b^3+c^3-3abc$

有这些公式差不多就够用了。一定要背熟！特别是立方和及立方差之后的公式，它们十分常用，但是数学书上不做背诵要求，然而考试的时候却经常要用。

除了熟记这些公式，我们还要学会对这些公式做适当的变形。

举个例子，计算 $(a+b-c)^2$。我们当然可以一项项展开、合并，然后得到结果，也可以直接套公式，这都不难。但是，你真正需要掌握的是这样一种视角：把公式中的 c 用 $-c$ 来代替，把结果中所有的 c 用 $-c$ 代替即可。

同样地，我们可以改造

$$(a+b+c)(a^2+b^2+c^2-ab-bc-ca)=a^3+b^3+c^3-3abc$$

大家可以试一试，把其中任何一个字母改变符号，也可以同时改变两个字母的符号。这种整体代换的思想非常重要。

其实，很多时候我们觉得中学数学难，只是因为一个题目里面掺杂了好几个知识点。把每一个知识点单列出来，大家处理起来都没问题，但是综合在一起就感觉无从下手。追根溯源，这些问题的根本就在初一所学的多项式计算。假如学生在这个阶段没有养成良好的计算习惯，不善于分解问题、剖析问题，只知道眉毛胡子一把抓，那么后来的学习只会越来越困难。

例1 计算
$(x+1)(x+2)(x+3)(x+4)$

你当然可以把前两项乘开，得到 $(x^2+3x+2)(x+3)(x+4)$，然后再接着往下乘……不能说这方法是错的，但这绝不是好方法。

这就像我们做数的乘法，比如 $14×18×35×45$，经过之前的训练，你应该有这样的意识了，可以先做 $14×45$，得到 630，然后做 $18×35$，又得到 630，马上得到答案 396 900。当然，你也可以先计算 $14×35=490$，而后计算 $45×18=810$，然后得到相同的答案。

细心的读者会发现，我似乎有矛盾的地方：一会儿提倡要用笨办法，一会儿提倡要巧算。这究竟是为什么呢？

阅读本书的读者，无论是家长、学生还是老师，涉及的年级分布会很广。对于那些根本没有"观察题目"的意识的孩子来说，花笨力气可能就是最好的办法，因为养成观察意识是需要时间的。我之所以要花那么大的力气来强调基本的计算技巧，就是为了有朝一日，大家可以不只用笨办法来解决问题！实际上，很多题目的简便方法要靠冷静的观察和良好的数学感觉才能判断出来，但是，前提是你要经过这方面的训练。很多学生恰恰缺乏这样的训练。所以为了得分，我只能先退而求其次，教大家最容易上手的办法，这样虽然不能保证你能拿满分，但至少能帮你尽可能多地拿分。

然而，如果你从一开始就接受观察的训练，已经养成了拿到题目不着急做，先看看有没有什么能一眼看出的捷径的习惯，那么我只要稍稍点拨一下，你很容易就能接受事半功倍的方法。否则，如果我不分层次，直接教给学生巧妙解法，那么我将永远得到的只是"这怎么想得到啊！"这种回应，完全没有效果。

接下来，我们要进行观察（以后的问题讲解中，我都已经假定学生把常用的多项式乘法公式背得滚瓜烂熟了），如果第一因式和第四因式先做乘法，得到 x^2+5x+4，而二、三因式做乘法就是 x^2+5x+6。换句话说，如果令 $t=x^2+5x+5$，那么一、四因式和二、三因式的积是不是就变成了 $(t-1)(t+1)$ 了？由平方差公式可以得到结果就是 t^2-1；再把 $t=x^2+5x+5$ 代回式子里，我们发现又可以直接用公式结论了：$(a+b+c)^2=a^2+b^2+c^2+2ab+2bc+2ca$。

也许有的家长会问："我也不会啊，怎么办？"

没关系，我们并不要求家长会做这些题，家长需要做的是监督和引导。家长又不是啥都会，但是家长要会指导啊！就拿这个例子来说，如果孩子吭哧吭哧地按顺序乘完，累得一头汗，你就可以问一句："有没有更好的方法？比如把一、三因式结合，二、四因式结合？"

孩子又吭哧吭哧地算一遍，发现："并没有什么用啊！"

你就喝口茶，说："那一、四因式和二、三因式结合，再看看？"

娃再吭哧吭哧地算："诶？好像能简单一点！"

你就随便折腾吧，孩子被折磨几次就会主动想："我还是先仔细看看吧，省得又挨整了。"

例2 计算
$(x+1)(2x+1)(3x+1)(6x+1)$

一看见这个式子，我们很自然就会类比之前的那道题。第一、四因式组合，第二、三因式组合，就变成 $(6x^2+7x+1)(6x^2+5x+1)$ ，这个时候应该令 $6x^2+6x+1=t$ ，于是先用平方差公式再用一次三项的和平方公式，题目就做完了。

观察题目的特点是个非常重要的技巧。我以前的中学老师说过这么一句话，让我觉得受益匪浅："做一道题目要有一道题目的效果。"什么意思？根据我多年的揣摩，我觉得包含了以下几点。

第一，这道题目到底要考我的是什么？

第二，这道题目有没有简单的方法？

第三，这道题目能不能推广到一类题目？我做一道题就会了一类题，以后碰到这类题目，只是增加我的熟练程度而不是训练我的新技能。

作为中学生，如果能达到第二层次，高考的数学成绩不会有太大问题。所以家长一定要学会引导，平时训练哪怕走点弯路也没关系，因为前路漫漫，布满荆棘坎坷，与其最后摔得粉身碎骨，不如一开始的时候摔个鼻青脸肿，长点经验的好。平时不愿走弯路的人，必然要在考试中大走特走——总而言之，这条路你得走一回，至于在什么时间段，任君选择。大家说，是不是这个道理？

第4节 多项式乘法的应用

贼老师，为什么你明明提到了换元法、待定系数法和配方法这三种方法，却只举了换元法的例子？

因为后面两种计算方法更多的是在因式分解中出现，这里只是预警罢了。

事实上，换元法在多项式计算中的运用还是相当广泛的。在举例之前，我还是要给家长再次提醒：孩子一开始只会硬算的话，并不是什么大事，但是家长要学会监督、检查、引导。在学校里，一个老师最起码要面对几十个学生。当过老师的人都知道，你不可能真的做到对每个孩子一视同仁，所谓的"手心手背都是肉"，充其量是一句口号而已。一个老师教了多年书，也许可以喊出全班学生的名字，但是，他能对每个学生花同样多的精力吗？父母两个人，甚至加上祖父母、外祖父母，六个大人对付一个孩子都快精疲力竭了，你能让一个老师对付四十个孩子？平均下来，每个孩子身上又能分到多少精力呢？所以，很多家长就把孩子扔进各种培训班，问题是，培训班的教师通常也是一个人对几十个学生啊，基本上于事无补。何况在大量的课外时间，谁来管孩子的学习？

我写本书的目的之一，就是帮助那些自己想教但不会教的家长，来完成对孩子的数学的补充教育。所以我并不是说，非得让孩子（尤其是小学生）自己看这本书，或者把孩子送到我这里来教。如果说，连爸妈都不愿意花心思来琢磨这些文章，那这本书就失去了很大一部分意义。

在高中之前，大部分孩子的自律性是不能被高估的。很多孩子会为了完成作业而匆匆应付了事。哪怕你看孩子是在低头看书，你也要注意他翻书的频率，一个小时都翻不过去一页纸，难道他是在看墨瑞（Morrey）的神作《变分学中的多重积分》（*Multiple Integrals in the Calculus of Variations*）吗？

所以，我希望各位家长通过学习这本书里的内容，学会该如何监督、检查孩子的数学学习情况。父母两个人中总得有一个管孩子吧？你们应该是对孩子最上心的人了，结果夫妻俩都拍拍屁股不愿意管，花钱交给别人去监督和检查自己的孩子，可谁的上心程度还能超过亲生父母呢？如果父母真的太忙，没时间管孩子，那就听天由命，等着上天派个好老师或者认真负责的家教——这种被彩蛋砸到脑袋的好事，发生的概率可想而知。

还有的家长理直气壮地说："那我自己也学不会、看不懂啊！"

那就再学一遍啊！就当为了孩子再学一遍，行不行？而且也没有要求你学得比孩子好，我对家长的要求只是，你们要知道孩子是否走在一条正确的道路上而已。如果家长连这点勇气都没有，那么孩子的学习成绩就听天由命吧。所以怎么选，随你们。

我之前说，让孩子在计算过程中吃点苦头总是好的。这是什么意思？现在，我就把公式和数的运算结合起来，告诉大家怎么逐步培养简便运算的意识，家长又该如何在"陪读"过程中树立起自己的权威。我选取了几个简便运算和硬算之间差距较大的题目来进行解读。我们之前做了那么多关于数的计算，而且我又言之凿凿，说算术是为了培养数感，有了数感才能培养"式感"……那么所谓"式感"具体体现在哪里？我就把这两点结合起来让大家看看。

例1 计算

$$2000^2 - 1999 \times 2001$$

如果硬算的话，我们得到

$$2000^2 - 1999 \times 2001 = 4\,000\,000 - 3\,999\,999 = 1$$

如果巧算的话，就是利用平方差公式，得到

$$2000^2 - 1999 \times 2001 = 2000^2 - (2000-1)(2000+1) = 2000^2 - 2000^2 + 1 = 1$$

这种题目的特点是：你一看就不想算。以简单、粗暴、机械计算为主的这类题目，十有八九会有简便的算法。如果孩子用了硬算的办法，这时候，家长要做的应该是提醒孩子想一想，是不是还有更好的办法。但要注意，看破别说破，一定要让孩子吃够苦头，不然怎么能体会到巧算的好处呢？如果孩子瞄一眼就说："太繁了，不会。"家长就应该板起面孔，强迫他算完——这也是有好处的，毕竟高中数学里解析几何有部分内容是绕不过硬算环节的。

例2 计算

$$(2+1)\,(2^2+1)\,(2^4+1)\cdots(2^{2^n}+1)$$

这道题就更讨巧了。如果硬算的话，得到

$$3 \times 5 \times 17 \times 257 \times \cdots \times (2^{2^n}+1)$$

太难了，实在太难了。但是如果注意到 $2-1=1$，而 1 乘以任何数都保持不变的话，那这个题目就能大大简化了：

$$(2+1)(2^2+1)(2^4+1)\cdots(2^{2^n}+1) = (2-1)(2+1)(2^2+1)(2^4+1)\cdots(2^{2^n}+1)$$
$$= (2^2-1)(2^2+1)(2^4+1)\cdots(2^{2^n}+1) = (2^4-1)(2^4+1)\cdots(2^{2^n}+1) = 2^{2^{n+1}}-1$$

硬算的办法压根就没法算，但是用了一个 $2-1=1$ 之后，结合平方差公式，这道题就迎刃而解了，有没有？同时，作为家长必须要指出：以后碰到类似的题目，就应该考虑先乘一个数，再除以这个数试试。

所以，家长尽量不要在孩子没有做出题目的时候就来一句："再好好看看！"然后就没下文了。表明态度后再提供一个方向，想来是极好的。这两道习题最有可能出现在老师讲解平方差公式之后，如果家长能有针对性地来一句："平方差公式，你用过吗？考虑过吗？"哪怕家长自己不会做，而且孩子也想不到，这都没关系。但是，当老师用同样的办法讲解之后，我相信孩子对家长的数学水平也会有一个新的认识，他会觉得你是真的都懂，不能随便被忽悠。在学业上培养起孩子对家长的敬畏之心，对于家长行使监督权利，有莫大的好处。掌握这个技巧并不难，只要看看孩子当下的数学学习的章节，习题必然不会脱离上课内容而单独存在。当然，如果你能在点明方法后，把正确答案搞定，那是最佳的选择；如果你做不到，那么退而求其次，只要掌握了孩子的节奏和进度，说两句看起来高深又挑不出错的话，应该不那么难做到吧？

我们再来看一个例子。

例 3 求证 $(x+y-2z)^3+(y+z-2x)^3+(z+x-2y)^3$
$=3(x+y-2z)(y+z-2x)(z+x-2y)$

证明：因为 $a^3+b^3+c^3-3abc=(a+b+c)(a^2+b^2+c^2-ab-bc-ca)$，若 $a+b+c=0$，则 $a^3+b^3+c^3-3abc=0$，即 $a^3+b^3+c^3=3abc$。设 $x+y-2z=a$，$y+z-2x=b$，$z+x-2y=c$，而 $x+y-2z+y+z-2x+z+x-2y=0$，即 $a+b+c=0$，所以原式成立。

这道题家长该怎么辅导？

首先，家长默默地看着娃费力地展开三次方——估计展开一项，孩子就崩溃了。等孩子崩溃之后，你就可以开始你的表演了。

虽然后面你可能不知道怎么做，但是如果你能点到这一步，就已经足够树立起你在孩子心中的威信了。路漫漫其修远兮，汝也要上蹿下跳地去求索！家长都心浮气躁了，还指望娃能平心静气吗？办不到的。平常心，陪着孩子一起学习，一起进步，毕竟家长才是最好的老师。

第5节 多元多项式的乘法

我之前一直在讲关于一元多项式的乘法，那么多元多项式的乘法如何处理呢？回忆一下刚才提到的主元法，就是认准某个字母当主元，然后进行降幂排列。没错，这是防止出错的一个重要技巧。多项式计算中的根本原则就是"不重复，不遗漏"。无论是在加减还是乘除，无论是一元还是多元，只要涉及多项式计算，这六个字的原则都是适用的。所以，在你初学乍练的时候，如果题目中乘式和被乘式没有按照降幂排列，那么你一定要先按降幂进行排列，比如在下面这个例子中，我们选取 x 作为主元来看看。

例1 $(x^2y + xy^2 + x^3)(x + x^2z + y)$

我们应该将式子改写成

$$(x^3 + x^2y + xy^2)(x^2z + x + y)$$

这样做有什么好处呢？方便检查。因为在检查的第一步，我们通常会核对最高次项和最低次项的系数、指数和字母。如果你在一开始没有按照降幂排列，那又要花一些时间重新去确定：主元的最高次项是由哪几项乘积得到的？主元的最低次项又是由哪几项乘积得到的？但是事先经过排列之后，你只要看一头一尾即可。等到计算熟练了，这样的排列方式就会变成一种习惯，而在初学阶段，一定要强制执行。

相对于一元计算，多元多项式计算有共性，也有个性。首先我们来看共性的方面。

例2 计算
$(x + 2y)(x^2 - xy - y^2)$

$$\begin{aligned}
&(x + 2y)(x^2 - xy - y^2) \\
&= x^3 - x^2y - xy^2 + 2x^2y - 2xy^2 - 2y^3 \\
&= x^3 + x^2y - 3xy^2 - 2y^3
\end{aligned}$$

这里的几个要素，用记号区分同类项、降幂排列都做到了，那接下来怎么验算呢？有人要问了："一元的多项式乘法，如果包含一次项，我倒是会验算了，但这个多元多项式可怎么设、怎么代啊？"

化归呗。当 $x = -2y$ 的时候，原式是不是等于 0 了？所以，只要把 $x = -2y$ 代入到最后的结果中去，如果得到的不是 0，自然就算错了！我们将 $x = -2y$ 代入到最后的结果中去，得到

$$x^3 + x^2y - 3xy^2 - 2y^3 = -8y^3 + 4y^3 + 6y^3 - 2y^3 = 0$$

这样是不是就放心了？这就是多元和一元多项式乘法的共性。

当然，多元多项式乘法要是没点个性的话，它也会觉得很没面子的。这个性质就是：如果做乘法的多项式是以对称形式出现的话，那么结果必然对称。

什么是对称的多元多项式呢？如果把多项式中任意两个字母互换，得到的结果不变，那么就称该多项式是对称多项式。比如：

$$(x^2 + y^2)(y^2 + z^2)(z^2 + x^2)$$

我们把式子中的 x 和 y 互换位置，得到：

$$(y^2 + x^2)(x^2 + z^2)(z^2 + y^2)$$

是不是值没有发生变化？这就是一个对称多项式，而且，其最后的计算结果也必然是对称多项式，如果结果不对称，那么肯定就做错啦！假定我们得到的计算结果是：

$$x^4 y^2 + x^2 y^4 + x^4 z^2 + x^2 z^4 + y^4 z^2 + y^2 z^4 + 2x^2 y^2 z^2$$

我们来看看这一最后结果，把 x, y, z 互换之后，式子保持不变，所以基本可以放心。然而你可能发现：就算把最后一项的系数误写成 3 了，也根本看不出来对错啊！这怎么办？所以，全靠对称也不是太保险，只能保个七八成。最保险的办法什么样？还是类似地，让某项等于 0，于是令

$$x^2 = -y^2$$

诶？贼老师，x, y 如果非 0 的话，这个式子永远不可能成立啊？

不要紧，我们只是做一些形式上的计算。

做了这个假设之后，代入结果的式子中就会发现，如果最后一项的系数是 2，那么结果就乖乖地变成了 0；如果系数是 3，那么就会多了一点东西出来，也就是一定做错了。

我称这种验算方法为"形式验算"，即在一定范围内从逻辑上可能不成立，但从形式上没有问题。这也是一种验算技巧。总之，验算就是不要一模一样再算一遍，这是验算的大忌。

第 6 节 系数分离法

本节开始讲多项式除法。讲完多项式的乘除法，我就可以讲整个初中数学运算的核心——因式分解了。

多项式竖式除法类似于整数的除法。比如我们计算

$$(x^2 - 3x + 2) \div (x - 1) = ?$$

$$\require{enclose}
\begin{array}{r}
x - 2 \\
x - 1 \enclose{longdiv}{x^2 - 3x + 2} \\
\underline{x^2 - x} \\
-2x + 2 \\
\underline{-2x + 2} \\
0
\end{array}$$

作为初学者来说，一定要注意书写对齐。式子的书写和数的书写，两者最大不同在于式子更有可能写得错位，特别是式子的项数比较多的情况下，很容易出现这类错误。

那么你应该如何检查呢？首先，如果草稿写得太潦草，你根本看不清的话，这个毛病必须改正：打草稿太过凌乱是不利于考试的。很简单的道理，我们经常会有题做一半就做不下去的时候，大家通常都会跳到其他地方，先

做一做其他题目，换换脑筋，然后再回来看。你要是把草稿纸涂得乱七八糟，找到之前的草稿都要找半天，这是何苦来得？所以，平时打草稿一定要规规矩矩，不是说练书法，但起码要一目了然，题和题之间分得清清楚楚。如果孩子在这方面做得不好，我建议家长适当予以惩戒，但如果你有好的沟通方式，那么也可以不予惩戒。

然后数项数，看除式有几项，商的第一项要写在被除式从左开始数和除式相同项数的项的上方。比如说，除式有两项，那么商的第一项就要写在被除式从头开始数第二项的上方（如下式）。

$$
\begin{array}{r}
x-2 \\
x-1{\overline{\smash{\big)}\,x^2-3x+2}} \\
\underline{x^2-x} \\
-2x+2 \\
\underline{-2x+2} \\
0
\end{array}
$$

以此类推，除式如果有 n 项，那么商的第一项就写在被除式从头开始数第 n 项上方。这是多项式除法里最需要注意也是最容易出错的地方。我们再来看，如果缺项了怎么办？补呗！见下示例。

$$
x^2+1{\overline{\smash{\big)}\,x^4+5x^2+4}}
$$
$$
\downarrow
$$
$$
x^2+0+1{\overline{\smash{\big)}\,x^4+0+5x^2+0+4}}
$$

当然，这时我们要引导孩子进行类比，不要光告诉他缺项了就补 0。事实上，我之前提到过，数学中最重要的思想方法就是化归。化归是我们的根本目标，但手段是多样化的。比如，家长可以启发孩子："2405 除以 5 等于多少？从个位到百位，我们在十位上是用 0 来填的，换句话说，十位其实就是缺位的。那么在多项式的除法里，缺项了应该怎么办呢？"这样，让孩子自己去想出应该补 0，把缺项填上。长此以往，孩子就会有意识地把未知的内容和已知的内容进行对比，从而找出解决的方法。这个思想的形成比学会多项式除法本身更重要。

值得注意的是，在商式的书写中，我们一定不要忽略补 0，因为这是为了后面的简便计算打伏笔的。

$$
\begin{array}{r}
x^2 + 0 + 4 \\
x^2 + 0 + 1 \overline{\smash{\big)}\ x^4 + 0 + 5x^2 + 0 + 4} \\
\underline{x^4 + 0 + x^2} \\
4x^2 + 0 + 4 \\
\underline{4x^2 + 0 + 4} \\
0
\end{array}
$$

通过以上的讲解，我相信不管多项式除法的计算有多复杂，学生做起来也能迎刃而解了。那么，如果碰到多元的多项式该怎么办呢？一视同仁！比如我们看这道题。

$$
\begin{array}{r}
x^2 + (t-1)x + 1 \\
x + t + 1 \overline{\smash{\big)}\ x^3 + 2tx^2 + t^2x + t + 1} \\
\underline{x^3 + (t+1)x^2} \\
(t-1)x^2 + t^2x \\
\underline{(t-1)x^2 + (t^2-1)x} \\
x + t + 1 \\
\underline{x + t + 1} \\
0
\end{array}
$$

这时候，我们又从一元多项式除法推广到多元多项式的除法。但就像之前所提到的，这个方法虽然好，但有点繁。我们看到，在整个计算过程中，x 被一遍遍地书写，实在是过于累赘。所以，我接下来介绍一个常用技巧：系数分离法——顾名思义，就是在做除法的时候只写系数，不写字母。比如上一页中的第一个例子，我们就可以写成以下形式。

$$x-1\overline{\smash{\big)}\,x^2-3x+2}$$
$$\Downarrow$$
$$\begin{array}{r} 1-2 \\ 1-1\overline{\smash{\big)}\,1-3+2} \\ \underline{1-1} \\ -2+2 \\ \underline{-2+2} \\ 0 \end{array}$$

是不是很方便？而且我们发现，项数越多，能少写的累赘就越多，比如下式。

$$x^2+0+1\overline{\smash{\big)}\,9x^4-3x^3+7x^2-3x-2}$$
$$\Downarrow$$
$$\begin{array}{r} 9-3-2 \\ 1+0+1\overline{\smash{\big)}\,9-3+7-3-2} \\ \underline{9+0+9} \\ -3-2-3 \\ \underline{-3+0-3} \\ -2+0-2 \\ \underline{-2+0-2} \\ 0 \end{array}$$

现在看到缺位补 0 和对齐书写的重要性了吧？特别是在商式的书写中，缺项加上 0 尤其有利于还原最后的结果，所以在开始带字母练习的时候，我们就不能偷懒。

留一个题目作为练习。

$$x^2+x+1\overline{\smash{\big)}\,x^{10}+x^5+1}$$

如果碰到多元的情况，能不能处理呢？我们来看一个对比（式 1 和式 2）。

$$
\begin{array}{r}
x^2+(t-1)x+1 \\
x+t+1\overline{\smash{\big)}\ x^3+2tx^2+t^2x+t+1} \\
\underline{x^3+(t+1)x^2} \\
(t-1)x^2+t^2x \\
\underline{(t-1)x^2+(t^2-1)x} \\
x+t+1 \\
\underline{x+t+1} \\
0
\end{array}
$$

式 1

$$
\begin{array}{r}
1+(t-1)+1 \\
1+(t+1)\overline{\smash{\big)}\ 1+2t+t^2+(t+1)} \\
\underline{1+(t+1)} \\
(t-1)+t^2 \\
\underline{(t-1)+(t^2-1)} \\
1+(t+1) \\
\underline{1+(t+1)} \\
0
\end{array}
$$

式 2

现在你是不是觉得分离系数真的很不错?

前面的"走"始终是为后面的"跑"和"飞"打基础的，不要忽视这些基础练习。人们常说"细节决定成败"，因此在做计算的时候，特别是用最原始方法计算的时候，一定要注意书写的工整和规范，这对于提高计算的准确率大有裨益。作为家长，也务必对孩子在整个计算过程中的书写规范加以检查和督促。

23
二次根式

二次根式是初中数学中综合计算的集中体现——听到这里，也许已经有人要按捺不住了。

贼老师，能不能别光讲计算了，多讲点数学思想可好？

不好。

首先，数学思想没有计算能力是实现不了的；其次，假如计算都过不了关，难道能深刻领会数学思想？很多时候，学生在面对中等难度的题目时是能把式子列出来的，但是到了最后就是算不出来或者算错。我们经常听到三大"考砸借口"。

我家孩子挺聪明的，就是粗心。

我家孩子都会，就是动作慢，来不及。

我家孩子听都听明白了，就是一到做题目就不行。

其实，这都是有问题的，根源基本都在计算能力上，所以到现在为止，我们讲的初中内容都是和计算有关的。初中代数主要还是把计算的底子打好，外加一点点函数的最基本性质，无他。

在本章中，我们要看关于根式的计算。根式运算的基础还是多项式的运算，但根式运算有自身的特点。除了分母或者分子有理化之外，还有一个需要注意的地方就是，偶次方根里的东西必须是非负的。因此在化简的时候，如果是带参数的，那么一定要当心是否有可能会导致一个负数进行根号运算的情况。

根号运算的难点在于有理化，包括分母和分子的有理化，以及根号里带根号的化简。

首先我们来介绍一下关于二次根式的基本性质：

$$(\sqrt{a})^2 = a \ (a \geqslant 0) \tag{1}$$

$$\sqrt{a^2} = |a| = \begin{cases} a, & \text{当} a > 0 \text{时} \\ 0, & \text{当} a = 0 \text{时} \\ -a, & \text{当} a < 0 \text{时} \end{cases} \tag{2}$$

从基本定义上，我们马上可以看出二次根式和绝对值之间的联系。类似于绝对值，二次根式的最后结果必然是非负的，这可以作为验算的一个重要依据：如果根号的运算结果小于 0，那么计算必然出了问题。

除了相同之处以外，我们还要找特殊的地方：二次根式的加、减、乘、除运算和普通的有理数或多项式的加、减、乘、除运算有什么不同呢？毫无疑问的是，根式的运算一定是脱胎于有理数和多项式运算的，但一定与之有所区别。

我们先来看一些基本的性质。

$$a\sqrt{m} + b\sqrt{m} = (a+b)\sqrt{m} \, (m \geqslant 0) \tag{1}$$

$$\sqrt{a}\sqrt{b} = \sqrt{ab} \, (a, \ b \geqslant 0) \tag{2}$$

$$\frac{\sqrt{a}}{\sqrt{b}} = \sqrt{\frac{a}{b}} \, (a \geqslant 0, \ b > 0) \tag{3}$$

$$(\sqrt{a})^m = \sqrt{a^m} \, (a \geqslant 0) \tag{4}$$

这几条性质很容易理解。其中性质 (2)、(3)、(4) 在根号乘法、除法以及指数运算的交换律中都是成立的。

性质 (1) 很有意思，从代数的角度来看，如果我们把 $\sqrt{m}$ 看成普通代数式的某个字母，性质 (1) 直接就变成了合并同类项。那么问题来了，$\sqrt{m}+\sqrt{n}$ 怎么办?

如果 m 和 n 的比值恰好是完全平方，那么就转化成性质 (1)；否则，$\sqrt{m}+\sqrt{n}$ 就是最简形式了。

根式运算的结合律、分配律、交换律可以仿照实数运算的三律，自动成立。以上这些性质，我们都可以根据多项式运算和实数的性质直接推出来，并且很容易理解。接下来，我们看一些根式的独特的性质。比如，如何判定两个根式是相等的?

设 a, b, c, d, m 是有理数，且 m 不是完全平方数，则当且仅当 $a=c, b=d$ 时，我们有

$$a+b\sqrt{m}=c+d\sqrt{m}$$

另外，我们把 $a\sqrt{n}+b\sqrt{m}$ 和 $a\sqrt{n}-b\sqrt{m}$ 称为共轭根式。"轭"的本意是指驾车时套在牲口脖子上的曲木，一般是成对出现，所以，发明"共轭"这个词的人是真有文化啊。共轭根式的特点就是，它们的乘积会变成有理式。这个技巧在后面的讲解中会反复出现，虽然就是一句话的事情，但是真的很管用。

讲到这里全是基本概念，你理解了吗? 那好，我们来看这样一个问题。

假设一个集合中的元素通过加、减、乘、除运算，其结果仍然在这个集合中，那么我们称这个集合是封闭的。问: 所有形如

$$a+b\sqrt{2}$$

且其中 a, b 为有理数的数所构成的集合（0 不做除数）是否封闭？请证明你的结论。（结论是封闭的。）

介绍完了关于二次根式的基本定义，接下来我们会看一些例子。前面提到的二次根式和绝对值的相似之处，即二次根式的结果一定是非负的，这一点很重要。在数学的学习过程中，这种不同概念之间的类比能帮助学生迅速地理解新概念，并抓住要点。

例 1 化简

$$\sqrt{x^2}+\sqrt{x^2-2x+1}$$

根据基本性质，不难写出：

$$\sqrt{x^2}+\sqrt{x^2-2x+1}=|x|+|x-1|$$

根据绝对值化简的要求，我们可以把 x 的取值范围分成三段：$x<0$, $0\leqslant x<1$, $x\geqslant1$，于是分别可得 $-2x+1$, 1, $2x-1$。

如果说二次根式是一顿大餐，那么这道题充其量就是开胃酒。

例 2 化简

$$\frac{x^2-x-2+(x-1)\sqrt{x^2-4}}{x^2+x-2+(x+1)\sqrt{x^2-4}} \qquad (x>2)$$

我们还是要先观察一下。x^2-x-2，x^2+x-2 都是可以因式分解的，前者得到 $(x+1)(x-2)$，后者得到 $(x-1)(x+2)$；但是后面分别加上 $(x-1)\sqrt{x^2-4}$ 和 $(x+1)\sqrt{x^2-4}$，似乎并没有公因式可以提取。假如你觉得没有公因式，那是因为你的思维还局限在整式的范围内！如果把眼光放到根式范围内，就会发现：

$$x^2 - x - 2 + (x-1)\sqrt{x^2-4}$$
$$= (x+1)(x-2) + (x-1)\sqrt{x^2-4}$$
$$= (x+1)(\sqrt{x-2})^2 + (x-1)\sqrt{(x+2)(x-2)}$$
$$= \sqrt{x-2}[(x+1)\sqrt{x-2} + (x-1)\sqrt{x+2}]$$

同理：

$$x^2 + x - 2 + (x+1)\sqrt{x^2-4}$$
$$= \sqrt{x+2}[(x-1)\sqrt{x+2} + (x+1)\sqrt{x-2}]$$

所以

$$原式 = \frac{\sqrt{x-2}}{\sqrt{x+2}}$$

当然，按照初中的要求，分母必须不带根号，所以最后结果等于：

$$\frac{\sqrt{x^2-4}}{x+2}$$

学了新的东西，一定要用新的视角来看待问题，不能拘泥于原有的知识框架。这种在短时间内的学习能力可以帮助你在各类数学考试中面对新给出的概念，在求解题目时得心应手。

二次根式中一类常用的技巧就是"根式套根式"的化简。当然，这种技巧有一个听起来不错的名字，叫"复合根式"。比如

$$\sqrt{4-2\sqrt{3}} = \sqrt{3} - 1$$

这个复合根式的实质就是把第一重根号里的式子配成一个完全平方式，再利用根号运算和平方运算互为逆运算，把根号去掉，从而得到一个更简单的结果。

怎么看出 $4-2\sqrt{3}$ 是 $\sqrt{3}-1$ 的平方的呢？我们不妨先假设 $4-2\sqrt{3}$ 等于 $(a+\sqrt{b})^2$，于是

$$(a+\sqrt{b})^2 = a^2+b+2a\sqrt{b} = 4-2\sqrt{3}$$

请大家回忆一下两个根式相等的条件，即有理数部分和有理数部分对应相等，根号部分和根号部分对应相等。于是

$$a^2+b=4, \ 2a\sqrt{b}=-2\sqrt{3}$$

很显然 $b=3, a=-1$，所以

$$\sqrt{4-2\sqrt{3}} = \sqrt{3}-1$$

是不是很巧妙？如果学不会简便方法，那么这也是个不错的办法。

很自然的一个问题：是不是所有 $\sqrt{c+\sqrt{d}}$ 的形式的复合根式都能开出来呢？我们假设 $\sqrt{c+\sqrt{d}}=a+\sqrt{b}$，两边平方后得到

$$(a+\sqrt{b})^2 = a^2+b+2a\sqrt{b} = c+\sqrt{d}$$

即

$$a^2+b=c$$

$$4a^2b=d$$

所以 a^2，b 是一元二次方程 $x^2 - cx + \dfrac{d}{4} = 0$ 的两个有理根。根据一元二次方程的有关知识，$c^2 - d$ 是一个完全平方数。于是，对于"形如 $\sqrt{c \pm \sqrt{d}}$ 的复合根式能否开出来"这种问题，我们有了判别方法。

再来看 $\sqrt{2 - \sqrt{3}}$ 的化简。当然，我们可以直接利用 $\sqrt{4 - 2\sqrt{3}} = \sqrt{3} - 1$，两边同除以 $\sqrt{2}$，得到

$$\sqrt{2 - \sqrt{3}} = \sqrt{\frac{3}{2}} - \sqrt{\frac{1}{2}} = \frac{\sqrt{6}}{2} - \frac{\sqrt{2}}{2}$$

如果不能直接看出，又该怎么化简呢？

一般说来，我们通常采用如下的技巧：把里面那个根号前的系数配成 2。这样对于根式 $\sqrt{c \pm 2\sqrt{d}}$ 来说，我们的目标就是找两个数，使它们的乘积等于 d，和等于 c。比如 $\sqrt{7 - 4\sqrt{3}}$ 的化简，我们可以这样操作：

$$\sqrt{7 - 4\sqrt{3}} = \sqrt{7 - 2\sqrt{12}}$$

很显然，$3 + 4 = 7$，$3 \times 4 = 12$，所以

$$\sqrt{7 - 2\sqrt{12}} = 2 - \sqrt{3}$$

看起来是不是容易一些了？

例 3 化简

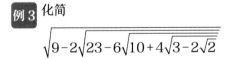

其实这道题真的就是唬人而已，只要掌握了普通的复合根式的计算方法，再有点耐心就可以了。

解：原式 $= \sqrt{9-2\sqrt{23-6\sqrt{10+4(\sqrt{2}-1)}}}$

$= \sqrt{9-2\sqrt{23-6\sqrt{6+4\sqrt{2}}}}$

$= \sqrt{9-2\sqrt{23-6(2+\sqrt{2})}}$

$= \sqrt{9-2\sqrt{11-6\sqrt{2}}}$

$= \sqrt{9-2(3-\sqrt{2})}$

$= \sqrt{2}+1$

就是按部就班。我们稍微增加一点难度，计算：

$$\sqrt{21-4\sqrt{5}+8\sqrt{3}-4\sqrt{15}}$$

是不是觉得难度陡然而升啊？

其实，我之前讲的无非是利用两项的和平方公式，这里就是利用三项的和平方公式，即找三个数的平方和为 21，然后两两相乘，得到的数为 $\sqrt{20}$，$\sqrt{48}$，$\sqrt{60}$。

为什么乘积是这三个数？注意三项的和平方公式展开以后，ab, bc, ca 前的系数是正负 2。所以，我们仿照两项的复合根式的做法，如果里面根号前的系数不是 2，那么就先凑出 2 来，式子变成

$$\sqrt{21-2\sqrt{20}+2\sqrt{48}-2\sqrt{60}}$$

这三个数很容易看出来是 2，$\sqrt{5}$，$\sqrt{12}$。注意，$\sqrt{20}$ 和 $\sqrt{60}$ 前面是负号，$\sqrt{48}$ 前是正号，因此不难得到结果为

$$2+2\sqrt{3}-\sqrt{5}$$

有人或许要问："怎么感觉像是上了一堂因式分解的课？"有这个感觉就对了！因式分解从来都不会单独考，但是永远是如影随形。你代数学到哪里，因式分解就跟到哪里。

例 4 计算

$$\frac{\sqrt{15}+\sqrt{35}+\sqrt{21}+5}{\sqrt{3}+2\sqrt{5}+\sqrt{7}}$$

这种带根号的除法怎么除？它和整数除法以及多项式除法都不一样，怎么办？我们看到，其实这个式子里所有数都和 $\sqrt{3},\sqrt{5},\sqrt{7}$ 这三个数有关，如果把它们分别用 a,b,c 来表示，那么上式可以变成

$$\frac{ab+bc+ca+b^2}{a+2b+c}$$

分子可以进行因式分解，分母可以进行拆分，得到

$$\frac{(a+b)(b+c)}{(a+b)+(b+c)}$$

$$=\frac{1}{\dfrac{1}{b+c}+\dfrac{1}{b+a}}=\frac{1}{\dfrac{1}{\sqrt{3}+\sqrt{5}}+\dfrac{1}{\sqrt{5}+\sqrt{7}}}=\frac{1}{\dfrac{-\sqrt{3}+\sqrt{5}}{2}+\dfrac{-\sqrt{5}+\sqrt{7}}{2}}$$

$$=\frac{1}{\dfrac{-\sqrt{3}+\sqrt{7}}{2}}=\frac{\sqrt{3}+\sqrt{7}}{2}$$

假如这个例子中的因式分解还不够明显的话，那么我们再来看下一个例子。

化简

$$\sqrt[3]{1+\frac{2}{3}\sqrt{\frac{7}{3}}}+\sqrt[3]{1-\frac{2}{3}\sqrt{\frac{7}{3}}}$$

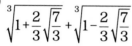

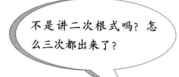

这个题目怎么做？你的第一感觉是什么？

$1+\frac{2}{3}\sqrt{\frac{7}{3}}$ 一定能写成某个数的完全立方，对不对？如果你有这个想法，那么恭喜你，你的数学感觉很不错哟！而且，你应该能进一步注意到 $1+\frac{2}{3}\sqrt{\frac{7}{3}}$ 和 $1-\frac{2}{3}\sqrt{\frac{7}{3}}$ 的无理数部分只差了一个符号，所以开出来的结果应该也很对称，只是某项差个符号。

那么，到底开出来会是什么样呢？我们不妨设 $1+\frac{2}{3}\sqrt{\frac{7}{3}}=x^3$，但很快发现这根本没用，因为题目本来就是让你求 x。

那该怎么办？这时候可以类比一下 $\sqrt{11-6\sqrt{2}}$ 的情况，一个数平方后为什么会带有 $\sqrt{2}$ 出现？说明这个数应该是一个有理数加上 $\sqrt{2}$ 这种形式（最终的结果是 $3-\sqrt{2}$），所以我们有理由认为 $1+\frac{2}{3}\sqrt{\frac{7}{3}}$ 中的 $\sqrt{\frac{7}{3}}$ 也是由 $1+\frac{2}{3}\sqrt{\frac{7}{3}}$ 的三次方根中的含 $\sqrt{\frac{7}{3}}$ 的部分提供的。

于是，我们不妨设 $1+\frac{2}{3}\sqrt{\frac{7}{3}}=\left(x+y\sqrt{\frac{7}{3}}\right)^3$，然后把右边展开，对比两边

系数后你会发现……嗯，理论上确实有解，但解是多少？完了……这也不行，那也不对，这可怎么是好呢？

那就剩最后一个办法了——直接硬算。看着三次方那么讨厌，那么我们该怎么办呢？把整个式子立方一下看来是个不错的选择。

设：

$$x = \sqrt[3]{1 + \frac{2}{3}\sqrt{\frac{7}{3}}} + \sqrt[3]{1 - \frac{2}{3}\sqrt{\frac{7}{3}}}$$

$$x^3 = \left(\sqrt[3]{1 + \frac{2}{3}\sqrt{\frac{7}{3}}} + \sqrt[3]{1 - \frac{2}{3}\sqrt{\frac{7}{3}}} \right)^3$$

$$= 1 + \frac{2}{3}\sqrt{\frac{7}{3}} + 1 - \frac{2}{3}\sqrt{\frac{7}{3}} + 3\left(\sqrt[3]{1 + \frac{2}{3}\sqrt{\frac{7}{3}}} + \sqrt[3]{1 - \frac{2}{3}\sqrt{\frac{7}{3}}} \right) \times \sqrt[3]{1 + \frac{2}{3}\sqrt{\frac{7}{3}}} \sqrt[3]{1 - \frac{2}{3}\sqrt{\frac{7}{3}}}$$

$$= 2 + 3\sqrt[3]{\frac{-1}{27}}x = 2 - x$$

即

$$x^3 + x - 2 = 0$$

很显然，因为左边各项系数之和为 0，所以必然有 $x-1$ 的因子，即左边可以因式分解。我们得到：

$$(x-1)(x^2 + x + 2) = 0$$

后面的一元二次方程的判别式小于 0，所以方程只有一个实数根，即 $x = 1$。

瞧瞧，想让题目变得难一点，只要把 1 写成这个样子就行了，只是这个因式分解看起来更不明显了吧？

共轭根式是根式中另一类大问题。共轭根式的最大好处就是，一对共轭根式相乘就能把根式去掉。所以，初中的化简要求分母不能带根号，只要把分子、分母同乘以分母的共轭根式即可，这个过程叫"分母有理化"。

既然有分母有理化，那么有没有分子有理化呢？有，但这个技巧在初中阶段几乎不用，在高中和大学阶段用的地方还是不少的。比如：

$$\sqrt{x+1}-\sqrt{x}$$

$$=\frac{\left(\sqrt{x+1}-\sqrt{x}\right)\left(\sqrt{x+1}+\sqrt{x}\right)}{\sqrt{x+1}+\sqrt{x}}$$

$$=\frac{1}{\sqrt{x+1}+\sqrt{x}}$$

当然，在有理化的过程中，我们最常用的就是平方差公式。

如果不是这种加减的形式，而就是单单一个根式，它的共轭根式是什么呢？比如 $\sqrt{x+1}$ 的共轭根式是什么？

就是它自身，因为我们可以看成求 $\sqrt{x+1}+0$ 的共轭根式！

共轭根式的计算往往和用韦达定理计算多项式的技巧是配套的，所以可以把大量的计算技巧直接平移过来。

我们一定要学会在数学的学习过程中发扬"拿来主义"，只要是有利于知识的掌握和理解，各种技巧和方法都应该被利用起来。

例6 设 $x = \sqrt{6+\sqrt{6}}$，$y = \sqrt{6-\sqrt{6}}$

求 $x^6 + y^6 = ?$

等等，贼老师，这里 x 和 y 的表达式不是共轭根式啊！

看，你这就是典型题目换一换就不知道该怎么办了。

按照共轭根式的定义，x 和 y 确实不是共轭根式，但是，题目是死的人是活的。既然我们在讲共轭根式，那么一定可以通过某种变形使得 x 和 y 能变成共轭根式。只要稍作观察，我们就会发现 x 和 y 的平方是互为共轭根式的，那就先平方起来，得到

$$x^2 = 6 + \sqrt{6}$$

$$y^2 = 6 - \sqrt{6}$$

于是

$$x^2 + y^2 = 12$$

$$x^2 y^2 = 30$$

$$
\begin{aligned}
x^6 + y^6 &= (x^2 + y^2)(x^4 - x^2 y^2 + y^4) \\
&= (x^2 + y^2)[(x^2 + y^2)^2 - 3x^2 y^2] \\
&= 12 \times (144 - 90) = 648
\end{aligned}
$$

熟悉的套路是不是出现了？

例 7 求比 $(\sqrt{3}+\sqrt{2})^6$ 大的最小整数。

当然，我们可以估算一下：$\sqrt{3}$ 约等于 1.732，$\sqrt{2}$ 约等于 1.414，两者相加约等于 3.146，6 次方后结果起码得八九百了吧？

如果是估算，那没问题，但现在人家要求很精确的结果——比这个值大的最小整数是多少？所以这是一个确定的值。

怎么估计？用 6 次方展开然后慢慢算？也不是不行，最后的结果肯定就是一个整数加 $\sqrt{2}$ 的若干倍，再加 $\sqrt{3}$ 的若干倍，然后进行估算——作为没有办法的办法，这也是个办法。（大家可以自己展开试试。）我之前让孩子们背那些枯燥的数，现在看见用处了吧？能救急。

那有没有更好一点的办法呢？肯定有啊。考虑到 $\sqrt{3}$ 和 $\sqrt{2}$ 的项很难处理，如果没有那些项的话，会不会好很多呢？会。但是，这样直接拿掉的话误差太大。怎么能够让误差变得很小呢？

考虑 $(\sqrt{3}-\sqrt{2})^6$，这个数肯定是在 0 到 1 之间的，所以加到原式上之后，对原式影响不大，但计算起来会方便很多，因为：

$$\sqrt{3}-\sqrt{2}+\sqrt{3}+\sqrt{2}=2\sqrt{3}$$

$$(\sqrt{3}-\sqrt{2})(\sqrt{3}+\sqrt{2})=1$$

我们开始计算 $(\sqrt{3}+\sqrt{2})^6 + (\sqrt{3}-\sqrt{2})^6$。不妨设

$$\sqrt{3}-\sqrt{2}=x$$

$$\sqrt{3}+\sqrt{2}=y$$

$$则\ x^2+y^2=10$$

$$x^2y^2=1$$

于是利用上一题的结论：

$$x^6 + y^6 = (x^2 + y^2)(x^4 - x^2y^2 + y^4)$$
$$= (x^2 + y^2)[(x^2 + y^2)^2 - 3x^2y^2]$$
$$= 10 \times (100 - 3) = 970$$

注意到 $(\sqrt{3} - \sqrt{2})^6$ 是小于 1 而大于 0 的，所以比 $(\sqrt{3} + \sqrt{2})^6$ 大的最小整数就是 970。

在本书中，有些思路确实能从题目中逻辑推理出来，不需要记具体方法，只要理解推理过程。但是，有些构造性的方法还是需要记一下的，作为一种日常的积累。像本题的思路就属于后者，你很难找到什么逻辑上能说得通的地方去构造 $(\sqrt{3} - \sqrt{2})^6$ 这种玩意儿出来。如果硬要找出所谓的理论依据，那就是利用共轭根式乘积以及和的性质吧。

二次根式的隐含条件也是一个经久不息的考点。所谓的"隐含条件"就是题目中没有明说，但确实包含在题干中的条件。

比如，二次根式除了结果非负，根号内的部分也必须非负，这其实就是一个隐含条件。中学数学和小学数学的一大区别就是隐含条件的使用，小学数学里基本没有这样的"高级货"，所有条件都安排得明明白白；但是到了中学，必须要学会挖掘隐含条件，这也是区别高手和一般选手的界限。

例8 设 $x = \left(\dfrac{\sqrt{(a-2)(|a|-1)} + \sqrt{(a-2)(1-|a|)}}{1 + \dfrac{1}{1-a}} + \dfrac{5a+1}{1-a} \right)^{2019}$

求 x 的个位数字。

乍一看，这题目没法做，怎么可能解得出来呢？求个位数字的前提是，这里面一大串东西得是一个整数，但是，a 的取值现在看起来根本没法确定，而且很多人就直接被这么一长串式子给吓倒了。

像这种未知数的个数多过等式个数，最后又要求求出具体值的题目，一般说来都是有隐含条件的。本题中的隐含条件就是：根号内的部分必须非负。

$$(a-2)(|a|-1) \geqslant 0$$

$$(a-2)(1-|a|) \geqslant 0$$

问题是，这两个式子根本就是相反数！一个数既要非正又要非负，于是它只能等于 0。所以

$$(a-2)(|a|-1) = 0$$

马上得到 $a=2$, $a=1$ 或者 $a=-1$。

把 $a=2$ 代入式子，我们发现 $1+\dfrac{1}{1-a}=0$；把 $a=1$ 代入，发现 $1-a=0$。两种情况都违反了分母不能为 0 的铁律，所以只能是 $a=-1$。于是

$$x = (-2)^{2019}$$

其个位数字为 8。

例 9 **解方程**

$$\sqrt{x} + \sqrt{y-a} + \sqrt{z+a-3} = \frac{1}{2}(x+y+z)$$

你看，一个方程里有 3 个未知数 x, y, z 和常数 a，所以这肯定不能直接解方程，因为根据方程的理论，有几个未知数就要对应几个方程，你才有可能得到方程的唯一解。这种未知数的个数多于方程的个数的不定方程，一般情况下肯定没有唯一解。

像这种情况，一带根号往往就比较难处理，所以我们考虑用换元法。令

$$u = \sqrt{x} \qquad v = \sqrt{y-a} \qquad w = \sqrt{z+a-3}$$

代入后得到：

$$u+v+w = \frac{1}{2}(u^2+v^2+w^2+3)$$

还是三元方程啊！但是你有没有注意到，方程现在起码看起来好看了很多？它对称了！

要知道，对称在数学或者物理中有着很重要的地位。所谓数学的美感经常就体现在对称上——人类对于对称的东西天然就有一种亲切感。

我们要确定出这三个数，也就是说，弄清 u, v, w 必须要等于什么数，这个等式才能成立，且其他数都不对。如此一来，我们的第一反应就是非负数或者非正数之和要等于 0。没错，这又是套路。移项配方后可以得到：

$$(u-1)^2 + (v-1)^2 + (w-1)^2 = 0$$

于是 $u=v=w=1$，不难解得 x, y, z 的值。

> 贼老师，你不是一直挺反对技巧的吗？这章内容介绍的技巧有点多啊。

> 事实上，我反对的是基本功都没打扎实，就急着上技巧。

很多学生甚至老师盲目地追求奇技淫巧，这是一种很要命的倾向。虽然很多构造性的技巧要靠日常积累，并不是那么直观能看出来的，但是，如果

你对基本概念掌握到位的话，理解起来就会容易许多，而不需要像学习文科一样，经常要死记硬背。

一个好的学习习惯会影响后续的学习，如果你始终觉得，靠多见点题目就能打天下，那么我可以很负责地告诉你：题目是出不完的。不信？平面几何哪还有什么新的东西？但是每年有多少新的平面几何题出来，你能都刷了吗？

所以，"渔"比"鱼"重要，有鱼不一定会渔，渔的水平越高，鱼也就越多。这些技巧和套路一定要结合基本的概念去理解，方能事半功倍。

24
因式分解

本章开始讲解中学计算的灵魂：因式分解。

以我对初中数学的浅薄理解（纯属客套，不要当真），把因式分解学通了，那么整个中学阶段的所有计算问题，你都过关了。这个说法我认为毫不夸张——这一章讲的内容，将决定你整个中学阶段的计算能力能达到一个怎样的高度。

因式分解的技巧中包含了多项式的乘除法、方程的根、逆运算等技巧和思想方法，简直囊括了中学阶段所有的计算技巧，可谓中学计算集大成的篇章，所以把因式分解学好了，以后起码计算不会成为你数学学习上的拦路虎。

然而，在当前的数学教材里，分配给因式分解的课时和它在整个中学数学中的地位是不相称的。所以，我将用很长很长的篇幅来详细讲解因式分解及其延伸知识。

有人会说："这是不是小题大做？"

你如果仔细研究一下各地高考数学的大题，特别是解析几何和函数的题目，就会发现这简直就是各种因式分解的综合运用，这是比较直接的联系；至于间接联系那就不胜枚举了，甚至到了高等数学阶段学习不定积分的时候，还要用因式分解来进行裂项呢。

因式分解既然如此重要，我们必须得把这个基础打好。首先，我们从最简单的因式分解方法学起，即公式法。

第 1 节　公式法

公式法其实是多项式乘法的逆运算。我们知道，数的乘除法互为逆运算，多项式的乘除法自然也互为逆运算，毕竟"式"是"数"的合理延伸。但是，式和数除了相似之处以外，也有其本身的特点，这一点从逆运算上就能看出：除了除法，因式分解也是多项式乘法的逆运算。

逆运算对于检查来说绝对是神兵利器。做数学题时，用相同的方法验算是大忌，因为这样几乎是检查不出错来的。想要验算真正发挥作用，最好的办法就是逆运算，而不是一题多解！重要的事情别说说上三遍、三十遍，贼老师都能气急败坏地一直念叨，直到背过气去。

喜欢体育运动的读者知道，在运动高手的成长过程中，机械地重复一个技术动作是再平常不过的事情，通过成千上万次的练习，让肌肉产生记忆，动作就不会变形。同样，对于重要的理念，我在整本书中会时常提起，确保学生读者能记住，家长读者能把这种正确的理念传递给孩子。"指导思想"绝对不是一句空话，没有正确的指导思想，你很容易就跑偏了。

回到正题上来，那么因式分解中有哪些常用的公式呢？

$$a^2 - b^2 = (a+b)(a-b)$$

$$a^2 \pm 2ab + b^2 = (a \pm b)^2$$

$$a^3 \pm 3a^2b + 3ab^2 \pm b^3 = (a \pm b)^3$$

$$a^3 \pm b^3 = (a \pm b)(a^2 \mp ab + b^2)$$

$$a^2 + b^2 + c^2 + 2ab + 2bc + 2ac = (a+b+c)^2$$

$$a^3 + b^3 + c^3 - 3abc = (a+b+c)(a^2 + b^2 + c^2 - ab - bc - ca)$$

什么，就这么点儿？

对啊，就这么点儿。欧几里得只用五个公设就搞出了平面几何呢！

现在通用的数学教材上，上述第三个、第五个和第六个公式都没有。这已经算是"超纲"了，不过在今后的学习中，这三个公式其实也是十分常用的。不要看不起这寥寥几个公式，它们组合在一起就是千变万化。

我们先来看几个简单的例子。

例 1 **分解因式**
$$16(m-n)^2 - 9(m+n)^2$$

解：原式可以看成

$$\left[4(m-n)\right]^2 - [3(m+n)]^2$$

所以我们可以直接运用平方差公式得到

$$原式 = \left[4(m-n)+3(m+n)\right]\left[4(m-n)-3(m+n)\right]$$

$$= (7m-n)(m-7n)$$

例2 分解因式
$-(5m^2-7n^2)^2+(7m^2-5n^2)^2$

解：首先我们把这两项互换位置，变成平方差公式的标准形式，即

$$(7m^2-5n^2)^2-(5m^2-7n^2)^2$$

接下来就可以运用平方差公式了：

$$原式 = (12m^2-12n^2)(2m^2+2n^2)$$

$$= 24(m^2+n^2)(m+n)(m-n)$$

值得注意的是，因式分解必须要分到不能继续拆分为止。

例3 分解因式
x^6-y^6

解：本题既可以被看作 $(x^2)^3-(y^2)^3$，也可以看作 $(x^3)^2-(y^3)^2$，前者是运用立方差公式，后者利用平方差公式。

解法1：$(x^2)^3-(y^2)^3$

$$= (x^2-y^2)(x^4+x^2y^2+y^4)$$

$$= (x-y)(x+y)(x^4+x^2y^2+y^4)$$

解法 2：$(x^3)^2 - (y^3)^2$

$= (x^3 - y^3)(x^3 + y^3)$

$= (x - y)(x^2 + xy + y^2)(x + y)(x^2 - xy + y^2)$

由于因式分解的结果除去排列顺序以外唯一，因此我们马上知道解法 1 还有一部分未分解：

$$x^4 + x^2 y^2 + y^4 = (x^2 + xy + y^2)(x^2 - xy + y^2)$$

当然，讲了公式法之后，学生把上式分解出来，那还是有点小难度的。在我们讲过配方法之后，这就是常规操作了。这里的技巧在后面会详细解析。

例 4 **分解因式**
$9a^2 + 9b^2 + 4c^2 - 18ab - 12bc + 12ac$

解：我们可以把上式稍作变形

$$\text{原式} = (3a)^2 + (-3b)^2 + (2c)^2 + 2 \cdot 3a \cdot (-3b) + 2 \cdot (-3b) \cdot 2c + 2 \cdot 3a \cdot 2c$$
$$= (3a - 3b + 2c)^2$$

例 5 **分解因式**
$27a^3 + 8b^3 + 54a^2 b + 36ab^2$

解：我们仍然考虑将式子做变形

$$\text{原式} = (3a)^3 + 3 \cdot (3a)^2 \cdot 2b + 3 \cdot 3a \cdot (2b)^2 + (2b)^3$$
$$= (3a + 2b)^3$$

例6 **分解因式**
$$a^3 + b^3 + 3ab - 1$$

解：将式子变形

$$原式 = a^3 + b^3 + (-1)^3 - 3ab(-1)$$
$$= (a+b-1)(a^2 + b^2 - ab + a + b + 1)$$

总而言之，对于多项式乘法的公式我们必须烂熟于心。换句话说，做好因式分解的前提是多项式乘法已经非常熟练。

第2节 分组分解法

在因式分解的过程中，对多项式做适当的变形也是一项基本操作。分组分解法是因式分解中最基础的变形练习，其基础就是多项式乘法的分配律。至于各项为什么要这样变形，其实是从之前大量的多项式乘法的练习中得来的灵感。

事实上，公因式的思想早在小学阶段就已经有雏形了，即提取公因数。我们考虑这样一个式子：

$$34 \times 74 + 34 \times 26 = ?$$

老老实实地进行计算当然是一种办法，不过显然有更好的方法：

$$34 \times (74 + 26) = 3400$$

这里用到的就是乘法分配律的逆运算——提取公因数。既然有公因数，那么就应该有公因式，所以分组分解就是指待分解的因式经过一定的排列组合之后，再提取出公因式，进而完成因式分解。没错，敲黑板、划重点：提取公因式。

所以，分组分解法确实是因式分解里最简单的一种办法——因为你只要花点笨力气，就一定能做出来。比如我们先来看这道题。

因式分解：$a^2 - a - b^2 + b$

只要你有把子力气，就可以进行以下的分组尝试：$a^2 + b - b^2 - a$，未果；再尝试 $a^2 - b^2 + b - a$，对前两项运用平方差公式之后，发现有公因式 $a - b$。这不就试出来了？当然，这不是我们的终极目的，我们希望的是一次成型！

这个有难度。数学难就难在，当你做题目的时候，不会有这么明确的指向。那么多技巧需要综合运用，学生怎么知道该用哪种方法，又该怎么分组？然而，假如你连简单的分组都没练好，怎么可能一眼洞悉复杂的分组呢？

首先，就分组分解法而言，或者具体一点，就上面这个例子而言，我们可以观察到式子里包含两个字母，所以如果你的分组原则是把含 a 的项和含 b 的项分开，就像题目本身那样，那一定是一个错误的分组方式，因为这样的分组别说公因式，就连字母公用都做不到。

其次，一般而言，在分组的时候应该尽量把次数相同的项分在一起。对于高次的多项式，有平方差、立方差、立方和等公式；使用这类公式的前提是每项的次数相同，即所谓的齐次多项式。也就是说，所有公式里没有高低次幂都混搭在一起，公式为没有走自由奔放的波西米亚风，一定是整整齐齐的。

有了这两条，很多时候，我们直接就能把正确的分组情况给写出来了。我们再看一个例子。

$$x^3(x - 2y) + y^3(2x - y)$$

按照前面所讲的原则，按照这些项的次数相同的原则进行字母混搭，我们可以得到

$$原式 = x^4 - y^4 + 2xy^3 - 2yx^3$$
$$= (x^2 - y^2)(x^2 + y^2) - 2xy(x^2 - y^2)$$

剩下的就好办了。

最后我们再用分组分解的办法来推导一下公式

$$a^2 + b^2 + c^2 + 2ab + 2bc + 2ac = (a + b + c)^2$$

既然叫分组分解，那么这个时候又该如何分组是好呢？数学中最重要的思想方法就是化归。而所谓化归，就是把不会的转化成会的。这本书其实一直在反复强调这个思想。

比如在上面这道题中，怎么化归？化归之前想一想：自己手上有什么工具？这是第一要务。既然现在讲的是分组分解法，我们手上只有公式法这些工具；而且，我们观察到这个多项式是二次的，也就是说，所有立方公式也用不了，只剩下和平方公式了；同时，式子里连一个减号都没有，说明平方差公式也用不了……如此一来，似乎只剩下完全平方公式可以选择（假定我们不知道三项的和平方公式）。

是不是很合理？然而，完全平方公式只有三项，而且只有两个字母！于是，我们就要先挑出三项只有两个字母、先满足完全平方公式的式子

$$a^2 + b^2 + 2ab + 2bc + 2ac + c^2$$

先把前三项用起来

$$(a+b)^2 + 2bc + 2ac + c^2$$

不难发现，中间两项又可以合并了：

$$(a+b)^2 + 2c(a+b) + c^2$$

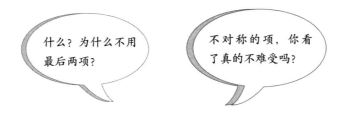

$$(a+b)^2 + 2c(a+b) + c^2$$

这个时候，答案已经呼之欲出了，我们把 $a+b$ 当成一个整体之后，又可以走一波完全平方公式。于是

$$原式 = (a+b+c)^2$$

当你在理解分组分解的时候，一定要注意归纳出关键词："次数""对称""手上有的工具"。家长在讲解的时候，不要光跟孩子说"多试试""再看看"，更要在孩子试得筋疲力尽的时候，能告诉孩子怎么试、怎么看。哪怕事前如无头苍蝇一般乱撞，事后也要让孩子学会总结，摸索出试探的规律。比如在分解 $a^2 - a - b^2 + b$ 的时候，保留所有尝试的记录，既不要重复尝试，也不要遗漏。

第 3 节　初步应用

我们学数学的人最容易被问到的一个问题就是："你学数学有什么用呢？"学生们确实经常有这样的困惑："我为什么要学这个？"

结合最基本的分组分解法和公式法，我们来讲一些关于因式分解的基本应用吧。

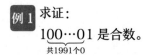 求证：

$$\underbrace{100\cdots01}_{\text{共1991个0}} \text{ 是合数。}$$

什么是合数？合数就是能够拆成除了 1 和自身以外的乘积形式的那些数。换句话说，我们要证明 $\underbrace{100...01}_{\text{共1991个0}}$ 是合数，只要证明 $\underbrace{100...01}_{\text{共1991个0}} = a \times b$，其中 a, b 既不是 1，也不是 $\underbrace{100...01}_{\text{共1991个0}}$。

那么怎么找到这两个数呢？为了方便起见，我们可以把 $\underbrace{100...01}_{\text{共1991个0}}$ 写成 $10^{1992} + 1$，于是题目做完了。

1992 各位数字之和等于 21，能被 3 整除，于是 10 的 1992 次可以看成 10^{664} 的三次方，而 1 自然是 1 的三次方，这不就是立方和公式可以直接分解了？我们得到

$$10^{1992}+1=(10^{664}+1)(10^{1328}-10^{664}+1)$$

显然分解完的两项不等于 1 或者 $10^{1992}+1$，所以 $10^{1992}+1$ 是合数。

我们再来看一个难一些的例子。

例2 设 a, b 是有理数，且 $a^5+b^5=2a^2b^2$，
求证：$1-ab$ 是一个有理数的平方。

像这类问题，我们通常就是要把这个有理数是多少给找到。也就是说，我们要通过已知条件构造出一个等式：这个等式的一端是某个有理数的完全平方，另一端是 $1-ab$。

既然 a, b 是有理数，那么我们所凑出来的平方应该是只由 a, b 和其他有理数构成的完全平方，至于具体的形式，肯定只能去凑 $a^5+b^5=2a^2b^2$ 这个式子了。

因为这个等式不齐次，看起来并不能直接因式分解，但是既然这个题目出在因式分解这一章，那就一定能用上，这个逻辑很正确吧？

于是我们大胆猜测，是不是可以做一些变换使得有可能进行因式分解呢？

当然变换不是瞎做的，必然要根据最后的要求来，既然有 $1-ab$ ，我先凑个含有 ab 的表达式看看？

将等式两边同除以 $2ab$ ，就变形为：

$$\frac{a^4}{2b} + \frac{b^4}{2a} = ab$$

两边用 1 减就变成

$$1 - \frac{a^4}{2b} - \frac{b^4}{2a} = 1 - ab$$

到这个时候一定是此路不通了。为什么？因为根据题目的要求，你是一定能凑出来的。但是左边显然不是一个完全平方啊！

既然 ab 失败了，那我们不妨凑 1 试试看。我们把式子两边除以 $2a^2b^2$ ，得到 $\frac{a^3}{2b^2} + \frac{b^3}{2a^2} = 1$ 。两边同时减去 ab ，得到

$$\frac{a^3}{2b^2} + \frac{b^3}{2a^2} - ab = 1 - ab$$

然而遗憾的是，左边仍然不是完全平方。

如果你能想到这两种错误的方法，那么恭喜你，你其实已经走在了一条正确的道路上——失败是成功之母。要么题目你做过，要么题目是你出的，否则面对一些比较难的题时，试错的过程是不可或缺的。以上两条路也真实地记录了我的思考过程，所以走弯路一点儿没事。走弯路也是能看出水平的，栽在以上两种情况上，说明你的思路其实是比较开阔的。当然，如果你能迅速判断出来这两条路都是死路，那可以说是数学学得略有小成了——你可以继续寻找正确的解法而不是纠结在这错误的解法上了。

接下来就是面对困难时转弯的技巧了。当尝试完这两种方法后，我们该

怎么换思路？没错！就看 1 和 ab 还能不能有其他的表示方法。

做数学题一定不要怕试探，但是一定要明白什么时候回头，如果无法判断前路正确与否，那跟不会做没任何区别。

再回过头去仔细观察，我们发现，$\dfrac{a^3}{2b^2}$，$\dfrac{b^3}{2a^2}$ 的乘积等于 $\dfrac{ab}{4}$，这会不会有用？很多学生喜欢把脑袋想破，却不愿意动笔，这个习惯非常差。有没有用动笔才知道啊！

我们先把 $\dfrac{a^3}{b^2}+\dfrac{b^3}{a^2}=2$ 写出来，为什么改写成这样？因为我们要的是 ab 啊！

$$ab=\frac{a^3}{b^2}\times\frac{b^3}{a^2}=\frac{a^3}{b^2}\left(2-\frac{a^3}{b^2}\right)$$

于是

$$1-ab=1-\frac{a^3}{b^2}\times\frac{b^3}{a^2}=1-\frac{a^3}{b^2}\left(2-\frac{a^3}{b^2}\right)=\left(1-\frac{a^3}{b^2}\right)^2$$

证毕。

我们始终强调这样的观点：题目只要出出来，本身就没什么用了，但是跟着高手（也就是老贼我），思考的过程才是最有价值的东西。

家长在指导孩子的时候，如果孩子做不动题目了，一定要让孩子把所有的思路都写出来，用上面的方法帮着分析判断，为什么此路不通。特别是初学者，做对了也要把思路讲出来，防止凑答案的情况。

希望各位家长一定要弄明白我们到底在干一件什么事情。写此书的目的绝不是为了让大家多见几个题。如果只是想多看点题，那么看这些文章完全没有任何的意义，随意找两本习题集都能见到更多的题目。真正需要各位掌握的是碰到问题的时候的思考方式。我会最真实地去还原思考的过程，甚至会把一些错误的思考过程也贴出来，供大家参考。

第4节 十字相乘法

像一马平川一样被轻松做出的数学题不配拥有姓名，只有那些把人折磨得死去活来的题目才最有锻炼价值。如何判断出自己是否走在一条正确的路上、如何纠错对于我们普通学生来说更具有现实意义。

这节我们来谈谈十字相乘法。最朴素的十字相乘法用于一元二次多项式，即针对形如 $ax^2 + bx + c$ 的多项式。

十字相乘法非常简单。如图所示：

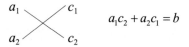

$$a_1c_2 + a_2c_1 = b$$

如果 $a_1c_2 + a_2c_1 = b$，那么我们就把原式分解成了

$$(a_1x + c_1)(a_2x + c_2)$$

接下来就随便找几个诸如

$$3x^2 + 4x + 1 = (3x+1)(x+1) , \quad x^2 + 3x + 2 = (x+1)(x+2)$$

是不是一练就完事了？

那离我们的要求还真的差得很远。

比如我们来看 x^2+4x+1 这个式子。如果用十字相乘法，我们无论如何没有办法把它成功分解成两个整系数一次因式。但式子本身却是一个不折不扣的整系数多项式啊！

所以这就很自然地带出了一个问题：什么样的一元二次多项式可以用十字相乘法？

其实这是一个半开放性的问题。我们已经知道了目标，但是对于过程我们一无所知，而且条件非常含糊。

悲观主义者认为："这没法弄了。啥都是模糊的！"

乐观主义者认为："不错啊，起码我知道最后的目标是什么。"

心态不一样会导致完全不一样的结果，所以，不要悲观。利用之前的化归思想，我们很自然地会去想这样一个问题，现有的工具是什么？

要解决十字相乘法的问题，肯定不能用十字相乘法了，所以我们只能回到公式法以及分组分解法。

一元二次多项式总共就三项，怎么分组？直接"pass"掉；那就剩下公式法。涉及二次的公式一共仨：平方差公式，差、和的平方公式。用哪个？乍一看，似乎哪个都用不了。注意，仅仅是似乎。

估计已经有很多读者开始喊了："是不是又要试错了？"一点儿没错。

既然不知道用什么，那就试试看再说。首先看用完全平方公式行不行？

提取出 a 后，我们得到 $a(x^2+\dfrac{b}{a}x+\dfrac{c}{a})$，随之而来的问题是 $\dfrac{c}{a}$ 不一定能保证和 $\dfrac{b}{a}$ 凑成完全平方啊！

那就先考虑如果是完全平方会怎么样？

根据公式我们知道，$a\left(x^2+\dfrac{b}{a}x+\dfrac{b^2}{4a^2}-\dfrac{b^2}{4a^2}+\dfrac{c}{a}\right)$ 括号内的前三项是个完全平方，即

$$a\left[\left(x+\dfrac{b}{2a}\right)^2-\dfrac{b^2-4ac}{4a^2}\right]$$

我们发现，因为 a 是整数的原因，所以 $4a^2$ 是个完全平方，这时候，只要 b^2-4ac 是完全平方，就可以用平方差公式了！换句话说，判断一元二次多项式是否能够使用十字相乘法，只要看 b^2-4ac 是否是完全平方就可以了。

我们再来理一理过程：首先要看看自己手上有什么工具，然后大胆假设小心求证，不要怕犯错，就这么简单。

现在我们不光有了十字相乘法，还知道了什么时候可以用这个方法，这才是不光知其然，还要知其所以然。

细心的家长会发现，这个不就是一元二次方程、二次函数中的判别式吗？没错了！就是判别式。通过判别式，一元二次多项式、一元二次方程、二次函数、一元二次不等式就完美地统一起来了，而这四个"二次"恰恰是整个初中代数的核心，判别式可谓是核心的核心。

接下来我们来看一个例子。

分解因式
$$a^2x^2+2a^2x+a^2+ax^2-2ax-2x-3a+2$$

事实上，人都有趋利避害的心理，都喜欢做自己会做的而讨厌那种看起来就很难的玩意儿，所以迎难而上是一种很难能可贵的品格。

所以我们需要用一点儿技术手段使其变为一元。回忆一下，当我们拿到多元多项式之后，第一步往往会怎么做？没错，降幂排列！

我们把式子按字母 x 为主元进行降幂排列：

$$(a^2+a)x^2+(2a^2-2a-2)x+a^2-3a+2$$

十字相乘的本质是对第一、第三项系数进行分解，然后交叉乘积相加后得到中间项。那我们可以尝试把这里的第一、第三项也分解一下嘛！为什么一定要拘泥于分解的是数还是式呢？

$$ax \qquad a-2$$
$$(a+1)x \qquad a-1$$

这不就是我们要的答案了？最后的结果就是

$$(ax+a-2)\big[(a+1)x+a-1\big]$$

如果一开始拆错了，那就多拆几次嘛。毕竟计算的感觉就是从多次训练中慢慢找到的。现在是不是不那么怵这些貌似面目狰狞的题目了？

莫比哈色，辣辣弄跌！（看懂这句宁波方言的请笑，看不懂的下一节里翻译给你听。）

第5节　双十字相乘法

上一节中讲到了十字相乘法，本节我们来讲双十字相乘法。所谓的双十字相乘法，是指形如

$$ax^2 + bxy + cy^2 + dx + ey + f \qquad\qquad (1)$$

的二元二次多项式的因式分解的办法（此处 a 到 f 均为常数）。

我们很自然地会联想到上一节中的例子。是否可以把这个例子直接运用双十字相乘法呢？我们注意到：

$$a^2x^2 + 2a^2x + a^2 + ax^2 - 2ax - 2x - 3a + 2$$

是一个二元四次多项式，并不满足双十字相乘法中要求的二元二次多项式的要求。联想是好事，但是联想完了还要仔细求证，注意适用条件。

有一种说法，数学不属于科学，因为无法证伪。事实上，数学确实很像艺术，因为经常需要天才的想象力。当然，区区一个因式分解要用到天才的想象力就有点夸张了，但是联想、猜测、假设，这些在数学的学习过程中都是非常必要的品质。

为了研究双十字相乘法，我们还是来看现在有什么工具：公式法、分组分解法、十字相乘法。抬头一看，嗯，今天讲的是双十字相乘法，那么估计应该是和十字相乘法有关系！这不就找到思路了吗？处理多项式的第一步是什么？当然是按某一字母进行降幂排列。(1) 式按字母 x 降幂排列后得到：

$$ax^2 + bxy + dx + cy^2 + ey + f$$

考虑到十字相乘法的实质就是系数的分解和组合，那么系数是常数可以分解，系数是式子就不行了吗？

我们把式子改写为

$$ax^2 + (by + d)x + cy^2 + ey + f$$

之前始终不遗余力地灌输"式"就是"数"的延伸，那么根据十字相乘法，我们可以看到，x 的二次项系数是常数，但是不含 x 的项是一个一元二次多项式，根据普通的十字相乘法，完全可以进行因式分解——就像分解因数那样。我们来看一个具体例子。

例 1 **分解因式**
$$x^2 + 3xy + 2y^2 + 5x + 8y + 6$$

不妨按我们刚才所讲的进行一下尝试。首先，将原式改写成：

$$x^2 + (3y + 5)x + 2y^2 + 8y + 6$$

很显然，$2y^2 + 8y + 6$ 可以分解成 $2(y+1)(y+3)$，把 2 放进 $y+1$ 里，我们看到

$2y+2+y+3$ 正好是 $3y+5$ 嘛，所以结果就是

$$(x+2y+2)(x+y+3)$$

这不就是十字相乘法用了两次？

数学中最让人头疼的就是综合题。然而综合题的思路从哪里来？可不都是平时通过这些不起眼的小思路一点点锻炼出来的吗？

有人问了："我们还能不能再简化一点儿？"那就再试试呗！试试怕什么的！如果我们把所有的二次项单列出来，变成

$$ax^2+bxy+cy^2$$

我们发现不管后面的常数 f 怎么分解，也只能影响一次项前面的系数，对二次项系数是影响不了的。也就是说，我们可以先对

$$ax^2+bxy+cy^2$$

进行一次分解，如果这三项都无法分解，那么后面就不用进行下去了。对比十字相乘法，不就是分解 c 的时候各带一个 y 而已嘛。

把前面这个二元二次的齐次多项式分解完了，我们再处理 f。假定 f 能分解成 f_1f_2，此时前面的二次项已经凑完了，这个 f_1 和 f_2 的作用自然是凑一次项了。

我们再回头看二元二次多项式

$$x^2+3xy+2y^2+5x+8y+6$$

的分解。

$$x \qquad 2y \qquad 2$$

$$x \quad y \quad 3$$

直接写出来答案就是 $(x+2y+2)(x+y+3)$。

双十字，看来就是十字相乘法用两次。

也许有读者会说："贼老师，你这道题目出得太简单，一看就明白了。""你这个思路太复杂了，我有更好的。"

我不否认这道题目简单，我也不否认也许你有更好的办法。不过这是我能想到的介绍给初学者的最好的办法。从事物的表象到实质的理解是很困难的。双十字的形式上是两次十字相乘法，但是类似于十字相乘法时候的问题：为什么可以这么用呢？或者换一个问法：二元二次多项式满足什么条件的时候可以用双十字呢？

这就又绕回到十字相乘法了。十字相乘法什么时候可以用？当判别式是完全平方数的时候。那么双十字呢？就是当判别式是完全平方式的时候咯。

这就是我想教你们的训练方法。要能够从这个方法推出双十字的使用条件是判别式是完全平方式，这才是你们的胜利。

那……有两个字母啊？到底用哪个字母作为主元判断它的判别式是完全平方式呢？

这是一个非常棒的问题，说明你很细心。那就两个都试试吧！

当然，如果你从逻辑上考虑，如果以 x 为主元能分解，以 y 为主元不能分解，那么我们把 x 为主元的分解情况里的 x 和 y 的项位置一换，不就是以

y 为主元的情况了？所以答案就是两种都可以！

这才是家长应该教给孩子的东西。

教学的规律和数学的规律不一样，你会做题，乃至会用巧妙的方法做题，并不代表你能教会孩子这些方法。所有的教学方法和内容设计，都是我们在长期的教学实践中，按照一定的逻辑顺序归纳总结出来的。我们并不是不愿意讲那些巧妙解法，只是用在教学上，暂时不合适。炫技并不是我们的目的，把孩子教会才是。

最后我们思考一下这道题。

例 2 **分解因式**

$$3x^2 - 3y^2 + 6z^2 + 8xy + 11xz + 3yz$$

哦，对了，上一节最后那句话的意思就是："不要怕，大胆搞。"

第 6 节　求根法

上一节中我们讲到了双十字相乘法。基本上十字相乘法及其变形就告一段落啦。接下来，我们又要……回到一元二次多项式了。

没错，接着看 $ax^2 + bx + c$，看看贼老师还能搞出什么花样来。

首先请大家回忆一下，这个一元二次多项式能够进行因式分解的前提是什么？没错，就是它的判别式是个完全平方。如果我们接着

$$a\left[\left(x + \frac{b}{2a}\right)^2 - \frac{b^2 - 4ac}{4a^2}\right]$$

往下看，既然判别式是完全平方，那么我们可以把上面这个式子用平方差公式分解成

$$a\left(x - \frac{-b + \sqrt{b^2 - 4ac}}{2a}\right)\left(x - \frac{-b - \sqrt{b^2 - 4ac}}{2a}\right)$$

> 这怎么越来越繁了？而且，这不就是一元二次方程求根公式吗？

> 说对了！这就是所谓的求根法。

当然，一元二次方程的求根公式是后面的内容，但是从因式分解的角度来看，上面这个平方差公式学生是完全可以理解的。

好理解归好理解，但是这个方法看起来并不如十字相乘法好用啊！

不要着急，让我们先来看一个简单的例子：

$$x^2 + 3x + 2$$

通过求根法，我们把上式很容易分解成 $(x+1)(x+2)$。再回头看上两节内容里的两个例子：

$$a^2x^2 + 2a^2x + a^2 + ax^2 - 2ax - 2x - 3a + 2$$
$$x^2 + 3xy + 2y^2 + 5x + 8y + 6$$

关于这两个的十字分解法这里不重复了。但是我们一定要牢记一条：对于多元多项式，一般来说总是要挑一个主元的。根据习惯，这里不妨都选取 x 作为主元，然后用求根法来看一下。

第一个式子可以做如下分解：

$$原式 = (a^2 + a)x^2 + (2a^2 - 2a - 2)x + a^2 - 3a + 2$$

$$= (a^2 + a)\left[x^2 + \frac{(2a^2 - 2a - 2)}{a^2 + a}x + \frac{a^2 - 3a + 2}{a^2 + a} \right]$$

$$= (a^2 + a)\left[x - \frac{-\frac{(2a^2 - 2a - 2)}{a^2 + a} + \sqrt{\frac{4(a^2 - a - 1)^2}{(a^2 + a)^2} - \frac{4(a^2 - 3a + 2)}{a^2 + a}}}{2} \right]$$
$$\left[x - \frac{-\frac{(2a^2 - 2a - 2)}{a^2 + a} - \sqrt{\frac{4(a^2 - a - 1)^2}{(a^2 + a)^2} - \frac{4(a^2 - 3a + 2)}{a^2 + a}}}{2} \right]$$

$$= (a^2 + a)\left(x + \frac{a - 2}{a} \right)\left(x + \frac{a - 1}{a + 1} \right)$$

$$= (ax + a - 2)\left[(a + 1)x + a - 1 \right]$$

第二个式子可以做如下分解：

$$x^2 + 3xy + 2y^2 + 5x + 8y + 6$$

$$= \left(x - \frac{-(3y + 5) + \sqrt{9y^2 + 30y + 25 - 8y^2 - 32y - 24}}{2} \right)$$
$$\left(x - \frac{-(3y + 5) - \sqrt{9y^2 + 30y + 25 - 8y^2 - 32y - 24}}{2} \right)$$

$$= (x + y + 3)(x + 2y + 2)$$

这里贼老师又要顺便碎碎念一把了：多元多项式一旦选定主元，其他的字母就都是数字！

我们用公式法分解这两个因式……贼老师，怎么越来越麻烦了？

别崩溃！麻烦自有麻烦的道理啊。

大家不妨回忆一下，每当老师讲解一个问题的巧妙解法时，我们总会惊叹："好巧妙，为什么我想不到？"是啊，你为什么想不到？然后呢？就没有然后了。金庸先生曾经告诉我们："七步之内，必有解药。"比如情花生长之地的七步之内就有断肠草。然而别忘记，公孙止身上是有情花解药的，所以对情花毒来说，断肠草只是方案 B。同样，几乎每道巧妙构思的题目都会有一个笨办法，也就是所谓的方案 B。而求根法就是十字相乘法和双十字相乘法的方案 B。这个方法很笨重，但是只要你有耐心，一般都能把结果算出来。我们始终秉承这样的理念：只有能算出来的方法才是好方法。万一你看不出十字相乘法，怎么办？那就用求根法。只要设定好主元，并且主元的最高次数是二次的，就直接来吧！不要怕麻烦，无非就是硬算，没有任何的技巧，总是能算出来的。

不是总说孩子碰到难题不会转弯吗？这就是转弯的办法。

这是我们第一次明确提出所谓没有办法的办法，以后这个词各位家长会反复听到。这是一项非常实用的技能，总不能看着题目干瞪眼吧？而有时候为了找所谓的巧妙解法浪费的时间，用这种没有办法的办法早就算完了。

现在，大家是不是觉得有点儿意思了？是不是明白了"一力降十会"不是闹着玩的？计算能力好，不需要任何的奇技淫巧，照样能算出题来。

这样的数学确实缺乏美感，但是很实用。你如果不会转弯，也不会用笨办法，在考场上万一卡住了，就容易崩盘。

贼老师你双标！
不是说不要一题
多解吗？

是啊，我现在还是说不要
一题多解。但没有办法的
办法不在一题多解的范畴
之内，道理就这么简单。

第 7 节　换元法

因式分解讲到这里，算是刚开了个头。这实在是贼老师的肺腑之言，并非存心吓人。因式分解的博大精深远远超过你们的想象，比如我们即将开讲的换元法。

所谓的换元法，就是指把式子中重复出现的、较为繁杂的部分用简单的字母来代替，从而达到简化计算的效果，和待定系数法、配方法同为因式分解中三大技巧。

我不妨先提取出关键字："重复出现""繁杂"和"简单"。也就是说，我们最终的目的就是要化繁为简。只不过，有时候这种"繁"很直观，有时候就比较隐蔽。

我们首先来看一个直观的例子。

例1 分解因式

$$(x^4 + x^2 - 4)(x^4 + x^2 + 3) + 10$$

很显然，在这里繁的是带有四次项的部分，所以我们可以做整体代换，令

$$t = x^4 + x^2 - 4$$

原式就变成 $t(t+7)+10$，我们可以直接用十字相乘法分解成 $(t+2)(t+5)$，再反代回原式，剩下的就简单了。

我们接下来自然要看那些不是很明显的换元法，你也许会惊呼："什么，这也能用换元法？"

例2 分解因式

$$(x+1)(x+2)(x+3)(x+6) + x^2$$

这个换元法就不那么明显了。当然，按照上节的说法，我们可以把这个全部展开来，然后整理，然后你会发现系数还是……挺大的。

直接展开后原式变为

$$x^4 + 12x^3 + 48x^2 + 72x + 36$$

应该说，如果题目直接放上这个多项式，然后要求进行因式分解，难倒九成以上的初中生一点儿问题都没有，所以，看起来这并不是一个太好的办法。

我们始终要记住的一点就是：走错道不可怕，可怕的是一路走到黑，却不知道该如何回头。太多的学生就卡在这里，动不了了。

如前所述，转弯是一项得高分的基本技能。转弯的时候要分清楚两种情况：一，判断这是不是真的是一条死路；二，如果是死路，应该怎么找思路

转弯的方向。

经过检查之后，我们发现上面的计算没有错误，但又不能再往下分解，一元四次多项式的因式分解本身就是一大类问题，这时候就是明显的转弯的信号——此路不通！

下一个问题自然是：怎么转？既然全乘开行不通，那么乘开一部分行不行？前面一共有四个一次式，那么乘三个、保留一个，还是两两相乘？朴素的直觉告诉我们，两两相乘会比较好，因为这样比较对称。

那两两怎么分组呢？第一、第二项和第三、第四项是一种；第一、第三项和第二、第四项是一种；第一、第四项和第二、第三项——无非是这三种情况。再从对称的角度来看，第一、第三项和第二、第四项很显然被排除了；而第一、第二项和第三、第四项分组得到的结果是

$$(x^2+3x+2)(x^2+9x+18)+x^2$$

也不像能用换元法的样子吧？

看来那就只能是第一、第四项和第二、第三项分组了。我们两两相乘后得到

$$(x^2+7x+6)(x^2+5x+6)+x^2$$

根据换元法的原则，我们当然可以设 $x^2+6=t$，很快也能得出正确结果，但这是最好的设法吗？

我们不妨回忆一下以前碰到的题目："已知三个连续的自然数……"这时候该如何设这三个自然数呢？我们当然可以设这三个数为 $x, x+1, x+2$。这是正确的设法，但是，正确而合理的设法应该是：$x-1, x, x+1$。

所以，再看上面的式子，是不是令 $x^2+6x+6=t$ 感觉更好呢？因为只要一步我们就能得到原式等于 t^2。

通过这个例子，大家要仔细体会：什么时候要转弯，以及怎么转弯。假如做不出题目，就一定要耐心分析原因，这时家长不妨来帮帮忙。做不出题目一般有两种情况：一种是压根儿不会，一种是会一点儿。其实，对于成绩中等以上的学生来说，大多数情况是会一点儿，他们经常无法判断自己有没有走在正确的道路上。所以一定要学会甄别，逐步提高自信，提高解决问题的能力。

现在是不是觉得"转弯"很有意思了？我们再来转一个大弯儿吧。

例3 **分解因式**
$$(4x^2-4x-35)(x^2-9)-91$$

首先可以把乘开整理直接排除了，毕竟前车之鉴还尸骨未寒……

但是不乘开来，根本动不了啊！于是我们陷入了僵局。这时候怎么办？

只能拆开了。

当把所有不合理的排除掉，剩下的看起来再怎么荒谬也是合理的。

我们发现这两个二次式都可以进行因式分解，得到

$$(2x-7)(2x+5)(x+3)(x-3)-91$$

这时候重新再组合得到（将一、三两项和二、四两项各分成一组）

$$(2x^2-x-21)(2x^2-x-15)-91$$

然后再令 $2x^2-x-18=t$，题目看起来做完了。

因式分解之所以重要，是因为代数的技巧几乎都可以在这块内容中得到训练，因此一定要细细体会。

换元法最根本的要义在于化繁为简，所以，所有看起来繁杂的、重复出现的内容都可以尝试使用。

很多读者对于一击即中有特殊的喜好。然而，我们这是在做数学题，或者说是在做数学难题。能被一眼看穿的那还叫难题？所以要不怕试错——错不可怕，可怕的是错了以后不总结，或者压根不敢尝试，这才是真的误区。

例4 分解因式

$x^4+1998x^2+1997x+1998$

只要玩过数学竞赛的朋友都知道，这个题估计就是 1998 年的题目。不难发现，本题中最麻烦的部分是 1998。考虑到采用换元法最直观的特点就是看哪块繁换哪块，所以我们不妨设 $t=1998$ 试试，大不了错了再换。于是原式变为

$$x^4+tx^2+(t-1)x+t,$$

整理后可得

$$原式 = x^4 - x + tx^2 + tx + t$$
$$= x(x^3 - 1) + t(x^2 + x + 1)$$

对 $x^3 - 1$ 使用立方差公式以后，马上就发现有公因式 $x^2 + x + 1$，题目就做完了，最后的结果就是

$$(x^2 + x + 1)(x^2 - x + t)$$

啊，对了，最后别忘了把 $t = 1998$ 反代回去，得到

$$(x^2 + x + 1)(x^2 - x + 1998)$$

　　化繁为简不单单是针对式，只要重复出现的繁杂的部分都可以换。再来看一个。

例5 **分解因式**
$(ab - 1)^2 + (a + b - 2)(a + b - 2ab)$

　　当然，这个题目完全展开然后再拼起来也不是那么麻烦，因为次数不高，系数不大，项数不多。有兴趣的家长可以带着孩子一起展开。笨办法一般说来总是存在的。

　　考试的时候，笨办法就是没有办法的办法——当你找不到巧妙的办法时，能解决问题的办法就是最好的办法。所以展开来做，没毛病。

　　但是平时训练的时候，我们当然尽可能地锻炼自己的各种计算技巧。

　　注意观察本题，和之前的例子不同，在这个式子里 ab 和 $a + b$ 是反复出现的，换哪个？

光究竟是粒子还是波？德布罗意说："为什么不能既是粒子又是波？"

对呀，为什么一定要纠结换哪个，为什么不考虑两个都换？

我们令 $ab=u, a+b=v$ 代入可得：

$$u^2 - 2u + 1 + v^2 - 2v - 2uv + 4u$$
$$= u^2 + 1 + v^2 - 2v - 2uv + 2u$$

很显然，这个式子等于

$$(u - v + 1)^2$$

将 $ab=u, a+b=v$ 反代回原式，得到

$$(ab - a - b + 1)^2 = (a-1)^2 (b-1)^2$$

是不是觉得自己对换元法已经有一定了解了？

例6 分解因式
$(x-1)^3 + (3-2x)^3 + (x-2)^3$

这道题目当然有很多很多的办法，比如硬算这种笨办法……当然没有问题。如果注意到前两项都是立方，所以先用一下立方和公式是一种非常好的尝试。如果你能够想到我们现在是在讨论换元法，那么应该怎么去处理？

我们设 $x-1=a$，$3-2x=b$，$x-2=c$ 之后，原式改写成 $a^3 + b^3 + c^3$，这……

如果再来个 $-3abc$，那么可以直接用公式法了，但是现在似乎缺点什么。真的缺点什么吗？

　　事实上，这里的 a, b, c 之间还有一层隐含的关系：$a+b+c=0$。联想到

$$a^3 + b^3 + c^3 - 3abc = (a+b+c)(a^2 + b^2 + c^2 - ab - bc - ca)$$

我们可以得到

$$a^3 + b^3 + c^3 - 3abc = 0$$

即

$$a^3 + b^3 + c^3 = 3abc$$

所以原式分解为

$$3(x-1)(3-2x)(x-2)$$

　　到目前为止，我讲的所有的初中数学内容，都属于有迹可循的，也就是说，只要根据基本的定义或者技巧，学生就可以自行推导得到正确的结果。

　　接下来的内容，是我们第一次讲纯技巧。

例7 **分解因式**
$$x^4 - 6x^3 + 12x^2 - 12x + 4$$

　　在讲这个换元法之前，我们先补充一些关于因式分解中试根法的内容。

　　所谓试根法，是指一个一元高次多项式所有的一次因式，其一次项系数只可能是最高次项的系数的因数，常数是多项式常数的因数。听起来非常拗口？我们用个例子解释一下。我们来看多项式

$$3x^4 - 6x^3 + 12x^2 - 12x + 18$$

所有可能的一次因式包括哪些呢？

　　这个多项式中最高次项是 4 次，其系数是 3，因数包括 1, 3；常数项为

18，因数包括 1, 2, 3, 6, 9, 18，所以其所有可能的一次因式为

$$x \pm 1, \ x \pm 2, \ x \pm 3, \ x \pm 6, \ x \pm 9, \ x \pm 18, \ 3x \pm 1, \ 3x \pm 2$$

其他的类似 $3x \pm 3$, $3x \pm 6$ 等一次因式和 $x \pm 1$, $x \pm 2$ 只是差了一个倍数，因此视作相同的因式。这是分解高次多项式的一个重要技巧。

通过试根，我们发现以上这些一次式都不是多项式 $x^4 - 6x^3 + 12x^2 - 12x + 18$ 的因式，所以这个多项式如果可以分解，应该被分解成两个二次式的乘积。

接下来就是展示纯技巧的时刻了。我们把式子提取出一个 x^2，多项式变成

$$x^2(x^2 - 6x + 12 - \frac{12}{x} + \frac{4}{x^2})$$

如果对于多项式运算中的变形技巧足够熟悉的话，我们会发现

$$-6x - \frac{12}{x} = -6\left(x + \frac{2}{x}\right)$$

并且式子中含有 $\frac{4}{x^2}$ 的项。于是我们不妨设

$$t = \left(x + \frac{2}{x}\right)$$

则

$$原式 = x^2(x^2 + 4 + \frac{4}{x^2} - 6x - \frac{12}{x} + 8)$$

$$= x^2(t^2 - 6t + 8) = x^2(t-2)(t-4)$$

然后再把 $t = \left(x + \frac{2}{x}\right)$ 代回去，这个题最后答案是

$$(x^2 - 2x + 2)(x^2 - 4x + 2)$$

事实上，学数学要学到通过做一个题会解决一类题的地步，这才算融会贯通。那么从这道题目里，我们可以推出哪些有用的结论呢？总结如下：

1. 是一元四次多项式，或者四次齐次多项式（另一个字母可以当作 1 来对待）；

2. 四次项和常数项同号（不然提出 x^2 后必然没有完全平方）；

3. 提出 x^2 后，剩下的含 x^2 和 $\dfrac{1}{x^2}$ 的项配上常数可以配成 $\left(x + \dfrac{a}{x}\right)$ 这种形式的完全平方或者完全平方的倍数。

那不符合这几条的怎么办？

别急，我们还有待定系数法呢。

第8节　待定系数法 之一

终于，我们要开始讲"神一样"的待定系数法了。待定系数法可以算是因式分解的终极大招，也是多项式变形中比较高级的技巧。这个方法可以说是训练运算技巧的神器，对于培养"题感"是非常有用的。什么叫题感？就是猜的功夫。待定系数法培养学生们"连蒙带猜"的本事，那简直就是一绝。吹捧了这么多，到底什么是待定系数法呢？

通俗地说，我们先猜测目标高次多项式能分解成什么样子，对于某些不

能确定的系数使之明确的方法叫待定系数法。换句话说，是先确定待分解的
式子的部分分解后的样子，其他未知系数的项就先设上未知数，然后利用多
项式乘法展开猜测的表达式，并和原来式子对照，从而确定系数。我们用一
个简单的例子来说明。

例1 分解因式
$$x^2+2xy-3y^2+3x+y+2$$

当然，这个用我们之前所讲的双十字相乘法一步就到位了，只是这里用
来说明待定系数法的操作过程。

观察是必不可少的。首先观察多项式中的二次项部分：$x^2+2xy-3y^2$。
如果原式可以分解，那么这部分必然可以分解，也就是 $(x-y)(x+3y)$。这
里，大家不妨问问自己：为什么这部分必然可以分解？理由是整个式子如果
可以分解，则前三项必然是由两个一次齐次式相乘得到的。

问题是后面的常数项呢？这个时候，我们就可以进行待定系数了。假设
原式分解成

$$(x-y+a)(x+3y+b)$$

把这个多项式乘开，得到

$$x^2+2xy-3y^2+(a+b)x+(3a-b)y+ab$$

这时候就可以对比系数了：$a+b=3$，$3a-b=1$，$ab=2$，很容易看出 $a=1, b=2$，
即原多项式可以分解成

$$(x-y+1)(x+3y+2)$$

与普通的不定方程（即未知数个数多于方程个数的方程）往往无解不同
的是，待定系数法得到的不定方程一般都是有解的。

例2 **分解因式**
$x^4 + x^2 + 1$

如果用换元法，令 $x^2 = t$，原式就变成 $t^2 + t + 1$，这个是没有办法分解的，看来此路不通。作为指导者而言，一定要注意给学生灌输这样的意识：没有办法的办法，或许往往是最有用的办法，待定系数法很多时候就是这条底线。

本题最简单的方法当然是用 1 的三次单位根来做，但是考虑这种方法严重超纲，我们不妨试试最后的防线：待定系数法。

初中的因式分解题，一般最终结果是若干一次式和二次式的乘积。既然这里是四次多项式，那么一定可以分解成两个二次式的乘积。（为什么？提示：试根法。）

我们注意到四次项和常数项都是 1，所以可以假设分解成

$$(x^2 + ax + 1)(x^2 + bx + 1)$$

或

$$(x^2 + ax - 1)(x^2 + bx - 1)$$

为什么可以这样设？

最高次项和最低次项的系数往往最容易确定，本题中两项的系数都是 1，

所以只能分解成 1×1 或者 $(-1) \times (-1)$，也就是上面两种组合。

先来看第一种情况：乘开后得到

$$x^4 + (a+b)x^3 + (ab+2)x^2 + (a+b)x + 1$$

所以 $a+b=0$，$ab+2=1$，于是 a, b 一个等于 1，一个等于 -1。经过验算，确实成立，根据因式分解的唯一性，第二种情况就可以跳过了。

如果分不出来呢？

 分解因式
$x^4 + 1$

类似上面的思考过程，我们假设能分解成

$$(x^2 + ax + 1)(x^2 + bx + 1)$$

或

$$(x^2 + ax - 1)(x^2 + bx - 1)$$

同样的计算过程，我们得到

$$x^4 + (a+b)x^3 + (ab+2)x^2 + (a+b)x + 1 = x^4 + 1$$

$$a+b=0$$

$$ab+2=0$$

此时 a, b 虽然有解，但不是整数了。对 $(x^2+ax-1)(x^2+bx-1)$ 做相同操作，也会发现 a, b 在整数范围内不存在，也就是说，x^4+1 在整系数范围内是不能分解的。

不过待定系数法对于一元四次多项式的分解是有奇效的。一般对初中生而言，一元四次多项式的分解是很困难的。为什么？从方程的角度来说，一元四次方程是我们能用求根公式解方程的极限。

事实上，对于多项式方程来说，求根就是一个因式分解的过程。一元二次方程的求根就是十字相乘法，或者用配方法来解决；一元三次方程的求根就麻烦多了，本书的空白太少我写不下；而一元四次方程的求根公式简直要烦死了——你看了之后估计不会想用这个方法来求根。理论上，所有一元四次多项式在实系数范围内都是可以因式分解的，但是在整系数范围内就够呛了。所以，能够用来做因式分解练习的一元四次多项式其实已经大大降低了难度。尽管如此，它还是很麻烦。麻烦的根源在哪里？

四次多项式可以分解成四个一次式，或者两个一次式和一个二次式，或者两个二次式的形式。换句话说，不但有三个"拆"的方向，而且每个方向又要考虑公因式可能的形状，所以在没有目标的情况下，一个四次多项式用拆项而后提取公因式的方法来做，没准等你做完题，黄花菜都要凉了。

例 4 分解因式

$$x^4 - x^3 + 4x^2 + 3x + 5$$

用试根法很容易知道，这个一元四次多项式并没有一次因式，所以如果可以分解，那么一定是两个二次多项式的乘积。这时候就可以考虑待定系数法了！

我们可以假设原式分解成

$$(x^2 + ax + 1)(x^2 + bx + 5)$$

当然也可以设成

$$(x^2 + ax - 1)(x^2 + bx - 5)$$

只是第二种方法做不出来罢了。展开得到

$$x^4 + (a+b)x^3 + (ab+6)x^2 + (5a+b)x + 5$$

对比系数，我们当然对比次数低的三次项和一次项啦！可以得到 $a = 1$, $b = -2$。如果得到的二次式还能继续用十字相乘，那就再来一轮，直到不能分解为止。

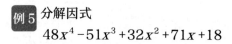 **分解因式**
$$48x^4 - 51x^3 + 32x^2 + 71x + 18$$

来，待定系数一下？

我们发现这回好难啊。

原因在于首尾的系数 48 和 18 有太多种的组合了，所以一般来说，能用待定系数法进行因式分解的一元四次多项式首尾系数尽可能简单，1 或者质数是再好不过的了；其次，分解要完全，要注意检查二次式是否还能继续往下分解。假如你能做到这两点，妈妈再也不用担心你的四次多项式分解了。

我们不妨再回忆一下之前的利用 $x \pm \dfrac{a}{x}$ 这种形式进行因式分解的例子，如果首尾系数因数较多的话，不妨试试这个，也就是提取出 x^2 后，把第二、四项配对，然后首尾配对，至于第三项？那已经是常数啦。

以上的原则如果你都掌握了，那么你在初中范围内的一元四次多项式的因式分解问题上就可以横行无忌了。

下一节中我们要讲待定系数法的终极应用，会有一定难度，胆小勿进。

第9节 待定系数法 之二

待定系数法最经典的应用就在于齐次轮换对称式的应用上。

所谓的齐次轮换对称式是指多项式每项的次数相等，并且轮换之后（例如 $x \to y, y \to z, z \to x$）结果不变的多项式。

这种多项式因式分解的特点是次数高、项数多、分解难度大，可谓因式分解的终极杀手。但是，待定系数法简直就是这一类题目的克星，专治齐次轮换式的不服。

在开始我们的讲解之前，必须明确这样一个事实：对称的式子，乘积或分解完了还是对称的。这可是很重要的一个基本原理哦！

我们以三元为例，一次的对称式很显然是 $x+y+z$；二次的对称式有两种：$x^2+y^2+z^2$，$xy+yz+zx$。当然，xyz 和 $(x+y)(y+z)(z+x)$ 是我们考虑的三次的对象——从式子的特点可以看出，如果某个齐次轮换式含有 x 或 $x+y$ 的话，那么必定含有其他的两个分量。

我们来看一些具体的例子，来说明待定系数法的威力。

例 1 **分解因式**
$x^3 + y^3 + z^3 - 3xyz$

这是一个三次多项式，所以分解完了肯定要有一次式；而一次的对称式只能是 $x+y+z$，所以把 $x+y+z$ 作为除式，直接用带余除法一除，如果能除尽，那就完事了，事实上当然可以除尽。

$$x+y+z \overline{\smash{\big)}\ \begin{array}{l} x^2 \quad\ -x(y+z)\ +\ y^2 - yz + z^2 \\ x^3 +\ \ \ 0 \ \ \ \ -3xyz\ +y^3 + z^3 \\ \hline x^3 + (y+z)x^2 \\ \hline -(y+z)x^2 - 3xyz \\ -(y+z)x^2 - x(y+z)^2 \\ \hline x(y^2 - yz + z^2) + y^3 + z^3 \\ x(y^2 - yz + z^2) + y^3 + z^3 \\ \hline 0 \end{array}}$$

那么用待定系数法怎么做呢？首先我们要判断 $x+y+z$ 是不是上式的因式。如何判断？

大家是否还记得在多项式乘法中，我们如何判断多项式是否含有 $x-1$ 的因子？没错，就是令 $x=1$ 代入到多项式中去，如果多项式等于 0，那么必定

含有 $x-1$ 的因子。道理很简单，因为当 $x=1$ 时，$x-1=0$，如果多项式含有 $x-1$ 的因子，那就应该分解成 $(x-1)(\cdots)$ 的形式，那么当 $x=1$ 时，多项式自然为 0。

这一点很重要！事实上，这就是打通多项式和方程之间联系的桥梁。我们学数学，观点很重要。很多时候数学成绩难以提高，就是因为学生的眼界太低，只注重一个章节里讲的一亩三分地，而忽略了知识点之间的联系！所以，一定要学会打通不同章节之间的联系，要学会用不同的观点来看知识点。多项式和方程其实有着天然的紧密联系，但是很多时候，这种联系被大家忽视了。

接下来继续从方程的观点看，如果 $x^3+y^3+z^3-3xyz$ 含有 $x+y+z$ 的因子，即 $x+y+z=0$ 时，那么 $x^3+y^3+z^3-3xyz$ 也要等于 0。

我们令 $x=-y-z$，代入到上式中去，经过计算发现，$x^3+y^3+z^3-3xyz$ 确实等于 0，也就是说，原式含有因式 $x+y+z$。

那么，其余部分该如何确定呢？很显然，上式不等于 $x+y+z$ 的三次方，那么剩下的必然是对称的二次式。而二次的对称式只有两种可能

$$x^2+y^2+z^2 \text{ 或 } xy+yz+zx$$

具体哪种？不知道。这样一来，我们可以进行待定系数了。

设

$$x^3+y^3+z^3-3xyz=(x+y+z)[a(x^2+y^2+z^2)+b(xy+yz+zx)]$$

要知道因式分解是恒等变换，成立是不需要条件的，因此不论 x,y,z 为何值，等式都要成立。

我们可以分别令 $x=y=1$，$z=0$ 以及 $x=y=z=1$ 分别代入到上式，把

a,b 解出来即可！解得 $a=1$，$b=-1$。

是不是觉得很方便？

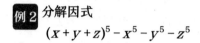 **分解因式**
$$(x+y+z)^5 - x^5 - y^5 - z^5$$

如果你考虑把前面这部分展开，这是不现实的……理论上前面的式子展开有 243 项，就是合并同类项完了还有好几十项。

所以很多人直接拿到题目就放弃了。我们用待定系数法来看看！

很显然，$x+y+z=0$ 时原式不一定等于 0，于是又……做不下去了。因为二次项根本无法确定。

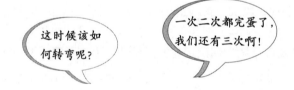

没错，这时候我们可以看看 xyz 和 $(x+y)(y+z)(z+x)$ 是不是原式的因子！

由于这两种三次式也都是对称式，所以只要考虑 $x=0$ 或者 $x+y=0$ 是不是因子就可以了。

令 $x=0$，代入原式，发现原式并不一定为 0——舍弃。

令 $x+y=0$，代入原式，发现原式恰好等于 0，所以一定含有 $(x+y)(y+z)(z+x)$ 的因式。至于剩下的二次就很好待定了，我们可以设原式分解为

$$(x+y+z)^5 - x^5 - y^5 - z^5$$
$$= (x+y)(y+z)(z+x)\left[a(x^2+y^2+z^2)+b(xy+yz+zx)\right]$$

具体的步骤如下所示。

$$(x+y+z)^5 - x^5 - y^5 - z^5$$

解：$(x+y)(x+z)(y+z)[a(x^2+y^2+z^2)+b(xy+yz+xz)]$

令 $x=y=1,\ z=0,$

则 $30 = 2\cdot(2a+b)$

令 $x=y=z=1,$

则 $240 = 24a + 24b$

$$\begin{cases} 2a+b=15 \\ a+b=10 \end{cases}$$

$$a=b=5$$

待定系数法在因式分解三大技巧中是技巧性最弱的一种，但是作为没有办法的办法，这是因式分解的底线，多凑几次肯定能见效，而对于齐次轮换对称多项式的因式分解，待定系数法可谓有奇效。熟练掌握待定系数法有助于学生提高对"没有办法的办法"的认识。

第 10 节　配方法

配方法是因式分解三大技巧中技巧性最强的。顾名思义，该方法的重点在"配"这个字上，也就是说，需要把式子进行适当的变形后，能够使用我们之前讲过的方法和技巧。

所以，仅从名字上来看，配方法也是技巧性极强的一种操作。很多学生在碰到这种时刻都会惊呼："我的天哪，这是怎么想到的？"比如下面这个操作：

$$x^{10} + x^5 + 1$$

$$= x^{10} + x^9 + x^8 - x^9 - x^8 - x^7 + x^7 + x^6 + x^5 - x^6 - x^5 - x^4 + x^5 + x^4 + x^3$$

$$- x^3 - x^2 - x + x^2 + x + 1$$

很容易看出，只要三个三个一分组，就含有公因式 $x^2 + x + 1$。

我举这个例子，只是单纯地为了皮一下。事实上，我们在考试中所用的配方法远远没有到这个地步。配方法的难度确实比较大，但并不是不能训练。

我们再回头看一元二次多项式 $ax^2 + bx + c$ 的因式分解。

之前我们提到了关于什么样的一元二次多项式可以进行因式分解的问题。当时我们的处理方法就是把一次项、二次项和部分常数项凑成了完全平方：

$$a(x^2 + \frac{b}{a}x + \frac{b^2}{4a^2} - \frac{b^2}{4a^2} + \frac{c}{a})$$

括号内的前三项是个完全平方，即

$$a\left[\left(x + \frac{b}{2a}\right)^2 - \frac{b^2 - 4ac}{4a^2}\right]$$

这就是配方法了。

从这个过程中我们可以看到，配方就是把多项式中某些项凑成完全平方的形式。很自然的一个问题：能不能把二次项和常数项挑出来，然后再把一次项进行修正，得到完全平方？或者，用一次项和常数项呢？

事实上如果挑二次项和常数项，这两项异号的话，你无论如何拼不出完全平方；如果同号，那么一次项凑完了剩下的部分怎么处理？不是要带着根号走了吗？而一次项和常数项去凑的话，大家可以试下，效果和正常的配方法是一样的。

　　像这样去思考问题，就比较容易把问题想透。当然，我们除了追求深度，也要追求速度。那么怎么才能高效地配方呢？对于配完全平方来说，有一个显著的标志就是看能不能用平方差公式，这是最常见的情形。

 分解因式
$$x^4 + 4$$

　　这个时候有两种配法：

$$x^4 + 4x^2 + 4 - 4x^2$$

以及

$$x^4 - 4x^2 + 4 + 4x^2$$

很显然，前一种配法直接可以运用平方差公式，而后一种则不行。

例 2 **分解因式**
$$a^4 + b^4 + c^4 - 2a^2b^2 - 2b^2c^2 - 2a^2c^2$$

　　若原式改为

$$a^2 + b^2 + c^2 - 2ab - 2bc - 2ca$$

这个多项式是不能被分解的。但是把指数升高以后，就可以利用平方差公式进行操作了。

$$原式 = a^4 + b^4 + c^4 - 2a^2b^2 - 2b^2c^2 + 2a^2c^2 - 4a^2c^2$$

$$= (a^2 - b^2 + c^2)^2 - (2ac)^2$$

$$= (a^2 - b^2 + c^2 - 2ac)(a^2 - b^2 + c^2 + 2ac)$$

$$= \left[(a-c)^2 - b^2\right]\left[(a+c)^2 - b^2\right]$$

$$= (a-c-b)(a-c+b)(a+c-b)(a+c+b)$$

那有没有可能通过练习，回回一步到位？

这个真不敢保证，只能说通过一定的练习，我们可以提高一步到位的成功率，但是无法保证这个成功率是100%。

不要难过，数学里这样无奈的时刻其实挺多的。配方法这种技巧最难控制的地方在于，你只有大的原则，至于精细的地方你只能细细体会，这个是没办法讲透的。作为一个唯物主义者，我是极力避免用玄学这样的字眼，但是就这个点来说，似乎也找不到比玄学更好的解释。你别看上课的时候老师讲得头头是道，这样配那样配，这都是提前备课的结果。真的要扔一个全新的因式分解给他，哪怕就是告诉他是配方法，他试验个两三次也是正常。不信的话，你如果决定转学，可以把本节的第一个题目给老师，明确告诉他用配方法，让他当场做，他十有八九要抓瞎。如果你不转学的话，请慎用本题。开个玩笑。

其实多项式如果是偶次的话，总的原则就是往完全平方凑。一看运气，二看灵感。

那么最高次数为奇次的多项式呢？如果最高次是3的整数倍，那么可以考虑凑完全立方的公式。

例3 分解因式
$$x^3 + y^3 + z^3 - 3xyz$$

前面凑完全平方的办法显然难以奏效。那么就试试凑完全立方法吧。

$$原式 = (x+y)^3 - 3xy(x+y) + z^3 - 3xyz$$

配成完全立方后，就要把多加的部分减去可以得到上式。这时候可以看到，对第一、第三项用了立方和公式之后，再和第二、第四项放在一起就有公因式 $x+y+z$ 了。

$$原式 = (x+y+z)\left[(x+y)^2 - z(x+y) + z^2\right] - 3xy(x+y+z)$$

$$= (x+y+z)(x^2+y^2+z^2-xy-yz-zx)$$

对于配方法，不外乎以下三条思路：

1. 配完全平方；

2. 配完全立方；

3. 已知公因式进行拼凑——就像本文开头的炫技，那是因为我已经知道那个式子必然包含 x^2+x+1，所以才配成那样。

事实上，第三类是运用最广泛的配方法。我们来看一些例子。

例4 分解因式
$$x^4 - 4x + 3$$

从多项式乘法的验算我们可知，此多项式各项系数和为 0，必然含有 $x-1$ 的因子。因此我们可以按照这个思路进行拆分

$$原式 = x^4 - x - 3x + 3 = x(x-1)(x^2 + x + 1) - 3(x-1)$$
$$= (x-1)(x^3 + x^2 + x - 3) = (x-1)^2(x^2 + 2x + 3)$$

仔细考虑一下，最后一步是为什么？

练习：

分解因式

$$x^8 + y^8 + 98x^4 y^4 \tag{1}$$

$$x^4 + y^4 + z^4 + 1 + 8xyz - 2(y^2 z^2 + z^2 x^2 + x^2 y^2 + x^2 + y^2 + z^2) \tag{2}$$

如果你能够配出这两个式子，说明你的配方法就过关了。（提示：都是利用完全平方。）

25
代数式的综合运算

上一章我们讲了多项式的乘法和多项式的因式分解，现在假定读者已经掌握了这两项计算技能，接下来，我们来看一些综合运用，顺便给大家展示一下所谓"得计算者得天下"的意义。

浙江高考也好，全国高考也罢，解析几何和代数的大题的计算量一般来说都令人发指。有思路算不出来和压根没思路，在考试的结果上几乎是一致的。而且，前一种情况会更让你郁闷——明明思路是对的，但我就算不对，怕是周瑜受诸葛亮的气的时候，也不过如此了吧。所以一定要重视计算能力的提高。

接下来这一章，我们主要讲代数式的综合运算，不限"打法"，只要能算出来就行。

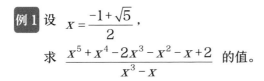 **例 1** 设 $X = \dfrac{-1 + \sqrt{5}}{2}$，

求 $\dfrac{x^5 + x^4 - 2x^3 - x^2 - x + 2}{x^3 - x}$ 的值。

 我直接代进去做！

好汉，一路走好！

　　反正我是不会这么干的。当然，这是一种方法，也是实在没有办法的办法，但是我真心不提倡。那怎么办？一般来说，这种看起来直接做会导致计算量"爆表"的题目，都是可以化简的。那么问题来了：怎么化简？

　　我们看到分母显然可以因式分解成 $x(x+1)(x-1)$，如果分子也能够因式分解那该多好啊。既然想着因式分解，那么就可以开始尝试了。对于首项系数为1、常数项为2的分子来说，因为首项和常数项都非常小，所以采用"试根法"是很合适的。

　　既然试根，那么当然从最方便的 $x+1$ 或者 $x-1$ 开始。先看各项系数之和恰好为0，这就有 $x-1$ 的因子了。我们对分子进行因式分解，得到

$$
\begin{aligned}
& x^5 + x^4 - 2x^3 - x^2 - x + 2 \\
= & x^4(x-1) + 2x^3(x-1) - x^2 - x + 2 \\
= & x^4(x-1) + 2x^3(x-1) - (x-1)(x+2) \\
= & (x^4 + 2x^3 - x - 2)(x-1) \\
= & (x^3 - 1)(x-1)(x+2)
\end{aligned}
$$

此时，分子分母可以约掉一个 $x-1$，式子变成了

$$
\frac{(x^3-1)(x+2)}{x(x+1)}
$$

然后再把 $x = \dfrac{-1+\sqrt{5}}{2}$ 代入。

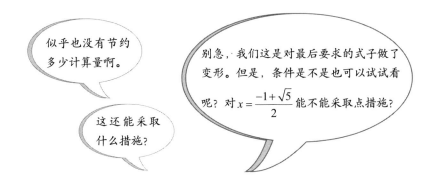

有句老话叫："事出反常必有妖。"我们看条件里哪部分是最让人难受的地方？没错，$\sqrt{5}$。如果条件中只有有理数，那这个题目早就做完了；但是一带着根号，就实在让人难受。怎么办？那就处理掉呗！现在的问题是，怎么才能把根号拿掉呢？

平方，必然是平方，除了平方还能有拿掉根号的更好手段吗？我们把 $x = \dfrac{-1+\sqrt{5}}{2}$ 整理一下，变成

$$2x + 1 = \sqrt{5}$$

两边平方一下，然后整理即得

$$x^2 + x - 1 = 0 ，即 x^2 + x = 1$$

此时，$\dfrac{(x^3-1)(x+2)}{x(x+1)}$ 的分母就变成了 1。接下来再来看分子，直接把这个式子代入似乎没什么用，我们还是把分子再乘出来看看：

$$x^4 + 2x^3 - x - 2 = x^4 + x^3 - x^2 + x^3 + x^2 - x - 2$$
$$= x^2(x^2 + x - 1) + x(x^2 + x - 1) - 2 = -2$$

所以最后的结果是 -2。

贼老师，这不是走弯路了吗？

没错，其实我每次写的未必都是最优的解法，甚至还有走弯路的情况。我倒不是不知道什么是步骤最简洁、过程最优美的解法，只是希望大家能明白这样一件事：我是在教孩子，也是在教家长怎么教孩子。

尤其是，家长要教孩子，就要知道孩子的思路往往会是怎么样的。作为初学者，拿到这个题目的第一反应是思考能不能代入；当他们看见数字和式子这么麻烦的时候，就心生畏惧了——这是第一关，家长要告诉孩子：不能怕。

过了第一关，接下来怎么尝试？前面讲了那么多的因式分解的内容，那么处理多项式时就该想一想：因式分解有没有用？这是第二步。

当对分子、分母因式分解完了之后，你发现还是很麻烦。这时候该如何处理？也就是我经常说的，如何转弯？拿条件开刀！这是第三步。

最后把条件中得到的式子整体代入，这是最后一步。

这虽然不是最优的办法，但是，这是在模拟大多数孩子的整个思考过程，家长掌握好每个节点，就知道下一步该如何引导了。

代数式的综合计算的内涵十分丰富。任何一场数学考试都不会单独地去考计算，但是，只要是数学考试，计算一定是贯穿试卷的。而且，从我多年参加各种数学考试阅卷的情况来看，计算能力是拉开顶级考生和中档考生的神器。

我们不光要能算得对，还要算得快、算得巧。无数次，有高中生来问我："贼老师，怎么才能提高计算能力？"我只能充满爱怜地看着他们，然后回答道:"随缘吧。"毕竟他们错过了最好的练习时间。

本书之前讲的速算也好,多项式乘法也好,因式分解也好,都要通过很枯燥乏味的训练来掌握,光"看"是没有用的。学过数学的人应该都明白,"看懂"数学题和自己做出来是两个概念。这个"鸿沟"在哪里?因为懂是假懂,不会是真不会。

"懂"有三重境界:一是看会,二是能自己重复出来,三是给别人讲懂。到了第三阶段,那才是真懂,第二阶段也只能算懂个大概。事实上,太多的学生都是能把题目看懂,但是到了自己上手就抓瞎,其中很重要的原因就是算不动。

计算能力的最佳培训阶段就是初中,而初二以后,数学学习就再也没有专门讲计算的章节,学生们只能听天由命。因此,大家一定要抓好初一这个计算训练的"黄金窗口期",狠狠地把计算能力提高上去,方为上策。

例2 已知

$$X = \frac{\sqrt{3}-\sqrt{2}}{\sqrt{3}+\sqrt{2}}, \quad y = \frac{\sqrt{3}+\sqrt{2}}{\sqrt{3}-\sqrt{2}}, \quad 求 \quad \frac{2\sqrt{10(x+y)}-3\sqrt{xy}}{3x^2-5xy+3y^2}$$

你当然可以直接往里代入——如果你希望给自己找点痛苦的话,毕竟这一看就不能直接代入。

这时候,家长作为一个合格的"老师"就可以开导孩子了:"既然不能代入,那意味着什么?是不是意味着一定有简便的算法?那么,简便的算法又是什么呢?"这就是很好的引导了。千万别直接说:"这么简单,咋就不会呢?""这不是一眼就知道了,应该看这个、看那个吗?"这种态度,除了会打击到孩子,啥作用都没有。如果孩子观察了以后仍然没有找到关键,那么家长可以继续提示:"你看,这整个式子很难算,那么有没有哪一部分是好算的，可以先解决掉？"

其实，我们主要是计算三个部分：$3x^2 - 5xy + 3y^2$，$x+y$，xy。很显然，xy 是最容易算的，因为它就等于 1；而 $3x^2 - 5xy + 3y^2$ 看起来就不好算；还是 $x+y$ 看起来相对容易一些，于是，我们接着就可以着手计算 $x+y$ 的值了。

$$x+y = \frac{\sqrt{3}-\sqrt{2}}{\sqrt{3}+\sqrt{2}} + \frac{\sqrt{3}+\sqrt{2}}{\sqrt{3}-\sqrt{2}} = (\sqrt{3}-\sqrt{2})^2 + (\sqrt{3}+\sqrt{2})^2 = 10$$

这时候再来看第一个式子，如果孩子什么规律都发现不了，那就硬算吧；如果他能观察到 x 和 y 的平方项系数是相等的，那就应该考虑用 $x+y$ 的平方与 xy 来凑 $3x^2 + 3y^2$，于是

$$3x^2 - 5xy + 3y^2 = 3(x+y)^2 - 11xy = 289$$

把所有得到的结果都代入到

$$\frac{2\sqrt{10(x+y)} - 3\sqrt{xy}}{3x^2 - 5xy + 3y^2}$$

中，马上可以得到

$$\frac{2\sqrt{10(x+y)} - 3\sqrt{xy}}{3x^2 - 5xy + 3y^2} = \frac{20-3}{289} = \frac{1}{17}$$

循序渐进，说着容易，做着难。

例3 已知 $\dfrac{1}{x} + x = 3$，

求 $x^{10} + x^5 + \dfrac{1}{x^5} + \dfrac{1}{x^{10}}$ 的值。

想来应该不会有人想着把 x 求出来，然后再代入到后式中去吧？所以，

一定是考虑进行整体代换——看着可怕的题，反而思路更单一。这时候，要想办法把后面的式子表示成 $\frac{1}{x}+x$ 的多项式，这样才方便求出结果。而比较显然的是

$$x^{10}+\frac{1}{x^{10}}=\left(x^5+\frac{1}{x^5}\right)^2-2$$

所以重点在求 $x^5+\frac{1}{x^5}$。

最直接的想法就是展开 $\left(x+\frac{1}{x}\right)^5$，但这个方法肯定不好，因为式子里的系数比较大，展开项数也多，对于没有接触过二项式定理的初中生来说，不是太好的办法。那么就拆开来看看？5 次方比较平均的分配就是 2 次方+3 次方，所以看看能不能用，即

$$\left(x^3+\frac{1}{x^3}\right)\left(x^2+\frac{1}{x^2}\right)=x^5+x+\frac{1}{x}+\frac{1}{x^5}$$

$$x^2+\frac{1}{x^2}=\left(x+\frac{1}{x}\right)^2-2=7$$

$$x^3+\frac{1}{x^3}=\left(x+\frac{1}{x}\right)\left(x^2-1+\frac{1}{x^2}\right)=18$$

马上得到

$$x^5+\frac{1}{x^5}=126-3=123$$

$$x^{10}+\frac{1}{x^{10}}=\left(x^5+\frac{1}{x^5}\right)^2-2=15\,127$$

于是

$$x^{10}+x^5+\frac{1}{x^5}+\frac{1}{x^{10}}=123+15\,127=15\,250$$

对于做数学来说，思路很重要；对于考试来说，套路很重要。有些时候，我们要回归到应试思路中去，这是无法避免的。我始终强调考试和数学是两门不同的学问。掌握数学原理没错，但是有时候也要学点套路来提高解题速度，不能因为套路不熟、临时琢磨而白白浪费时间。基本功和技巧并不矛盾，打好基本功、练熟技巧，就能事半功倍；脱离了基本功而单纯追求技巧，往往会适得其反。所以一定不能单纯为了套路而套路。我们来看一些例子。

例4 已知 a, b, c 为非零实数，$a+b+c \neq 0$，且 $\dfrac{a+b-c}{c} = \dfrac{a-b+c}{b} = \dfrac{-a+b+c}{a}$，求 $\dfrac{(a+b)(b+c)(c+a)}{abc}$ 的值。

这就是一道经典的"套路题"。一般说来，我们处理连等式的首选方法必然是设这个连等式为 k，设

$$\frac{a+b-c}{c} = \frac{a-b+c}{b} = \frac{-a+b+c}{a} = k$$

则

$$\begin{cases} a+b-c = kc \\ a-b+c = kb \\ -a+b+c = ka \end{cases}$$

三个等式相加，就可以得到 $a+b+c = k(a+b+c)$；因为 $a+b+c \neq 0$，所以 $k=1$。再反代回去，就能得到

$$\begin{cases} a+b = 2c \\ a+c = 2b \\ b+c = 2a \end{cases}$$

所以答案就是 8。

划重点：连等式往往设其等于 k。这是一种常规套路，要求大家记下来。

例5　设 $2004x^3 = 2005y^3 = 2006z^3$，$xyz > 0$，且 $\sqrt[3]{2004x^2 + 2005y^2 + 2006z^2}$ $= \sqrt[3]{2004} + \sqrt[3]{2005} + \sqrt[3]{2006}$，求 $\dfrac{1}{x} + \dfrac{1}{y} + \dfrac{1}{z} = ?$

你看，这里有连等式，该怎么办？自然是设

$$2004x^3 = 2005y^3 = 2006z^3 = k$$

你先别管它对不对，这就是第一步。如果说，后面算不出来了，那么可能有两种情况：第一，这条路的方向确实不对；第二，你的方向对了，但计算能力是你的瓶颈，你算不出来。

有的孩子想把答案直接凑出来，这显然不现实。理论上，这个方程当然是可以解的：三个方程对应三个未知数。但是，这个解是很难求的，所以这条路的方向不对。何况像 2004、2005 和 2006 这三个数里，一个完全立方数都没有，此路肯定是不通的。这种基本判断一定要有。我们有时确实可以通过一些特殊值来得到类似题目的结果，然后根据结果反推过程，但在本题中，这确实不行。对题目的基本判断也是一种习惯的养成，拿到题目后，花点时间判断一下路朝哪个方向走，自己就能总结出套路来。

接着往下讲。设完了连等式，下一步该怎么办？假如我们在第一个式子里把 x, y, z 用数字和 k 表示出来之后，再代入到第二个式子中去，就能很容易发现式子变得奇丑无比——关键在于，你消不掉任何东西，这就说明你的路子错了。那就要换个思路。

三个形如 $2004x^3 = 2005y^3 = 2006z^3 = k$ 的等式中，其实包含了三个要素：数字，x, y, z 中的一个，还有 k。既然用数字和 k 来表示 x, y, z 的路线都失败了，而 k 是直接设的，那我们就只剩下了一条路：用 x, y, z 和 k 来表示数字。

当你把所有可能的情况都排除完，剩下的那条路甭管多荒谬，那就是事情的真相——这句话再一次出现。我们得到

$$2004 = \frac{k}{x^3}, \ 2005 = \frac{k}{y^3}, \ 2006 = \frac{k}{z^3}$$

代入得

$$\sqrt[3]{\frac{k}{x} + \frac{k}{y} + \frac{k}{z}} = \sqrt[3]{\frac{k}{x^3}} + \sqrt[3]{\frac{k}{y^3}} + \sqrt[3]{\frac{k}{z^3}}$$

即

$$\sqrt[3]{k} \sqrt[3]{\frac{1}{x} + \frac{1}{y} + \frac{1}{z}} = \sqrt[3]{k}\left(\frac{1}{x} + \frac{1}{y} + \frac{1}{z}\right)$$

结合条件，k 显然不等于 0，所以 $\sqrt[3]{k}$ 被约去了，剩下的

$$\sqrt[3]{\frac{1}{x} + \frac{1}{y} + \frac{1}{z}} = \frac{1}{x} + \frac{1}{y} + \frac{1}{z}$$

立刻可以推出

$$\frac{1}{x} + \frac{1}{y} + \frac{1}{z} = 1$$

所以，套路是不是很重要呢？掌握套路，就可以在考试中节约时间，具有极其重要的实战意义。千万不要害怕让孩子受挫折，一定要耐心引导。有时候，走的弯路才是捷径。

我们接下来看一些难一点的多项式计算。

例6 已知 $a+b+c=0$，$abc \neq 0$，

计算 $\dfrac{a^2}{bc}+\dfrac{b^2}{ca}+\dfrac{c^2}{ab}$ 的值。

如果这是一道选择题或者填空题，它最好的做法就是尝试"特殊值"。不要看不起这种凑的方法，你拿做大题的方法来做填空题和选择题，本身就是对后者的一种不尊重。所以，令 $a=2$，$b=-1$，$c=-1$，代入即可得到答案。如果你还不放心，那就再代一组数。

但是，如果这是解答题，这样做显然是不对的，因为满足条件的 a，b，c 有无数组，不过这并不妨碍先对结果有一个判断。

面对这种题目，常规的思路就是"通分"。那么通分行不行呢？我们看到，这几个分母在通分后的形式还是很简洁的，都是 abc，所以不妨试试，即

$$\frac{a^2}{bc}+\frac{b^2}{ca}+\frac{c^2}{ab}=\frac{a^3+b^3+c^3}{abc}$$

这个结果绝对是在可以接受的范围之内。

下一步该怎么办呢？我们看到 abc 不等于 0 是为了保证分母中不出现 0，那么 $a+b+c=0$ 这个条件似乎还没有用起来。

这时候很自然想到一个问题：$a^3+b^3+c^3$ 和 $a+b+c$ 有没有什么联系呢？

你能想到的工具是什么？因式分解，对不对？但是，立方和公式里只有两项，现在有三项了，肯定不能用啊！而且 $a^3+b^3+c^3$ 已经不能再分了。但是别忘了，还有个东西叫"配方法"。我们如何去找 $a^3+b^3+c^3$ 和 $a+b+c$ 之间的联系？回忆一下因式分解公式

$$a^3+b^3+c^3-3abc=(a+b+c)(a^2+b^2+c^2-ab-bc-ca)=0$$

所以

$$a^3 + b^3 + c^3 = 3abc$$

于是答案就是 3。

像这样平铺直叙的题目，简直就是"出题产业"的业界良心。数学题里最让人不能接受的就是那种看起来是个西瓜，其实是个茄子的题目。比如下面这道题。

例 7 已知 $\sqrt{x^3 + 2020} - \sqrt{-x^3 + 2030} = 54$，

求 $28\sqrt{x^3 + 2020} + 27\sqrt{-x^3 + 2030} = ?$

你看，这道题目隐藏得多好，看起来就像个正经的解方程题。但你要真的按照方程的方法去解，第一个等式两边平方以后的交叉项，即

$$\sqrt{x^3 + 2020} \times \sqrt{-x^3 + 2030}$$

已经没法看了，这个常数项实在是太巨大了，所以肯定不对。你要是有兴趣的话，可以试试着，把这个乘法做一做，乘出来常数项有 400 多万吧？两边再平方一下，又出来一个 1000 多万的常数项——就此打住吧。

那怎么办？既然数那么大，我们很自然就应该考虑换元法——当式子看起来很繁的时候，换元法往往是个很不错的选择，毕竟这是化简计算的利器。

问题是怎么换？直接把 $\sqrt{x^3 + 2020} - \sqrt{-x^3 + 2030}$ 整个换掉？我们发现这样做并没有什么用。但是仔细观察一下就会发现，这两项平方和是个常数，这就给我们思路了！设

$$\sqrt{x^3 + 2020} = a, \quad \sqrt{-x^3 + 2030} = b$$

关键是，换完以后怎么办？我们先把观察到的结果写出来

$$a^2 + b^2 = 4050$$

这是一个好的信号。我们始终强调，要边做题、边调整，同时根据途中的信号来判断自己是否走在一条方向正确的道路上。现在得到的这个式子里没有带着 x，所以可以估计，方法是对路的。

我们的目标是求 $28a + 27b$，这要怎么从 $a^2 + b^2 = 4050$ 中得到呢？

我们不是还有 $a - b = 54$ 吗？将 $a - b = 54$ 两边平方一下，即得

$$a^2 + b^2 - 2ab = 2916$$

可以得到 $ab = 567$。于是

$$a^2 + b^2 + 2ab = 5184$$

显然 $a, b > 0$，所以 $a + b = 72$。

乖乖，一个那么复杂的根式方程，竟然就变成了一个简单的二元一次方程组了！解得 $a = 63$，$b = 9$，所以 $28a + 27b = 2007$。

当然，假如这道题目是放在 2007 年出的，而且又是一道填空题，要是你真的做不出来的话，不妨就猜个 2007 吧。不过有时候，答案可能是当年的年份加或减 1——反正是猜，就看你的运气了。

直到最后，我们也不需要把 x 解出来，而且这个 x 并非是某个整数的完全立方。这可真是"拳头打棉花，空有一身力气"了。所以，这道题假如真的要被当作方程来做的话，那就彻底地谬以千里了。

除了这类求值问题，代数恒等式的证明是另一类充满计算技巧的题型。所谓恒等式证明，就是通过恒等变换，证明等式两边的代数式相等。这种方

法在高中数学的解三角形问题里也是体现得淋漓尽致。解三角形是利用三角变换，但是三角函数和边的条件往往是结合在一起的，这个时候怎么利用三角公式，把边化成弦，或者把弦化成边，这就是恒等变换思想。这个基本功是在哪里练的呢？就在本章之内。我们来看一些例子。

例 8 已知 $abc=1$，

求证：$\dfrac{a}{ab+a+1}+\dfrac{b}{bc+b+1}+\dfrac{c}{ac+c+1}=1$

如果我们把这道题目换成选择题或者填空题的求值：

已知 $abc=1$，求：$\dfrac{a}{ab+a+1}+\dfrac{b}{bc+b+1}+\dfrac{c}{ac+c+1}=$ ＿＿＿＿＿＿

这样一来，你直接令 $a = b = c = 1$ 即可。但现在这是一道证明题，那就不一样了。

很显然，我们不能对等式右边做什么变换。有人可能就不服了："我自己做这种题的时候就碰到过把等式右边的 1 变形的情况啊！"因地制宜啊，朋友。如果这里把等式右边的 1 用 abc 换掉，你就会发现两边没有什么公因式，起不到任何化简的作用。所以，这时候应该考虑变换左边。

那么，左边怎么变形？回忆一下你在小学的时候，要是碰到分数做加减法，你的第一反应是什么？通分。所以，我们有通分的想法是很正常的事情，不妨试试看。

$$\frac{a}{ab+a+1}+\frac{b}{bc+b+1}+\frac{c}{ca+c+1}$$
$$=\frac{a(bc+b+1)(ca+c+1)+b(ab+a+1)(ca+c+1)+c(ab+a+1)(bc+b+1)}{(ab+a+1)(bc+b+1)(ca+c+1)}$$

看到这里可能有人就要崩溃了。

对我来说，就算是硬算也可以继续，何况 $abc=1$ 这个条件，我们还没用呢。我们考察 $a(bc+b+1)(ca+c+1)$ 这项：因为分母是不能动了，看看分子能不能化简成和分母一样，如果可以做到，那题目就做完了。所以，如果把分子展开、化简以后就是分母，那就好了。但是，由于肉眼直接可测完全展开后的项数太多，因此，不如先看看分量有没有机会？

这一段请大家仔细体会，这个思考过程很重要。

事实上，我们把 a 乘到 $bc+b+1$ 里面去，即得

$$abc+ab+a=1+ab+a$$

即和 $b(ab+a+1)(ca+c+1)$ 有公因式，而后者可变为

$$b(ca+c+1)=1+bc+b$$

所以前两项的和等于

$$(ab+a+1)(ca+c+1+1+bc+b)=(ab+a+1)(bc+ca+b+c+2)$$

再加最后一项 $c(ab+a+1)(bc+b+1)$，等于

$$(ab+a+1)(bc+ca+b+c+2+bc^2+bc+c)$$
$$=(ab+a+1)(2bc+ca+b+2c+2+bc^2)$$

结果看起来和分母并不是很像。不过由于分子分母同含有 $ab+a+1$，约掉以后，即证明

$$2bc+ca+b+2c+2+bc^2 = (bc+b+1)(ca+c+1)$$
$$= abc^2 + bc^2 + bc + abc + bc + b + ca + c + 1$$

再把两边相同的项消去，即证明

$$c+1+bc^2 = abc^2 + bc^2 + abc$$

此时把 $abc=1$ 的条件代入右边，就能发现自然是成立的；倒推回去，题目就做完了。

这是比较笨拙的办法。因为在证明过程中，对称性被破坏了，出现了类似 $2bc+ca+b+2c+2+bc^2$ 这么丑陋的项。但是，我们把题目给做出来了，这就是好方法。

当然，本题有很讨巧的办法，不过初学者恐怕很难想得到，但是，大家可以细细体会一下——体会的目的是让自己以后能想到。证明方法如下。

$$\frac{a}{ab+a+1} + \frac{b}{bc+b+1} + \frac{c}{ca+c+1} = \frac{a}{ab+a+abc} + \frac{b}{bc+b+1} + \frac{bc}{cab+cb+b}$$
$$= \frac{1}{bc+b+1} + \frac{b}{bc+b+1} + \frac{bc}{bc+b+1} = 1$$

证毕。

这里的关键一步是把 $abc=1$ 视为 $1=abc$。讲道理，这个做法对于初学者来说怎么可能想得到嘛！但是，程度较好的初中生用前面的方法应该还是有可能证明出这道题来的。后面的这种方法较之前者简便了太多，然而，如果没有经过训练，你是很难直接用出来的——这就是套路。读者行有余力的话，套路积累得越多越好，不然的话，抓住基本方法，一般也都够用了。

本题还可以推广一下。

已知 $abcd=1$，求证：

$$\frac{a}{abc+ab+a+1}+\frac{b}{bcd+bc+b+1}+\frac{c}{cda+cd+c+1}+\frac{d}{dab+da+d+1}=1$$

有兴趣的读者可以尝试证明一下。

分式运算是代数式运算中一块非常重要的内容。对于分式运算来说，我们需要注意的是分式的整体代入思想以及裂项的技巧。这两块内容不光是在初中数学运算中地位尊崇，对于将来高考的时候也有很重要的意义。

例 9 已知 $\dfrac{x}{x^2+x+1}=y\neq 0$，

用含 y 的式子表示 $\dfrac{x^2}{x^4+x^2+1}$

如果没有接触过这类题的话，很多人会考虑把 x 等于多少 y 解出来，然后代入后面的式子里去。这也是很自然的想法。我们经过整理后发现，这是一个一元二次方程，根有两个，而且带根号，很难看。试想一下，把一个带根号的式子代入 x 的四次方式子里，对于没有学过二项式定理的初中生来说，运算量实在有点大了——当然，就算是对高中生来说，这运算量也不小。所以这条路不对。

试错并不可怕，可怕的是知错不改。我们不停地试错，为的就是积累经验以后少走弯路，而不是每次都要试错。所以，你以后一看到这种题目就知道，解方程再来代入的方法是不靠谱的。

那该怎么办？那肯定就要想办法找联系了。我们发现，其实这两个式子很像。单独的每个字母包括常数正好都是平方的关系；但在整体上，条件中式子的平方并不等于要求的式子的平方，就是感觉差不多。

我们可以考虑计算一下 $\dfrac{x}{x^2+x+1}$ 的平方，平方完了以后，发现分母和目标的分母差别还是挺大的。好了，这下彻底卡住了。

这两步完全属于学生的正常反应，这时候不要斥责孩子，毕竟家长自己当学生的时候没准也是这么过来的。接下来要做的就是问一问："分式和整式有什么不一样的地方？"如果孩子回答不上来，那么就再问问："对于分数和整数，有什么不一样的操作？"

这就是把未知的问题转化成已知的问题。

我们把题设和目标都做个倒数，可以得到

$$\frac{x^2 + x + 1}{x} = x + 1 + \frac{1}{x} = \frac{1}{y}$$

$$\frac{x^4 + x^2 + 1}{x^2} = x^2 + 1 + \frac{1}{x^2}$$

这时候是不是看起来就顺眼多了？

$x + \dfrac{1}{x}$ 这个式子要特别地引起注意，我们到了高中还要重点学习。很多老师给以这个式子为基础的函数 $y = x + \dfrac{1}{x}$ 起名叫"对勾函数"，因为这个函数图形画出来就像体育用品品牌耐克的标志一样。到了高中，老师还会讲解该函数的很多性质，我在这里就先略过了，只讲初中范围内的要求。

事实上，除了 $x + \dfrac{1}{x}$ 之外，对于 $x - \dfrac{1}{x}$ 我们也要同样地重视，毕竟两者在平方之后可以得到

$$\left(x \pm \frac{1}{x} \right)^2 = x^2 + \frac{1}{x^2} \pm 2$$

这也是非常常见的一个变形。所以我们得到

$$x + \frac{1}{x} = \frac{1}{y} - 1$$

代入到上面平方公式可得

$$x^2 + 1 + \frac{1}{x^2} = \frac{1 - 2y}{y^2}$$

因此

$$\frac{x^2}{x^4 + x^2 + 1} = \frac{y^2}{1 - 2y}$$

　　我们还要注意一个细节：$y \neq 0$。这意味着什么？这说明 y 在计算过程中或者结果中可能要作为分母。我们确实在计算过程中用到了这个条件，那么当 $y=0$ 的时候，式子是否成立呢？很显然，当 $y=0$ 的时候，x 必然等于 0，式子同样成立，所以 $y \neq 0$ 这个条件可以去掉。如果孩子能独立看出这点，那么说明他在逻辑思维能力上已经达到很高的水平了。当然，家长也可以把这个题目改编一下，把 $y \neq 0$ 去掉，看看孩子的做法，如果孩子能够自己考虑出等于 0 和不等于 0 的两种情况，那真的很棒！不然的话，就指出他的不足，帮助孩子更好地完善自己的思维方式吧。

26
解方程

　　我们之前说过，现在中小学数学学习的最大问题在于"头痛医头，脚痛医脚"，缺乏一种整体的观点来看数学教育。特别是，如果从高考的角度来看的话，这种情况就能看得更清楚。

　　我之所以花大力气讲因式分解，就是因为这部分在初中代数的教学中被大大弱化。因式分解这玩意儿极其有用，可是从来不会作为一个单独的考点来考你；式的运算从根儿上说来自于数的运算；应用题过程分析中的逻辑分析与推理，反而貌似对几何更有用……所以，我们学数学的时候，一定要从整体上来看，不能割裂地、孤立地、静止地来看待问题。你看，跟贼老师学数学之余，捎带手还能学辩证唯物主义，真是一举两得。

　　接下来这块内容讲的是解方程，但还是以多项式运算和因式分解为基础。如果你把解方程也弄明白了，那可以说，你的整个中学时代的运算就过关了——对，高中再麻烦的解析几何，你都可以迎刃而解。

　　当然，我们肯定是要在学校课堂内容的基础上做一些拓展，毕竟一元一次方程、二元一次方程组和一元二次方程确实不够我们打的。

　　根据循序渐进的原则，我们肯定先研究一元一次方程。

第 1 节　一元一次方程

之前在讨论应用题时，估计已经有很多人（尤其是家长）按捺不住激动的心情，就开始列上各种方程了。对于小学数学来说，怎么把方程解出来才是最主要的任务，换句话说，对小学生来说，方程是具体的。但是对初中生来说，就要开始学着解抽象方程了。所谓的"抽象方程"，就是指方程的系数不确定，此外，方程的解在不同条件下会发生变化，甚至变化到一定程度以后，解就不存在了。而且，小学数学的方程更多是为了解决实际问题，中学数学的方程更多还是从代数的观点来看问题，因此重点是不一样的。

要学会解一元一次方程，首先来看什么是一元一次方程。要知道什么是一元一次方程，首先来看什么是方程。（本书中方程未知数均为 x, y, z，而 a, b, c 一般为系数，以下就不特别说明了。）

所谓方程就是含有未知数的等式。形如 $ax+b=0$（a, b 是实数，且 a 不等于 0）的方程叫作关于 x 的一元一次方程。

当 $a=b=0$ 时，不管 x 取值是多少，方程永远成立，所以此时方程有无数的解；

当 $a \neq 0$ 时，方程有唯一解；

当 $a=0, b \neq 0$ 时，方程无解，因为 0 乘上任何数不可能等于一个非 0 的数。

作为一个初中生来说，对于一元一次方程，一定要认识到问题的核心在于 a——方程的解的个数是由 a 直接决定的。所以说，如果带参数讨论一元一次方程，时刻要记着把 x 前面的系数讨论进去。

我们都知道，讨论的基本原则是"不重复，不遗漏"，但这仅仅是理论。

教了这么多年数学，我深知要让学生真的做到这六个字又谈何容易？但是，说不难也真的不难。任何一个考点，一定对应着书上的某个知识点，你就把知识点里最核心的东西抓住，一般来说，考试肯定就考最核心的部分啊！一元一次方程如果要考根的个数，那么不讨论 x 前的系数，这题目还有什么好考的呢？既然 a 是最重要的，那你只要看见一元一次方程的题目，下意识就该想一想这个 a 会不会出问题，这样一来，自然就能大大降低出错的可能性。我们来看例子。

例 1 **解方程**
$$a\left(a-\frac{1}{6}\right)x = \frac{1}{2}\left(a+\frac{1}{3}x\right)+\frac{1}{6}$$

我们首先移项，并且两边同乘以 6，可以得到

$$(6a^2 - a - 1)x = 3a + 1$$

如果你把因式分解学透彻了，马上可以看出左边 x 的系数可以因式分解成

$$(3a+1)(2a-1)x = 3a+1$$

再仔细想想，一元一次方程的核心问题是什么？没错，x 的系数。那么 x 的系数什么时候是 0 呢？很显然，当 $a=\frac{1}{2}$ 和 $a=-\frac{1}{3}$ 的时候，x 的系数都是 0。于是我们立刻知道：只要 a 不等于这两个值，方程就有唯一解。此时方程两边可以约去 $3a+1$，得到

$$x = \frac{1}{2a-1}$$

当 $a=-\frac{1}{3}$ 时，方程变成了 $0 \times x = 0$，此时 x 是任意值；

当 $a = \dfrac{1}{2}$ 时，方程变成了 $0 \times x = \dfrac{5}{2}$，此时不论 x 取何值，方程都不可能成立，所以方程无解。

回忆一下之前提到的"题眼"的概念，它往往和相关知识点中最重要、最核心的部分紧密相关，因此，我们在学习基本概念的时候，必须抓住什么是最根本的东西，才能真正抓住关键。对于带参数的一元一次方程来说，题眼往往在于 x 前的系数。

我们接着来看看，一元一次方程怎么把题目出出花儿来。

例 2 已知关于 x 的方程 $\big||x-2|-1\big| = a$ 有三个整数解，求 a 的值。

我们经常说一句话：数学题是出不完的。所以到了中学，你指望通过做大量的习题，好在考试中碰见熟悉的题目，这真的不是什么好办法。最根本的提高，就要从对基本概念的理解开始。

假如给你一棵白菜，其他什么都没有，你只能做个水煮白菜，难以下咽。要是把更多材料给你——大白菜 10 公斤（每棵只用极嫩的菜心部分）、老母鸡 2500 克、火腿蹄子 200 克、排骨 500 克、干贝 300 克、去皮净瘦鸡脯肉 700 克、全瘦猪肉 300 克、盐 10 克、料酒 10 克、葱 50 克、姜 10 克、水 4 升——再加上繁复的烹调手法，你就能做出国宴级别的"开水白菜"。数学难题也是如此。区区一个一元一次方程，区区一个绝对值讨论，分开来看都是平平无奇，但把它们合在一起之后呢？看起来并不是那么容易。

我们该怎么处理？如果实在束手无策，就先试试看自己能做些什么。记住：凡是有绝对值的题目，当你束手无策时，就去掉绝对值符号试试看。这句话听起来就跟废话一样，但真的是包含了"大道至简"的道理。（我是认真的。）不要去管这个题目到底要你干啥，先去掉绝对值符号再说。去绝对值符号和剥笋一样，一定是从外到内的。所以例 2 中的方程写出来以后就是

$$|x-2|=1\pm a$$

并没有。事实上，有些初中题目，如果不是我自己出的，我偶尔也会出现一眼看不穿题目意图的时候。比如上面这道题，我在做到这一步的时候，也没想明白三个解是从哪里来的，于是我决定再去一次绝对值符号看看：

$$x=2\pm(1\pm a)$$

写到这里，我差不多就明白了。我们考虑正负号的排列组合，所以一共有四种情况。把四个解写出来就是

$$x=3+a, x=3-a, x=1+a, x=1-a$$

换句话说，对大多数 a 来说，方程应该有四个解。但是，题目要求只能有三个解，于是，这四个解里应该有且仅有两个解相等，这才会产生恰好三个解的情况！于是再看。

但依题目可知，a 应该是非负数。

若 $3+a=3-a$，那么 $a=0$，此时方程只有两个解了；

若 $3+a=1+a$，矛盾，同理 $3-a=1-a$ 也是矛盾的，统统排除；

若 $3+a=1-a$，$a=-1$，此时与 $a \geqslant 0$ 矛盾，排除；

若 $3-a=1+a$，$a=1$，此时有三个解 4, 2, 0；

若 $1+a=1-a$，$a=0$，此时方程只有两个解。所以当且仅当 $a=1$ 满足条件。

你看，就是这么简单地把两个知识点揉在一起，题目的难度就加大了许多。因此，到此阶段，你不要过多地追求做题的数量，做一道题目要有一道题目的效果，这才是我们练习的根本目的。不动脑筋地做题，做多少都白搭，一定要学会庖丁解牛，这是我反复强调的。

第 2 节　二元一次方程

比一元一次方程更麻烦一些的就是二元一次方程组。其实，方程的解

的理论在数学里是一个重要问题。当然，作为初中生来说不需要学得那么艰深，但是，仅限眼前的知识，对他们来说仍然不是那么容易掌握的。

一元一次方程就算讲完了，其核心问题在于方程的一次项系数是否为 0 以及解的个数问题。

从对一元一次方程的讨论，我们可以猜到这样一个事实：方程的解的个数可能和系数有很紧密的关系，抓住一元一次方程基本概念的核心在于抓住一次项的系数，而方程本身的核心问题在方程的解上。敲黑板：这就是以后我们研究任何一款方程的出发点。

接下来看二元一次方程乃至多元一次方程。二元一次方程是指方程含有两个未知数以及含未知数项最高次数是一次的方程。二元一次方程组最出名的应用题就是"鸡兔同笼"问题——没错，就是那个把鸡和兔关一起的变态题。

当然，"鸡兔同笼"可以用很简单的方法来解决，但这个过程其实就是二元一次方程组的求解。用代数式把方程组写出来，二元一次方程组的"尊容"应该是这样的

$$\begin{cases} ax + by = c \\ px + qy = r \end{cases}$$

这个方程组该怎么解？

我们有两种办法——和茴香豆的"茴"字有四种写法不同，这里真的只有两种方法。第一种就是先把一个未知数当作已知，比如我们可以把 $ax+by=c$ 里的 y 当作已知常数来对待，这样的好处就是：我们把一个二元一次方程变成了一元一次方程。没错，这还是化归。

完成这个操作之后，我们可以得到

$$x = \frac{c - by}{a}$$

然后怎么办？题中还有一个方程，把 $x = \frac{c - by}{a}$ 代入下一个方程里，这时候是不是就变成一个关于 y 的一元一次方程了？于是题目就容易解了。

这是利用一元一次方程理论的最直接做法。那么第二种解法呢？

我们观察一下，假设 a, b 中有一个不为 0，不妨设 a 不为 0；此时如果 $b = 0$，那么第一个方程就变成了一元一次方程——题目就容易解了；如果 b 也不等于 0，那么再来看 p, q。如果 p, q 中有一个等于 0，那么第二个方程就退化成一元一次方程了，做法同上；若 p, q 也都不为 0，我们考虑把第一个方程乘以 p，第二个方程乘以 a，然后两者相减，这时候 x 项是不是就不存在了？只剩下和 y 相关的项了吧？

这个解法有个超级响亮的名字叫"高斯消去法"。在整个数学体系里，以高斯命名的东西太多了，这是其中一个。不过，这种消去法也体现了解多元方程的一个核心步骤——消元。

于是，我们可以得到

$$x = \frac{br - qc}{pb - aq}$$
$$y = \frac{cp - ra}{pb - aq}$$

总感觉还缺点什么？没错，如果 $pb - aq = 0$ 了，怎么办?！这就抓住了二元一次方程组的最核心问题：如果 $pb - aq = 0$，怎么办？

要知道，你前后学习的数学知识是不会矛盾的，分母不能为 0，这是小学就学过的知识，如果到了初中它就被推翻了，那不是胡闹吗？

我们该怎么处理？如果你不知道怎么处理，那就写个具体的例子试试看。这是代数里很常用的一个技巧——如果普遍规律比较难找，那不妨先构造一个特殊的例子，然后利用这个特殊的例子进行研究。于是，我们可以构造这样一个二元一次方程组

$$\begin{cases} x+y=1 \\ 2x+2y=1 \end{cases}$$

很显然，这个方程组满足 $pb-aq=0$ 的条件。我们把第一个方程乘以 2，然后减去第二个方程组，立刻得到一个等式

$$1=0$$

好吧，这个方程组一定是无解的。但是，如果我们把方程组改成

$$\begin{cases} x+y=1 \\ 2x+2y=2 \end{cases}$$

按照上面的操作，最后发现等式变成了 $0=0$。这是一个恒等式。

问题出在哪里？既然 $pb-aq$ 都等于 0 了，那么问题是不是出在 $br-qc$ 或者 $cp-ra$ 上呢？这是一个合理的推测。

画外音：其实，这块内容很简单，但是蕴含的数学思想很丰富。合理猜测并进行推论，这是一个最基本的训练。大家都觉得，数学好的人逻辑就好，恰恰是因为在学好数学的过程中，大家接受了合理的假设和推测训练。

我们会发现，在第一种情况里，$br-qc$ 并不等于 0；而第二种情况里，它却刚好等于 0。这会不会是巧合？

我们不妨再按照自己的结论去造一个新方程组，结果发现这个结论确实是对的，即 $pb-aq=0$，$br-qc \neq 0$，方程组无解；$br-qc=0$，方程组有无数解。如果我们把这个结论写得漂亮一点，那就是：

若 $a/p=b/q=c/r$，方程组有无数解；若 $a/p=b/q\neq c/r$ 的话，方程组无解。

我们回过头来看，在解方程组

$$\begin{cases} ax+by=c \\ px+qy=r \end{cases}$$

的过程中，我们刚才直接默认了 $br-qc\neq 0$，并没有考虑它等于 0 的情况，所以出现了问题。借此，我们可以得到一些教训：

● 开偶次方的时候，有没有先想想被开方的部分是不是非负？

● 做除法的时候，有没有先想想分母是不是不等于 0？

● 解微分方程的时候，常数有没有带？（哦，这个不是初中数学内容，那把这"轱辘"掐了吧！）

如果解题中出了问题，一般都隐含着很有意思的情形，这时候，就值得我们去仔细分析。就像在上面的解题过程中，我们发现 $br-qc$ 是不是等于 0 对于方程组的解的个数有很大的影响。这样一步一步地向前走，才是我们真正希望培养出来的能力。

家长在辅导这部分内容的时候，一定要注意，最关键的地方就是带领孩子学会猜测，并证明自己的猜测。这个推导过程其实很简单，但是反复的试探过程才是真正值得回味的地方。不要捡了芝麻，丢了西瓜，把这个解背得滚瓜烂熟一点用都没有。

讲了这么多理论，我们可以来看应用了。

例1 当 $a = $ ＿＿＿ 时，方程组 $\begin{cases} 3x - 5y = 4a & (1) \\ 2x + 7y = 2a - 18 & (2) \end{cases}$

的解互为相反数，此时方程组的解为 ＿＿＿＿？

这个题目怎么解？很简单，我们就用"高斯消去法"，即

$$(2) \times 3 - (1) \times 2$$

得到 $31y = -2a - 54$，$y = \dfrac{-2a - 54}{31}$。然后

$$(2) \times 5 + (1) \times 7$$

得到 $31x = 38a - 90$，即 $x = \dfrac{38a - 90}{31}$；因为 x，y 互为相反数，所以

$$\frac{38a - 90}{31} + \frac{-2a - 54}{31} = 0$$

解得 $a = 4$，代回方程，可得 $x = 2$，$y = -2$。

这是常规得不能再常规的解法，也是很好的做法。事实上，99% 以上的题目都存在常规做法，这种常规做法的依据往往就是基本概念。我们并没有借助过多的技巧就做出了解。

我十分反感喜欢卖弄奇技淫巧的人，他们觉得不做出点花哨的东西来就不能显示出自己的水平。很多时候，数学教学就陷入了这样的误区，所谓"正本清源"不是一句空话，要让学生明白什么才是根本。当然，如果你的基本功很扎实，我们当然推荐你去选用一些比较有技巧性的做法，一是赏心悦目，二是确实能简化计算。

接下来即将演示一段技巧——但这可不是炫技，而是帮助大家更好地进行学习和教学活动。

首先问大家一个问题：为什么有人惧怕数学？根源在于对数学的不理解。每个汉字我都认识，但是连起来就……呵呵。

数学从本质上来说也是一种语言，是一种探索自然规律的语言，和我们的汉语属于不同的体系。如何在两种不同的语言之间来回地切换？这个过程我们并不陌生，比如面对汉语和英语的使用者，我们想让交流的双方都明白对方在说什么，这一过程叫作翻译。一个数学学得好的人，其实就是高超的译者，能够在语言文字和数学语言之间自由地"倒腾"。这是一种非常可贵的技能，如果能做到这一点，那么解题真的不是什么太大的问题。

以上题为例，一个普通人读题，他读到的题是这样的：

当 $a=$ _____ 时，方程组 $\begin{cases} 3x-5y=4a \\ 2x+7y=2a-18 \end{cases}$ 的解互为相反数，此时方程组的解为 _____。

等等，贼老师，这种解读和原来的题目并没有什么不一样啊？

是啊，我不是说了嘛，这是普通人的读题模式。大部分人在第一次读题之后是完全没有任何反应的，然后必须再回头开始读第二遍。

很多读者朋友是不是膝盖一软？这种反应很正常，作为多年的数学教师，我太懂你们了。

在第二遍甚至第三遍读题目的时候，你们才开始有反应，这就说明，你们对翻译这个技能不敏感。能实时翻译的高手被称为同声传译，简称"同传"，而我们要做的就是对数学题的题设条件做到同传。

高手是怎么读题的呢？

当 $a=$ _____ 时，方程组 $\begin{cases} 3x-5y=4a & \text{(1)} \\ 2x+7y=2a-18 & \text{(2)} \end{cases}$ 的解互为相反数……读到这里，我会直接把条件翻译成 $x+y=0$。

这就是所谓的把文字翻译成数学语言，也就是把条件中所有能变成数学式子的都变过来。

当我们有 $x+y=0$ 之后，和 (1) 联立可以得到 $x=\dfrac{a}{2}$，和 (2) 联立可以得到 $y=\dfrac{2a-18}{5}$，且 $x+y=0$，解得 $a=4, y=-2, x=2$。

第一种做法，是把所有条件读完了，然后再翻译；第二种是真正的同传，可不是炫技，也不是追求一题多解，而是真正的精益求精。做好第一种，再去练第二种，这样一定能稳步提高数学水平。

第 3 节　一元二次方程

初中数学里有四个"二次"：一元二次多项式、一元二次方程、一元二次不等式和二次函数。这四个里最重要的就是二次函数，不过一元二次方程是基础，也很重要。除了初中数学以外，高考对这块内容也是青睐有加，无论是解析几何还是函数的大题，几乎都能看见一元二次方程的影子。

在讨论因式分解的时候，我们专门拿出了相当大的篇幅讲求根法，其实就是解一元二次方程，整个过程可以参见因式分解求根法的内容。也就是说

$$ax^2+bx+c=0$$

等价于

$$a\left(x - \frac{-b + \sqrt{b^2 - 4ac}}{2a}\right)\left(x - \frac{-b - \sqrt{b^2 - 4ac}}{2a}\right) = 0$$

这个时候，方程就转化成两个一元一次方程，我们马上可以解得一元二次方程的根为

$$x = \frac{-b \pm \sqrt{b^2 - 4ac}}{2a}$$

是不是很合情合理？看起来是的。面对我这种措辞，有经验的读者心里开始打鼓了：完了，十有八九出幺蛾子了。

整个配方过程看起来无懈可击，其实还是不够严格。问题出在哪里？回忆一下一元一次方程的解法，当时我们在讨论一元一次方程的解的时候，专门为一次项的系数是否为 0 讨论了半天。同理，如果一元二次方程的二次项系数为 0 了，那么还能称为一元二次方程吗？所以一元二次方程的前提条件就是 $a \neq 0$ 。

出题老师最喜欢以这样的方式来坑学生："已知方程 $ax^2 + bx + c = 0$ ，等等。"对啊，人家说的是方程，但有没有说是一元二次方程呢？很多学生会在这个地方直接掉进坑里。而一元二次方程的二次项系数就是数学中一个非常好的埋雷点。

作为方程和作为多项式的一元二次的研究重点显然是不一样的，对于方程，我们更关心的是它的解是否存在、有几个。

由于二次根式必须保证根号里面的内容非负，所以如果 $b^2 - 4ac < 0$ ，方程就无实数解了；如果 $b^2 - 4ac = 0$ ，此时方程有两个相等的根，即 $x = \frac{-b}{2a}$ ；而当 $b^2 - 4ac > 0$ 时，方程才有两个不同的实数根。

不过，对于一元二次方程有相等实数根的情况，我们称该方程的根是重根，也就是合二为一。

一元二次方程的求根公式面目可憎，因为它带着根号。从运算习惯来说，我们讨厌除法、减法和根号，这都和我们的运算习惯相关。于是，大家很自然会提出一个问题："如果方程已经有两个实数根了，那么什么时候这两个根不带根号？"

仍然是在因式分解的学习中，我们曾得到过这样的结论：若 b^2-4ac 是完全平方数，方程就有两个有理根（等同于一元二次多项式在有理系数内的因式分解）。

你现在有没有觉得因式分解有用了？任何数学考试，除非是因式分解这一章节的单元测验，都不会单考你因式分解。但是，这玩意儿如同鬼魅一般如影随形，几乎能在任何代数相关知识里插上一脚。

人们给 b^2-4ac 起了个名字叫"判别式"，并且用希腊字母 Δ 表示，即 $\Delta=b^2-4ac$。依靠它，我们就知道一元二次方程有没有实根、有几个实根，甚至于有没有有理根——而这一切，都不需要解方程。正因为判别式如此管用，所以它就是一元二次方程最核心的部分，换而言之，碰到涉及一元二次方程的题目，多考虑考虑判别式，总是好的。

既然一元二次方程最多有两个根，那我们可以来做一些尝试。

例 1 解方程
$x^2-|2x-1|-4=0$

有绝对值先去绝对值符号，这个没什么好多想的，一定要养成这样的反应。数学和物理有个很大的区别：数学越早学的内容优先级越高，物理越晚学的东西越精确。带有绝对值的方程，一定是先考虑去掉绝对值符号，于是方程可以写成两种情况。

当 $x \geq \frac{1}{2}$ 时，$x^2 - 2x - 3 = 0$，解得 $x = 3$ 或者 $x = -1$，对照 x 的取值范围，得到 $x = 3$；

当 $x < \frac{1}{2}$ 时，方程变成 $x^2 + 2x - 5 = 0$，解得 $x = -1 \pm \sqrt{6}$，其中正根不满足 $x < \frac{1}{2}$ 的条件，舍去。

于是方程只有两个根：$x = -1 - \sqrt{6}$，$x = 3$。

这种讨论比较直接。我们再来看一些让人头痛的含参数的解方程。

例 2 **解方程**
$$(m-1)x^2 + (2m-1)x + m - 3 = 0$$

这种题目贼得很，因为题目说的是解方程，却没说是一次还是二次方程，所以你第一步得先确定 $m-1$ 是否等于 0。光这一步，就够让多少学生丢盔弃甲的。

我们为什么要百般强调基本概念？因为类似上述这些问题都是潜在的失分点——题目只说让你解方程，但它说让你解一元二次方程了吗？并没有吧。所以你必须要进行分类讨论。

若 $m-1=0$，即 $m=1$，方程变为 $x-2=0$，$x=2$。当且仅当 $m \neq 1$ 时，方程才是一元二次方程。这是第一个坑，也是最容易进的坑。

说实话，贼老师当年也在类似的坑上栽过。那是在我参加高考的时候，化学考试中有一道题问："下列哪种溶液中含有的分子数最多？"我一想，嗯，溶液包含了溶质和溶剂……然后我只算了溶质的分子数，现在想来都气炸了。所以这种地方往往是失分的地方，大家一定要注意。

现在，方程已经是一元二次方程了，首先要考虑的应该是什么？没错，判别式！对于那四个"二次"来说，判别式就是神一样的存在，基本离不开。我们计算得到这个方程的判别式为

$$\Delta = 12m - 11$$

若 $m \geqslant \dfrac{11}{12}$，且 $m \neq 1$，此时 $\Delta \geqslant 0$，则

$$x = \frac{1 - 2m \pm \sqrt{12m - 11}}{2(m-1)}$$

若 $\Delta < 0$，即 $m < \dfrac{11}{12}$ 时，方程无实数解。

一般说来，含参数的方程的解题要点，都在上面了。作为家长来说，需要提醒孩子的就是二次项系数是否为 0、判别式是否大于 0——毕竟一个是基本定义，一个是一元二次方程的灵魂。

你以为问题就这么结束了？你太年轻了。既然判别式是如此重要的存在，围绕着判别式有哪些问题可以研究呢？

例 3 若一元二次方程 $x^2 + ax + b = 0$，且 $x^2 + cx + d = 0$ 的系数满足 $ac = 2(b+d)$，求证这两个方程中至少有一个有实数解。

这里又要考察翻译题目的能力了。什么是"两个方程中至少有一个有实数解"？我们在读题的时候，一定要学会在第一时间把题设条件和结论用数学语言表示出来——如果原来的表达方式是汉字的话。"两个方程中至少有

一个有实数解"，意味着两个方程中至少有一个判别式是不小于 0 的，这就是题目的"数学译文"了。

所以，首先要做的就是把判别式都写出来：

$$a^2 - 4b, \ c^2 - 4d$$

光写出来肯定不足以保证某个判别式非负，因为还有一个条件没用：$ac = 2(b+d)$。如果注意到 $b+d$ 这个条件，我们就可以很自然地考虑：是不是把这两个判别式加起来看看？因为 b 和 d 分属两个不同的判别式。于是有

$$a^2 - 4b + c^2 - 4d = a^2 - 2ac + c^2 = (a-c)^2$$

因为两个判别式之和非负，于是至少有一个非负，证毕。

只要做好了题目的翻译，明白了题目给了什么、让你干什么，并且能用数学的语言描绘出来，你就成功一大半了。如果孩子卡在了这种题目上，家长可以帮助孩子逐字逐句地对照题目，看看有没有哪句话没有被"翻译"成数学语言。

一元二次方程的判别式除了判别有无实根之外，还能判别根的性质，即根是有理数还是无理数。

回忆一下一元二次方程的求根公式：

$$x = \frac{-b \pm \sqrt{b^2 - 4ac}}{2a}$$

如果方程的系数都是有理数的话，那么方程的根是否是有理数就取决于判别式是否是完全平方。当然，很多时候如果能直接因式分解，也不用生搬硬套这个结论。比如下面这个式子

$$mx^2 + (m-1)x - 1 = 0$$

直接就能分解成 $(x+1)(mx-1)=0$。很显然 m 只要是非 0 的有理数，方程就有两个有理根。所以把因式分解学好，就能直接分解；只有面对那些不能直接进行分解的式子，我们才用判别式的有关方法。

例 4 证明方程 $ax^2+bx+c=0$ $(a\neq0)$ 的两个根都是有理数，其中 a, b, k 是有理数，且 $b=ak+\dfrac{c}{k}$。

计算方程的判别式：

$$\Delta = b^2 - 4ac = a^2k^2 + 2ac + \frac{c^2}{k^2} - 4ac = \left(ak - \frac{c}{k}\right)^2$$

因为 a, b, k 都是有理数，所以 c 也是有理数，所以判别式是完全平方，方程的两个根就是有理数了。

例 5 若二次方程 $x^2+2bx+2c=0$ 有实根，其中 b, c 为奇数，求证方程必有两个无理数根。

按照之前的讲解，首先你要明白，题目如果用数学语言描述，那会是什么样子的？这道题其实是让你证明：方程的判别式不是完全平方——这才是可以操作的数学语言。

我们把判别式写出来就是：

$$\Delta = 4b^2 - 8c \geq 0$$

现在题目变成已知 b, c 是奇数，求证 $\Delta = 4b^2 - 8c$ 不是完全平方数。

就算你后面想不出来怎么办，那也该起码能写出这一步，这是最基本的要求。接下来我们证明判别式不是完全平方数。

这时候怎么办？我们不能通过穷举把所有情况都列出来，于是只能尝试分析。假设这是个完全平方数，那么应该有

$$4b^2 - 8c = k^2$$

很显然 k 是个偶数，所以不妨设 $k=2p$，于是等式变成

$$b^2 - 2c = p^2$$

因为 b, c 都是奇数，所以 p 只能是奇数。但是，怎么说明这个式子不可能成立呢？

我们进行一下移项的操作

$$b^2 - p^2 = 2c$$

于是

$$(b+p)(b-p) = 2c$$

但是 b, p, c 都是奇数，所以式子左边是 4 的倍数，而右边只是 2 的倍数——矛盾。

利用类似的方法，我们可以自己尝试一下这道题：

若 p, q, r 都是奇数，证明方程

$$px^2 + qx + r = 0$$

没有整数根。

还有一类利用判别式常见的套路——求极值。当然，如果从高等数学的角度来看，这都不是问题，无非就是求个导数的事情，但对于初中生或高中生来说，还是具有一定技巧的。

例6 求 $y = \dfrac{2x}{x^2 + x + 1}$ 的最大值和最小值。

对于学过基本不等式的孩子来说，把分子除到分母上，然后放缩即可。对于没学过的孩子来说，怎么办呢？

所谓方程，就是含有未知数的等式，所以我们就从方程的观点来看这个式子。如果把 x 当成未知数，那么这就是一个一元二次方程。我们整理一下得到

$$yx^2 + (y-2)x + y = 0$$

因为 x 的取值是任意的实数，也就是说，y 的取值保证了方程一定有实数解，于是问题就转化成了方程什么时候有实数解。当 $y=0$ 时，$x=0$ 满足条件；那么当 $y \neq 0$ 时怎么办？上判别式！客气什么？

$$3y^2 + 4y - 4 \leqslant 0$$

综上得到 $-2 \leqslant y \leqslant \dfrac{2}{3}$。

需要指出的是，如果指定了 x 的范围，那么这个方法用起来就不那么方便了。所以一定要注意使用条件，即 x 的取值是任意的。

记住：抓住判别式。

第 4 节 韦达定理

韦达定理——神器，除了这两个字我想不到其他合适的字来形容这个

定理。它在后续的数学学习中是非常重要的，特别是在高中数学的解析几何中，几乎每道题都要用韦达定理。在初中代数里，韦达定理对于多项式变形以及计算技巧的提升都有非常多的好处。

韦达全名叫弗朗索瓦·韦达（François Viète，1540—1603），是一位杰出的法国数学家。他是历史上第一个系统地用字母来表示已知数、未知数及其乘幂的数学家，此举给代数理论研究带来了巨大便利。试想一下，没有这些字母表示，纯粹靠文字叙述这些表达式该是多么令人糟心！

给大家举一个直观的例子。下式是黎曼几何中的一个基本概念，叫联络系数。我们用现代符号体系写出来是这样的：

$$\Gamma_{ij}^{k} = \frac{1}{2} g^{kl} \left(\frac{\partial g_{il}}{\partial x^{j}} + \frac{\partial g_{jl}}{\partial x^{i}} - \frac{\partial g_{ij}}{\partial x^{k}} \right)$$

如果用汉字来表示，那就是这样的：子上丙下甲乙等于二分之一乘以丁上丙午乘以丁下甲午偏导庚上乙加上丁下乙午偏导庚上甲减丁下甲乙偏导庚上丙。这数学书真没法写了……所以，你说韦达的贡献伟大不伟大？

由于韦达在代数学上做出了突出贡献，因此他在欧洲被尊称为"代数学之父"。在战争中，韦达利用精湛的数学方法成功破译了西班牙的军事密码，为法国赢得了战争的主动权。

当然，韦达最为中国中学生所熟悉的工作就是，他讨论了方程根的多种有理变换，发现了方程根与系数的关系，这就是韦达定理。

作为一名数学工作者，我这辈子在数学上最大的成就就是独立地发现了"杨辉三角"，即欧洲人所称的"帕斯卡三角"。虽然它早已被命名了，但我还是把这个发现作为自己最值得一提的发现。当年，我就是在计算二项式系数的时候，联想到 11 的幂，然后一来二去还真的让我找到了规律。所以说，丰富的想象力和足够的好奇心对于学好数学是很有帮助的。

所以，当你看见一元二次方程那两个带根号的根 $\left(x=\dfrac{-b\pm\sqrt{b^2-4ac}}{2a}\right)$ 时，难道不觉得别扭吗？毕竟，根号是个很违和的东西。不过我们发现，这两个根的根号部分恰好互为相反数，也就是说，两根在求和之后根号就没了，得到 $-\dfrac{b}{a}$；同理，这两个根互为共轭根式，即两根相乘就得到有理数。我们稍作计算即可得到

$$\begin{cases} x_1+x_2=-\dfrac{b}{a} \\[2mm] x_1x_2=\dfrac{c}{a} \end{cases}$$

是不是看起来顺眼多了？

这就是非常有名的韦达定理。对于一元二次方程 $ax^2+bx+c=0(a\neq 0)$ 来说，其两根和系数之间有如下关系：

$$x_1+x_2=-\frac{b}{a}$$

$$x_1x_2=\frac{c}{a}$$

这个定理很厉害，厉害到什么地步？我们来看一下方程

$$x^2+1=0$$

这个方程在实数范围内是无解的，但是按照韦达定理，两根之和仍然可以计算，答案等于 0；两根之积等于 1。这个结果是对的！所以，使用韦达定理的时候一定要注意这样一条原则：你能用韦达定理，但是你不知道这个方程是否有实根。判定一元二次方程是否有实根的唯一办法就是使用判别式。

韦达定理是非常、非常有用的，这里再补充另一个不起眼但在高中阶段却离不开的玩意儿：

$$\left| x_1 - x_2 \right| = \frac{\sqrt{\Delta}}{a}$$

这个公式在初中阶段用处并不大，但是到了高中阶段，特别是碰到解析几何，那差不多每题都在用了。我们可以通过直接两根相减得到它，也可以通过一个简单的代数变换得到它，即

$$\left| x_1 - x_2 \right| = \sqrt{(x_1 + x_2)^2 - 4x_1 x_2}$$

更一般的，我们有高次方程的韦达定理。若

$$a_n x^n + a_{n-1} x^{n-1} + \cdots + a_1 x + a_0 = 0 \ \ (a_n \neq 0)$$

则

$$x_1 + x_2 + \cdots + x_n = -\frac{a_{n-1}}{a_n}$$

$$x_1 x_2 + x_1 x_3 + \cdots + x_{n-1} x_n = \frac{a_{n-2}}{a_n}$$

$$x_1 x_2 x_3 + x_1 x_2 x_4 + \cdots + x_{n-2} x_{n-1} x_n = -\frac{a_{n-3}}{a_n}$$

$$\cdots$$

$$x_1 x_2 \cdots x_n = (-1)^n \frac{a_0}{a_n}$$

当然，我们一般只用到二次的结果，n 次的比较少见，平时考试几乎用不到，只有初中奥数题里可能会见到。所以，重点还是看二次的情况。

我们不妨再多做一些关于韦达定理的基本练习。

例 1 已知一元二次方程 $x^2 + 4x + 1 = 0$ 两根为 x_1 和 x_2，求：

$$\frac{1}{x_1} + \frac{1}{x_2}, \ |x_1 - x_2|, \ x_1^2 + x_2^2, \ x_1^3 + x_2^3, \ x_1^3 - x_2^3$$

像这些都是基本训练，特别是 $|x_1 - x_2|$，以后读了解析几何就知道这个练熟有多重要。首先我们写出

$$x_1 + x_2 = -4$$
$$x_1 x_2 = 1$$

则

$$\frac{1}{x_1} + \frac{1}{x_2} = \frac{x_1 + x_2}{x_1 x_2} = -4$$

于是有

$$|x_1 - x_2| = \sqrt{(x_1 - x_2)^2} = \sqrt{(x_1 + x_2)^2 - 4x_1 x_2} = \sqrt{16 - 4} = 2\sqrt{3}$$
$$x_1^2 + x_2^2 = (x_1 + x_2)^2 - 2x_1 x_2 = 16 - 2 = 14$$
$$x_1^3 + x_2^3 = (x_1 + x_2)(x_1^2 - x_1 x_2 + x_2^2) = -4 \times 13 = -52$$
$$x_1^3 - x_2^3 = (x_1 - x_2)(x_1^2 + x_1 x_2 + x_2^2) = \pm 2\sqrt{3} \times 15 = \pm 30\sqrt{3}$$

类似的题目你想怎么出就可以怎么出，比如 $x_1^5 + x_2^5$，$\frac{x_2}{x_1} + \frac{x_1}{x_2}$，对学习都是极好的锻炼，既训练了韦达定理，又熟悉了多项式运算技巧，一举两得。

这类题目其实就是多项式运算的自然延伸，只要多项式运算过关了，就不是问题。接下来，我们来看"正经"的韦达定理应用。

例 2 已知方程 $x^2 + ax + b = 0$ 两根比为 4 ：5，判别式为 2，求方程两个根。

一般来说，不管在什么题目中出现连比的形式，往往要先设比值为 k，这是一个基本操作，我们可以设这两个根为 $4k$ 和 $5k$，于是

$$4k + 5k = -a$$

$$4k \cdot 5k = b$$

根据题意，我们有

$$-9k = a$$

$$20k^2 = b$$

因为 $\Delta = a^2 - 4b = k^2 = 2$，所以

$$k = \pm\sqrt{2}$$

所以，求得的两根为 $4\sqrt{2}$ 、$5\sqrt{2}$ 或 $-4\sqrt{2}$ 、$-5\sqrt{2}$ 。

例 3 已知方程 $ax^2 + bx + c = 0$ 的两根为 x_1 和 x_2，求以 $\dfrac{1}{x_1 + 3x_2}$ 和 $\dfrac{1}{x_2 + 3x_1}$ 为两根的一元二次方程。

如果大家觉得这道题很复杂，那么我们先看简单一点的问法：假设一元二次方程两根为 1 和 2，求一个满足条件的二次项系数为 1 的一元二次方程。

很显然，要确定一个一元二次方程，主要是确定各项系数。由于 a 肯定不等于 0，所以我们总是能通过两边除以 a 的办法使得二次项系数等于 1，此时方程唯一确定了。

我们设方程两根为 x_1 和 x_2，那么方程可以表示成

$$(x - x_1)(x - x_2) = 0$$

所以，我们如果知道两根的和以及两根的积，就能把方程表示出来。方程的两根和是 3，两根积是 2，所以

$$-\frac{b}{a} = 3, \ \frac{c}{a} = 2$$

设 $a=1$，那么可以得到一元二次方程为

$$x^2 - 3x + 2 = 0$$

不难看出，重点就在于求两根和与两根积。

回到题目中，我们可以得到

$$\frac{1}{x_1 + 3x_2} + \frac{1}{x_2 + 3x_1} = \frac{x_1 + 3x_2 + x_2 + 3x_1}{(x_1 + 3x_2)(x_2 + 3x_1)} = \frac{4x_1 + 4x_2}{3x_1^{\ 2} + 3x_2^{\ 2} + 10x_1x_2}$$

此时由 $x_1 + x_2 = -\dfrac{b}{a}, x_1x_2 = \dfrac{c}{a}$ 可以得到

$$\frac{4x_1 + 4x_2}{3x_1^{\ 2} + 3x_2^{\ 2} + 10x_1x_2} = \frac{-\dfrac{4b}{a}}{3\left(\dfrac{b}{a}\right)^2 + \dfrac{4c}{a}} = \frac{-4ab}{3b^2 + 4ac}$$

$$\frac{1}{x_1 + 3x_2} \times \frac{1}{x_2 + 3x_1} = \frac{1}{3x_1^{\ 2} + 3x_2^{\ 2} + 10x_1x_2} = \frac{a^2}{3b^2 + 4ac}$$

于是以 $\dfrac{1}{x_1 + 3x_2}$ 和 $\dfrac{1}{x_2 + 3x_1}$ 为两根的一元二次方程是

$$x^2 + \frac{4ab}{3b^2 + 4ac}x + \frac{a^2}{3b^2 + 4ac} = 0$$

当然，如果你喜欢，也可以把方程整理得漂亮一点

$$(3b^2 + 4ac)x^2 + 4abx + a^2 = 0$$

这道题属于有点烦琐的题，但绝不难。只是，这里透露出来的把韦达定理反着用的思想才是核心——我们知道两根的和与积，就能把这个一元二次方程直接给写出来，这是非常重要的技能，家长必须要给孩子指出这一点。

如果你觉得韦达定理就是搞搞这些技巧，那么真的是大错特错了，韦达定理的内容十分丰富，坑也很多。我们再来看一些其他的应用。

例4 设方程 $(m+1)x^2 + (m-5)x + m + 6 = 0$ 有两实根，且一根是另一根的 2 倍少 1，求 m 的值。

敲黑板：如果一元二次方程的二次项系数带参数，那就必须讨论，能不能记住这一点，是基本概念扎实或不扎实的问题。宁可讨论了没用，也不能放任潜在的失分点不管！我们得到的第一个结论是 $m \neq -1$，然后再写出根和系数的关系：

$$x_1 + x_2 = -\frac{m-5}{m+1}$$

$$x_1 x_2 = \frac{m+6}{m+1}$$

然后根据条件，我们有 $x_1 = 2x_2 - 1$，代入上面两个式子，得到

$$3x_2 - 1 = -\frac{m-5}{m+1} \qquad (1)$$

$$x_2(2x_2 - 1) = \frac{m+6}{m+1} \qquad (2)$$

由 (1) 解出 $x_2 = \frac{2}{m+1}$ 后代入 (2)，解得 $m = 0$ 或者 $m = -9$。经检验，这两个值均满足 $\Delta \geqslant 0$。

上题是很常见的利用根来反推方程的例子。一般来说等式的情况是比较容易的，不等式往往要难一些。有没有利用韦达定理构造不等式的例子呢？

例5 若方程 $x^2 + (m-4)x + 6 - m = 0$ 两根都大于 2，求 m 的取值范围。

既然两根大于 2，也就是说两根的和大于 4，两根的乘积也大于 4。这是最容易联想到用韦达定理的方式，于是我们得到

$$x_1 + x_2 = 4 - m > 4$$
$$x_1 x_2 = 6 - m > 4$$

解得 $m < 0$。

作为家长来说，这个地方也是非常容易被忽略的地方，因为大多数时候接触到的题目是：什么时候方程有两个正根？

我们设方程两根为 x_1, x_2，若方程有两个正根，则：

$$x_1 + x_2 > 0$$

$$x_1 x_2 > 0$$

反之，如果两个根满足

$$x_1 + x_2 > 0$$

$$x_1 x_2 > 0$$

则一元二次方程有两个正根。

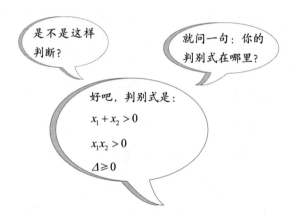

于是根据化归的思想，我们是不是可以凭借

$$x_1 + x_2 > 2a$$

$$x_1 x_2 > a^2$$

$$\Delta \geq 0$$

来得到方程两根都大于 a 呢?

这是很合理的推论,简直就是完美复制了两个正根的讨论。这时候一定学会要从反面想想——有没有反例?

我们来看这样两个数:1 和 5 两数之和等于 6,两数之积等于 5,这两个数都大于 2 吗?

首先我们回忆方程什么时候有两个正根?以下这种情况不就是吗?

$$x_1 + x_2 > 0$$

$$x_1 x_2 > 0$$

$$\Delta \geqslant 0$$

没错,那为什么推有两个大于 2 的根就出问题了?那是因为没有正确化归!事实上,"两个大于 2 的根"的等价命题应该是:方程两个根各减 2 后都是正的。你仔细品味一下,这个表述方式与之前错误的表述方式之间有何区别?于是我们得到

$$x_1 - 2 + x_2 - 2 > 0$$

$$(x_1 - 2)(x_2 - 2) > 0$$

解得 $-2 < m < 0$。

再次强调：如果只是利用韦达定理单纯地让你计算这些对称代数式的值，那么可以不用考虑判别式，但是，如果明确方程有两个实根，一定不能忘了判别式的符号，因为韦达定理和判别式不是一码事！

为了加深各位的直观印象，我们来看一元二次方程

$$x^2 - 6x + 10 = 0$$

不解方程，我们通过韦达定理可以直接得到

$$x_1 - 2 + x_2 - 2 > 0$$

$$(x_1 - 2)(x_2 - 2) > 0$$

但是方程有实根吗？套路啊，一层接一层的套路啊！最终，由 $\Delta \geqslant 0$ 可得

$$m \leqslant 2 - 2\sqrt{3} \text{ 或 } m \geqslant 2 + 2\sqrt{3}$$

所以 m 的取值范围是 $-2 < m \leqslant 2 - 2\sqrt{3}$。这次才是真的做完了。

韦达定理非常好用，但是不能判定二次方程是否有实根，这是个极大的陷阱，对初中生来说也是超级厉害的一个"bug"：这个定理不光对于方程有实根的情况成立，而且对于判别式小于 0 的情况依然是成立的，也就是说，

韦达定理超越了虚实！

　　某年的某地中考数学试卷中有一道题目就是平面几何和韦达定理的结合。但是，那道题给出的一元二次方程是没有实根的，很多学生都被题目搞懵了，纷纷缴械。事实上，那道题对于方程有无实根没有要求，只和韦达定理有关，不过，这道题事后也被大家纷纷质疑，这要放在今天，估计真能掀起一场风波。

　　读者可能会有一种感觉：这些题目看起来并不难啊？那是因为我们很明确正在讲韦达定理，所以你在看题的时候就会不自觉地缩小思路的寻找范围，这使得题目看起来并不是那么难。但在真正考试的时候，是没有任何线索告诉你该使用什么方法的，那该怎么办？

　　这就又回到了我之前讲的，你要不断去提取每个知识点的出题特征，并且慢慢学会或引导娃自己去归纳总结。比如，你看到题设中明确提到了"方程两根如何如何"，然后又和 a, b, c 相关，那就应该想着，是不是要用韦达定理？

　　事实上，只要出现或者能够转化成 $a+b=x$，$ab=x$ 这种形式的题目，第一反应都应该是使用韦达定理。

例6 已知实数 a, b, c 满足 $a+b+c=0$，$abc=1$，求证 a, b, c 中必有一个大于 $\dfrac{3}{2}$。

　　这道题如果不是放在本小节讲解，你的思路是什么？恐怕很难想。我们曾经说过，不等式这个东西对于凡人来说，就是三分靠打拼，七分靠积累，剩下九十分靠运气。数学竞赛中的不等式题往往技巧性极强，很难构造，所以面对证明不等式，很多高手都是有点发怵的。当然，让贼老师发怵的不等式是不会在这里出现的……连我都做怕了的题目，肯定不适合大多数读者。

像这道题，大家就不用太担心，为什么呢？因为"本题采用韦达定理"这几个字，简直就像写在脸上一样！

我们只要稍作变形就可以得到

$$a+b=-c, ab=\frac{1}{c}$$

于是 a, b 就是方程

$$x^2+cx+\frac{1}{c}=0$$

的两根。显然，方程的判别式要非负，我们可以得到

$$\Delta = c^2 - \frac{4}{c} \geqslant 0$$

这时候出现新问题了，c 的符号如何判别？当 c 小于 0 的时候，判别式恒为非负，这时候对解此题没有意义。那么 c 有没有可能是正的呢？当然有可能。三数和为 0，三数积为 1，所以这三个数的符号必为一正两负。由对称性可知，我们不妨设 $c>0$，此时得到

$$c^3 \geqslant 4$$

显然

$$c \geqslant \sqrt[3]{4} = \sqrt[3]{\frac{32}{8}} > \sqrt[3]{\frac{27}{8}} = \frac{3}{2}$$

a 和 b 的情况类似。像这样的特征，大家自己要会总结。

我们接着讲韦达定理这一应用的变形。

例 7 若 $x+y+z=\dfrac{1}{x}+\dfrac{1}{y}+\dfrac{1}{z}=1$，

求证 $x,\ y,\ z$ 中至少有一个是 1。

这是怎么联系到韦达定理的呢？

假如 $x,\ y,\ z$ 中已经有一个是 1 了，不妨设 $z=1$，那么题目就做完了。接下来应该考虑 z 不等于 1 的情况，我们试图证明 x,y 中有一个是 1。

请仔细阅读上面这段话，这也是一个常见的套路。在这里，你可以把 z 替换成 x,y 中任何一个字母都没问题。但是，你要先考虑最简单的情况，这在考试中往往能薅上一把羊毛。所以，家长也一定要记得提醒孩子：如果碰到难题，要看看能不能先把最简单的情况写出来，能挣两分是两分啊！比较厉害的娃可能根本看不上这种方法，因为他们总是能做出来，但是对于大多数孩子来说，多一分也是好的。

我们沿着 z 不等于 1 的假设继续往下走，于是可以得到

$$x+y=1-z$$
$$\frac{1}{x}+\frac{1}{y}=\frac{x+y}{xy}=1-\frac{1}{z}=\frac{z-1}{z}$$

通过联立两个等式，我们得到 $xy=-z$，所以 x,y 是一元二次方程

$$t^2+(z-1)t-z=0$$

的两个根，马上可以因式分解得到

$$(t-1)(t+z)=0$$

所以一定有一个根是 1，即 x 或 y 中有一个是 1。

例 8 已知实数 x, y, z 满足 $x + y + z = a$

$$x^2 + y^2 + z^2 = \frac{a^2}{2}$$

其中 $a > 0$，求证：

$$0 \leqslant x, y, z \leqslant \frac{2}{3} a$$

很显然，x, y, z 是对称的。所以，我们只要能证明 x, y, z 中有一个是在这个范围内就可以了。我们看到有 $x + y$，又有 $x^2 + y^2$，联想到用韦达定理求值，所以我们也可以利用 $x^2 + y^2$ 和 $x + y$ 来推 xy 的值。

$$x + y = a - z$$

$$x^2 + y^2 = \frac{a^2}{2} - z^2$$

把上面的式子平方后减去下式，我们可以得到

$$xy = z^2 - az + \frac{a^2}{4}$$

所以 x, y 是方程

$$t^2 + (z - a)t + z^2 - az + \frac{a^2}{4} = 0$$

的两个实根。我们计算这个方程的判别式，可以得到

$$3z^2 - 2az \leqslant 0$$

于是

$$0 \leqslant z \leqslant \frac{2}{3} a$$

同理，对 x, y 也都成立，只要把上述证明过程中的 z 换成 x 和 y 即可。

例 9　若 x，y 满足方程组

$$\begin{cases} \dfrac{x}{4^3+6^3}+\dfrac{y}{4^3+7^3}=1 \\[3mm] \dfrac{x}{5^3+6^3}+\dfrac{y}{5^3+7^3}=1 \end{cases}$$

求 $x+y=?$

我们当然可以把这个二元一次方程组解出来，毕竟这些数还不算很大……我们稍作计算得到

$$\begin{cases} \dfrac{x}{280}+\dfrac{y}{407}=1 \\[3mm] \dfrac{x}{341}+\dfrac{y}{468}=1 \end{cases}$$

好吧，请问你是想用高斯消去法？还是用代入法？这个过程十分机械化，但在没有办法的情况下，这的确是一个好办法。

当然，我们现在是平时训练，就要想法缩短时间，找巧算的方法；到了考试的时候，如果你寻找一两分钟，仍然觉得毫无头绪，反正有硬算保底，那就可以直接硬算了，没必要和题目死磕！

数全部计算出来以后显得非常丑陋，不符合我们的解题审美，所以这时候采用的策略就是：不要展开那些数，让它们留着。当然，我们仍然要通分，否则下一步无法开展。把两边的分母都去掉，得到

$$\begin{cases} (4^3+7^3)x+(4^3+6^3)y=(4^3+7^3)(4^3+6^3) \\ (5^3+7^3)x+(5^3+6^3)y=(5^3+7^3)(5^3+6^3) \end{cases}$$

有什么发现吗？我们看到，4^3 和 5^3 恰好是关于 t 的一元二次方程

$$(t+7^3)x+(t+6^3)y=(t+7^3)(t+6^3)$$

的两个根！

我们把方程整理一下，就变成了

$$t^2 - (x+y-6^3-7^3)t - (6^3 y + 7^3 x - 6^3 \times 7^3) = 0$$

但是，这和我们要求的"$x+y=?$"有什么关系呢？韦达定理告诉我们

$$t_1 + t_2 = x + y - 6^3 - 7^3 = 4^3 + 5^3$$

所以

$$x + y = 6^3 + 7^3 + 4^3 + 5^3 = 748$$

计算是不是被大大简化了？

例 10 解方程组 $\begin{cases} x + y + \sqrt{(x+2)(y+3)} = 34 \\ (x+2)^2 + (y+3)^2 = 741 - (x+2)(y+3) \end{cases}$

我说过，很多时候人不是被数学难死的，而是被吓死的。其实，练一道

难题，或者说，"吃透"一道难题的效果远远好于做五道、十道普通习题的效果。因为难题考察的知识点全面，而且，你必须具备分解题目的能力——把题目中的每个知识点还原出来。

这道题之所以显得难，因为无论是根式方程还是二元二次方程，都是很多初中生从来没接触过的类型。但在大约五年之后的高考里，就有一类题型专门考你们从没学过的东西。你要在极短的时间内利用题干所给的信息来解题，而且题干给出的信息是足够的。

既然我把这道题放在这里，说明这道题一定是能够用你们学过的知识解决的！看到这里，是不是觉得信心回来一点呢？

仔细观察：在这个方程组里，$x+2$ 和 $y+3$ 是反复出现的，唯一没有出现的地方在第一个方程的 $x+y$ 处。但是，从 $x+y$ 变到 $x+2$ 和 $y+3$ 是很容易的事：

$$x+y=x+2+y+3-5$$

做出这样的一个变换，因为 $x+y$ 实在是太碍眼了。于是我们把方程组可以改写成

$$\begin{cases} u+v+\sqrt{uv}=39 \\ u^2+v^2=741-uv \end{cases}$$

其中 $u=x+2$，$v=y+3$。

这比最初的式子看起来稍微清爽了一些，但是，似乎并没有什么用啊！

别着急嘛！做数学题切忌心浮气躁。我们在学习和教学的过程中，更多的是需要培养自己攻克难题的勇气，顺便也要磨炼自己的耐心。

大部分人对于根式运算总是排斥的，因此在这个式子里，让你感到违和的一定是 $\sqrt{uv}$，而我们换元的一个很重要原则就是"看谁不爽就换掉谁"，于是我们继续做换元。令 $u+v=s$，$\sqrt{uv}=t$，于是方程组变成

$$\begin{cases} s+t=39 \\ s^2-t^2=741 \end{cases}$$

这不就可以用平方差公式了吗？把第二个方程除以第一个方程，马上可以得到 $s-t=19$。看到这个式子就知道，题目肯定做对了，因为这么丑陋的数恰好能相互整除！ 741 这么不常见的数，居然恰好能分解成 19×39，你觉得这会是巧合吗？这充分说明数都是凑好的，这也是大家判断自己是否走在一条正确的路上的检验方法。

此时，方程组就变成了二元一次方程组，我们马上可以得到 $s=29$，$t=10$。代入之前的变换，我们可以得到 $u+v=29$，$uv=100$。此时，再用韦达定理的逆定理，u,v 就是一元二次方程 $a^2-29a+100=0$ 的两个根，解得 u，v 分别为 25 和 4。

于是问题又来了，究竟是 u 等于 25 还是 v 等于 25 呢？看起来无所谓，所以方程组有两组解：$x+2=25$，$y+3=4$ 或者 $x+2=4$，$y+3=25$，即 $x=23$，$y=1$ 或者 $x=2$，$y=22$。

通过以上这些例子，我们不难发现，只要是能够转化成 $x+y$ 和 xy 成对出现的情况的题目，都可以尝试用韦达定理结合判别式来解决，应该说，这是构造法里特点最明显的一类题了。

最后，带各位读者来总结一下：本节主要讲的是韦达定理的逆定理的运用，以及换元法的反复使用，同时结合了一元二次方程和二元一次方程等知识点。

大家现在是不是对"难题是怎么组成的"有点感觉了？

第 5 节　解方程的杂题

解方程其实是代数式中一大类问题。本节我们就来看看关于解方程的杂题。之前讲了那么多关于因式分解的内容，首先就来看看它在解方程中的作用吧！

例1 已知关于 x 的方程 $\left(x-\dfrac{a}{x}\right)^2-5x-\dfrac{5a}{x}=-6-4a$ 有两个实根相等，求 a 的值。

我们当然可以按部就班，直接展开，然后两边乘以 x^2，得到一个一元四次方程，然后对左边进行因式分解。

这是一条正确的路，但不是最好的路。我们始终强调，在没有办法的情况下硬算确实是一条好路，但是平时还是要尽量多掌握一些办法。硬算，那是没有办法的办法。

应试技巧在很多时候要靠平时的积累。你平时题目都会做并不见得考试一定能考好，因为考试需要的是速度和正确率相结合，而不单单要一个正确的结果。因此一定要学会在短时间内找到最好的解法，如果找不到，就要以最快的速度决定用笨办法。

在这个例子里，我们认为分解一元四次多项式是很痛苦的事情，何况这还是二元的情况？所以应该有简便的方法。

这里介绍一个常用的技巧：若代数式中存在形如 $ax\pm\dfrac{b}{x}$ 的项，那么一定要观察它的平方项是否存在，即是否有 $a^2x^2 \pm 2ab + \left(\dfrac{b}{x}\right)^2$ 这种形式，当然，我们可以把 $\pm 2ab$ 这项略去，毕竟常数项只要配方就能解决了。

在整个中学的学习过程中，$ax \pm \dfrac{b}{x}$ 是个很有意思的函数：教材上不会有这个函数，但是考试的时候特别喜欢考。尤其是高中的数学，涉及函数求最大值、最小值或者不等式放缩等，能弄出各种花样来。然而书上就是不介绍，全靠老师补充。我现在就告诉你们，这个很重要，特别地，$x + \dfrac{a}{x}$ 这个函数以后你们会经常碰到。

在多项式变形的各种题目中，含有 $ax \pm \dfrac{b}{x}$ 项的处理也是一项基本技能。在本题中，既有 $ax \pm \dfrac{b}{x}$ 项，又有 $a^2x^2 \pm 2ab + \left(\dfrac{b}{x}\right)^2$ 项，所以我们很自然地选用换元法来看看。

设 $x + \dfrac{a}{x} = t$ ……等一下，那 $\left(x - \dfrac{a}{x}\right)^2$ 怎么办？我们把 $\left(x - \dfrac{a}{x}\right)^2$ 展开，得到 $x^2 - 2a + \left(\dfrac{a}{x}\right)^2$，再配方一次，得到 $x^2 - 2a + \left(\dfrac{a}{x}\right)^2 = x^2 + 2a + \left(\dfrac{a}{x}\right)^2 - 4a$ $= \left(x + \dfrac{a}{x}\right)^2 - 4a$，问题不就解决了？

此时，方程变成了

$$t^2 - 5t + 6 = 0$$

即 $x + \dfrac{a}{x} = 2$ 或者 $x + \dfrac{a}{x} = 3$。

注意到题目的要求是方程有两个相等的实根，因此，我们分别对两种情况计算判别式：$x + \dfrac{a}{x} = 2$ 变成 $x^2 - 2x + a = 0$，解得 $a = 1$；$x + \dfrac{a}{x} = 3$ 变成 $x^2 - 3x + a = 0$，解得 $a = \dfrac{9}{4}$。

例2 解方程
$$12x^4 - 56x^3 + 89x^2 - 56x + 12 = 0$$

一元四次方程的公式法极其复杂，有兴趣的读者可以去搜一搜，全套解法估计一个高考作文的长度怕是都拦不住。怎么可能拿这样的题目来考一个初中生呢？所以既然笨办法都不会，那就只剩下巧办法了。

做数学题做出破案的感觉：把那些不可能的情况去掉，剩下的情况甭管多么离谱、多么古怪，那也必然是事情的真相。

方程的最高次数是四次，所以一定不可能用一元一次方程的理论来解；二元一次也肯定不对，那么必然是一元二次方程的方法。

最高是四次，怎么变成二次？依原方程，可知 $x = 0$ 显然不是解。因此，我们把方程两边除以 x^2，可以得到

$$12x^2 - 56x + 89 - \frac{56}{x} + \frac{12}{x^2} = 0$$

这道题目是不是就已经做完了？没错，我们可以设 $x + \frac{1}{x} = t$，$x^2 + \frac{1}{x^2} = t^2 - 2$，上式变成

$$12t^2 - 56t + 65 = 0$$

剩下的是不是就很简单啦？

当然，我们也可以用因式分解里的试根法进行分解，幸运的是，这个方程四个根恰好是有理根，如果这个方程四个都是无理根，那么试根法就失效了。不过两边同除以 x^2 再配方的方法仍然有效。

比如我们可以试试方程

$$x^4 - 8x^3 + 12x^2 - 8x + 1 = 0$$

分别比较试根法和配方法，你会发现配方法真好用。那是不是所有的四次方程都可以这样解呢？

当然不是啦！这种配方法的前提要注意，当方程两边同除以 x^2 后，能够利用换元法变成一元二次方程才行！是不是又学到了一招？

很多方程看起来是面目可憎的，实际上只要认识到位了之后，并没有大家想得那么可怕。

例3 解方程组
$$\begin{cases} \dfrac{xy}{x+y} = 1 \\ \dfrac{yz}{y+z} = 2 \\ zx = 3(z+x) \end{cases}$$

什么，三元二次方程组？

没错，就是三元二次方程组。那又如何呢？

代数反反复复其实就是化归，肯定要把这道题目化成我们之前讲过的情况。要么一元二次，要么三元一次，不然这道题目肯定没法解。

家长在指导的时候，第一步就应该问孩子："这道题目你打算怎么处理？"如果孩子茫然无措，那么可以提示："你现在会解哪几类方程组？"

这就是逐步引导。

好，接下来就是尝试的过程。如果要消元，我们发现如果通过第一个式子，我们可以把 x 和 y 的关系表示出来

$$y = \frac{x}{x-1}$$

代入第二个方程中就是

$$\frac{xz}{x+xz-z} = 2$$

即

$$xz = -2(x-z)$$

第三个方程是 $zx = 3(z+x)$，我们马上可以得到 $z = -5x$。反代入第三个方程，即得 $x = \frac{12}{5}$，$z = -12$，再根据 x 和 y 的关系得到 $y = \frac{12}{7}$。

这就是很常规的思路。面对多元的方程，想着消元要近似于本能反应。如果第二个方程变形之后看不出它和第三个方程之间关于 xz 的联系，也可以继续把 z 用 x 表示出来，再代入到第三个方程中去，会得到一样的结论。

那么，降次的路能不能走通呢？看起来有困难。对初学者而言，这道题目做成这样已经可以了。如果学有余力，那么就要想一想：有没有更好的解法呢？

接下来我们来看一种技巧性比较强的解法，这种解法需要孩子有一定的数学感觉。

首先我们把方程组改写为

$$\begin{cases} \dfrac{xy}{x+y}=1 \\[2ex] \dfrac{yz}{y+z}=2 \\[2ex] \dfrac{zx}{z+x}=3 \end{cases}$$

是不是顿时觉得漂亮了很多？因为它高度对称。

但是对于这样的分式，我们什么都做不了，除了把分母乘过去以外，别无他法。可是，如果把分母乘过去以后，不就变成了之前的形式了吗？所以肯定不能乘过去。那该怎么处理？我们两边都取倒数。

$$\begin{cases} \dfrac{1}{x}+\dfrac{1}{y}=1 \\[2ex] \dfrac{1}{y}+\dfrac{1}{z}=\dfrac{1}{2} \\[2ex] \dfrac{1}{z}+\dfrac{1}{x}=\dfrac{1}{3} \end{cases}$$

这时候，把三个方程相加，得到

$$2\left(\frac{1}{x}+\frac{1}{y}+\frac{1}{z}\right)=\frac{11}{6}$$

马上推出

$$\frac{1}{x}+\frac{1}{y}+\frac{1}{z}=\frac{11}{12}$$

再用这个式子分别减去上面第二个方程组中的三个方程，马上可以得到 x,y,z 的倒数值，从而求出 x,y,z。

是不是很有意思？多元的题目很难，但一元的题目不见得就简单。

例4 解方程

$$\frac{x+2015}{x+2014}+\frac{x+2017}{x+2016}=\frac{x+2018}{x+2017}+\frac{x+2014}{x+2013}$$

这个方程要是走通分的路线，得到的结果就是一个一元四次方程——相信我，你不会愿意这么做的，毕竟几个 2000 多的数相乘，是不会让人愉快的。

所以，这道题目一定有简便的办法解决——你必须能想到这一点！

我们发现，所有分子都比分母大 1，这是一个很好的现象。对于这样的分式，我们往往把分子中的整式部分先剥离出来，于是变成了

$$1+\frac{1}{x+2014}+1+\frac{1}{x+2016}=1+\frac{1}{x+2017}+1+\frac{1}{x+2013}$$

看，是不是一下子简洁了许多！

$$\frac{1}{x+2014}+\frac{1}{x+2016}=\frac{1}{x+2017}+\frac{1}{x+2013}$$

我们再仔细观察，又可以发现两边的分母之和是相等的，这个时候我们进行通分就显得容易多了。即

$$\frac{2x+4030}{(x+2014)(x+2016)}=\frac{2x+4030}{(x+2017)(x+2013)}$$

显然，$x=-2015$ 是方程的解。通过进一步计算，不难发现 $x=-2015$ 是方程的唯一解。（细节留给你们啦。）

技巧这个东西，只能靠时间慢慢磨，最忌心浮气躁，大家细细体会吧。

例5 解方程

$$\frac{4x^3+10x^2+16x+1}{2x^2+5x+7}=\frac{6x^3+10x^2+5x-1}{3x^2+5x+1}$$

> 这个式子化简完了看起来是一个五次方程，我的天哪！

> 注意：只是看起来罢了。

我们把式子沿着两个对角线乘起来以后会发现，两个最高的五次项系数都是 12，换句话说，这最多只是一个四次方程而已。是不是觉得简单了很多？

我没有戏弄大家，要知道，五次与四次方程是一个分水岭：超过四次的多项式方程就不再有求根公式了，但是，低于五次的方程都有求根公式——尽管你们可能没学过三次和四次的方程。

不过起码有条路了。我们要了解这样一件事情：很多时候，很多题目的解法看起来很"炫"，但是在考试的时候并没有什么太大的用处，因为你根本想不到。只有考试时能想到的并能解出题目的方法，才是好方法。所以，我们往往需要的是"没有办法的办法"，即我找不到好解法，只能硬来的那种方法。

像这道题，如果硬来的话，其实也就是每边 12 项而已，而且数都不大，交叉相乘绝对是个办法。特别是，如果你看不出有什么好办法，那这就是用来保命的方法。当然，平时训练时，我们还是要找那些尽量让自己能节省工作量的方法。

我们注意到，式子两边交叉相乘后，最高次的系数相等，再结合分式中的一条基本规律：如果分子次数超过分母，那么就做带余除法，把整块的部分（商式）分离出来，只留下余式保留在分子中。我们把方程变形为

$$\frac{2x(2x^2+5x+7)+2x+1}{2x^2+5x+7}=\frac{2x(3x^2+5x+1)+3x-1}{3x^2+5x+1}$$

于是方程变为

$$\frac{2x+1}{2x^2+5x+7}=\frac{3x-1}{3x^2+5x+1}$$

这时候两边再交叉相乘，就只有 6 项了。是不是简单很多了？

式子虽然变简单了，但既然刚才用了这么好的办法，为什么不考虑再来一次？

这时候，分子的次数已经低于分母了，不具备继续进行下去的条件。

但在分式的处理中，取倒数是一个十分常用的技巧，而此时等式两边分母中的二次项系数和分子中的一次项系数之比又是相等的，我们完全可以两边取个倒数，再来一次嘛！

两边倒数可以取吗？分母不为 0 必须常记心头啊！

换句话说，这个分式会等于 0 吗？显然 $x=-\dfrac{1}{2}$ 和 $x=\dfrac{1}{3}$ 都不是方程的解，所以我们可以两边取倒数：

$$\frac{2x^2+5x+7}{2x+1}=\frac{3x^2+5x+1}{3x-1}$$

并且重复上面的过程得到了以下的式子，即

$$\frac{4x+7}{2x+1}=\frac{6x+1}{3x-1}$$

没错，你一点都没想错，确实还可以再来一次！

$$\frac{5}{2x+1}=\frac{3}{3x-1}$$

最后我们得到 $x=\dfrac{8}{9}$。

　　这些技巧当然属于锦上添花，学有余力的同学可以尝试。总之，道路千万条，计算第一条；如果来点巧，保证成绩好。

例6 解方程
$$\frac{4}{x^2+3x}+\frac{5}{x^2+3x-6}+\frac{3}{2}=0$$

　　经过长时间的"灌输"，大家应该明白了硬算的威力，特别是在代数学习中。不过，硬算往往属于没有办法的办法，平时练习的时候就尽量找一些简便的办法，不要只会硬算。

观察题目之后，我们发现 x^2+3x 反复出现。之前在讲因式分解的时候我们就说过，所谓的换元法不仅仅是一种方法，更是一种思想——化繁为简的思想。

事实上，当运算的式子中有部分内容反复出现时，我们就应该考虑使用换元法。很显然，本题符合这个要求。我们设 $x^2+3x=t$……

比如说，三个数成等差数列，我们当然可以设成 a, $a+d$, $a+2d$，这是对的，但并不太合理。因为无论是乘积也好，求和也好，结果都不是太漂亮。反之，如果设成 $a-d$, a, $a+d$ 就好得多。对比这两组的和与积，虽然意思是一样的，但后者的表达式看起来要舒服得多。同样，我们在这里可以考虑设 $x^2+3x-3=t$，于是原方程就变为

$$\frac{4}{t+3}+\frac{5}{t-3}+\frac{3}{2}=0$$

通分整理即得

$$t^2+6t-7=0$$

解得 $t=1$ 或者 $t=-7$。

由 $x^2+3x-3=1$，得到 $x=1$ 或者 $x=-4$；由 $x^2+3x-3=-7$ 可知方程无实数解。所以方程的根为 $x=1$ 或者 $x=-4$。

当然，如果你把整个方程两边通分然后展开，会发现各项系数之和为 0。那么必然含有 $x-1$ 的因子，随后进行因式分解也可以得到答案。

 解方程

$$\frac{3x^2+4x+3}{3x^2-4x-3}=\frac{3x^2-6x+4}{3x^2+6x-4}$$

我们会发现，降次之后再交叉相乘，原方程就变成了一个三次方程，计算量下降了一些。那么有没有更好的办法呢？

这个方程和之前讲的直接把分子降次的分式方程有什么不同呢？我们很容易发现，这个方程的每个分式除了二次项以外的部分就差了个符号，我们如果设 $4x+3=a, 6x-4=b$，那么方程变成

$$\frac{3x^2+a}{3x^2-a}=\frac{3x^2-b}{3x^2+b}$$

交叉相乘后即得 $x^2(a+b)=0$，所以 $x=0$ 或者 $x=\frac{1}{10}$。经过检验，两者都

是方程的根。

还是那句话：有没有更好的办法？如果你小学基础打得牢的话，那么根据比例的性质，若 $\dfrac{a}{b}=\dfrac{c}{d}$，则

$$\frac{a+b}{a-b}=\frac{c+d}{c-d}$$

反之亦然。所以根据这个性质，我们马上可以得到

$$\frac{3x^2}{4x+3}=\frac{3x^2}{-6x+4}$$

显然，$x=0$ 或者 $x=\dfrac{1}{10}$。是不是越来越有意思了？

例8 **解方程**
$$\frac{x-2}{3}+\frac{x-3}{2}=\frac{3}{x-2}+\frac{2}{x-3}$$

这回怎么换元？谁规定只能换一个，对吧？所以我们可以设 $\dfrac{x-2}{3}=s$，$\dfrac{x-3}{2}=t$，则方程变为

$$s+t=\frac{1}{s}+\frac{1}{t}=\frac{s+t}{st}$$

所以 $s+t=0$ 或者 $st=1$，分别解得 $x=\dfrac{13}{5}$，$x=0$，$x=5$。

数学题有时真的就跟变魔术一样，戏法说穿了就一文不值了。事实上，在解方程的过程中，各种代数技巧的综合运用是相当常见的情况，关键在于学生的化归思想掌握得如何。

例9 解方程

$$5\sqrt{x}+5\sqrt{2x+3}+2\sqrt{2x^2+3x}=11-3x$$

有根号怎么处理？两边平方是通常的处理办法。因为通过平方，我们可以把带根号的项消灭或者项数减少。如果你把这个方程两边平方了，会发现左边的根号项数仍然是三项，但根号内的次数不断升高，所以这个方法一定是错的。

我很推崇一句话：这道题目本身没有太大意义，因为这是一道"陈题"；但是怎么阐述解题的思维过程很有意义，一定要把想法学会。

既然两边平方行不通，那么就看看方程有什么特点。我们发现，撇开系数不看，第一项根号和第二项根号的乘积恰好是第三项！然而这又有什么用呢？

讲道理，现在看不出有没有用，但起码我们知道，这不会是一个巧合。带根号的式子总是让人讨厌的，出于简化计算的目的，我们可以用换元法。设 $\sqrt{x}=a,\sqrt{2x+3}=b$，原方程就变成

$$5a+5b+2ab=11-3x$$

……又卡死了。

右边的 x 看起来没法处理——注意，是看起来。换元法的一个重要思路就是要把原来的元素统统用新的元素来代替，因此，留下个 x 是绝对不行的。

那怎么换呢？用 a，还是用 b？因为我们可以分别从 a 和 b 反解出 x，用哪个呢？不妨都试试。

如果从 $\sqrt{x}=a$ 出发，那么 $x=a^2$，于是变成

$$5a+5b+2ab=11-3a^2$$

又动不了了！同样，从 $\sqrt{2x+3}=b$ 出发，也是一样的结果。怎么办？说明这个 x 不能单独地用 a 或 b 来表示——对，应该用 a 和 b 共同表示。注意到 $a^2+b^2=3x+3$，我们可以把方程改写成

$$a^2+b^2+5a+5b+2ab-14=0$$

这时候就很容易看出

$$(a+b)^2+5(a+b)-14=0$$

即

$$(a+b-2)(a+b+7)=0$$

所以 $a+b=2$ 或者 $a+b=-7$。显然 a 和 b 都是非负的，因此只能 $a+b=2$ 了。

$$\sqrt{x}+\sqrt{2x+3}=2$$

就是个常规的根式方程了，两边平方后移项，再平方一次就可以变成一个一元二次方程，解得

$$x=9\pm4\sqrt{5}$$

经过检验，$x=9+4\sqrt{5}$ 应该舍去。

　　换元法还能这样用？是不是很吃惊？整个过程很好地展示了什么是科学地进行试探。

例 10 解方程
$$\sqrt{2x^2-1}+\sqrt{x^2-3x-2}=\sqrt{2x^2+2x+3}+\sqrt{x^2-x+2}$$

　　想都不用想，一定不会两边平方。你可以试试看，平方完了以后，根号内的多项式变成了四次，而根号外的东西仍然还有 x 在，还要移项后再平方

两次才能把根号消灭……那时候方程的次数还能看吗？

设

$$\sqrt{2x^2-1}=a,\ \sqrt{x^2-3x-2}=b,\ \sqrt{2x^2+2x+3}=c,\ \sqrt{x^2-x+2}=d$$

于是可以得到 $a+b=c+d$。可这并没有什么用，根号最让人讨厌的地方在于它运算起来很不方便，所以我们考虑用平方把这些根号都去掉，然而 $a^2+b^2=c^2+d^2$ 也不成立啊！那做减法试试呢？结果意外发现 $a^2-b^2=c^2-d^2$ 是成立的！于是，我们可以进行因式分解了

$$(a+b)(a-b)=(c+d)(c-d)$$

且 $a+b=c+d$ 不等于 0。所以两边可以约去，即

$$a-b=c-d$$

马上得到 $a=c$。剩下的就是常规步骤了，解得 $x=-2$。

当然，像这种题目还有一种比较漂亮的操作，叫分子有理化，属于根式中的常见技巧。我们可以把这个方程看作

$$\frac{\sqrt{2x^2-1}+\sqrt{x^2-3x-2}}{1}=\frac{\sqrt{2x^2+2x+3}+\sqrt{x^2-x+2}}{1}$$

将分子分母同乘以它们的共轭根式，即得

$$\frac{x^2+3x+1}{\sqrt{2x^2-1}-\sqrt{x^2-3x-2}} = \frac{x^2+3x+1}{\sqrt{2x^2+2x+3}-\sqrt{x^2-x+2}}$$

然后得到

$$x^2+3x+1=0$$

或者

$$\sqrt{2x^2-1}-\sqrt{x^2-3x-2}=\sqrt{2x^2+2x+3}-\sqrt{x^2-x+2}$$

而 $x^2+3x+1=0$ 的根显然不满足方程（为什么？想一想），所以只需要解

$$\sqrt{2x^2-1}-\sqrt{x^2-3x-2}=\sqrt{2x^2+2x+3}-\sqrt{x^2-x+2}$$

即可。后面的过程同上。

　　解方程中的杂题充满了"暴力美学"和技巧，这是多项式计算的综合运用，很有难度。一点点地打磨这种题目，哪怕领悟不到技巧，硬算的功夫也肯定要见长。

27
一元二次不等式

这一节我们来讲讲一元二次不等式。事实上，不等式和方程是孪生兄弟，有方程就会有不等式的存在。所谓一元二次不等式，是指形如

$$ax^2 + bx + c > 0$$

的不等式。其中 a 不等于 0。

在学习一次不等式的时候我们已经知道，不等式两边同乘以 -1，那么不等号要变向，所以我们不妨设 $a > 0$，如果 $a < 0$ 的话，就通过两边乘以 -1 把不等号变向来考虑。

一元二次不等式该如何解？

方程是含有未知数的等式，而不等式其实就是方程的延伸，考察的是式子两边不等的时候 x 的取值。方程的解往往是固定的值，而不等式的解一般来说是一个范围。

一元二次不等式在整个中学阶段处于"姥姥不疼、舅舅不爱"的尴尬境地：这属于初高中衔接内容。从初中老师角度来说，你们高中老师会讲的；从高中老师角度来说，你们初中应该讲过了。所以我们在这里需要讲一讲。

对于不等式

$$ax^2 + bx + c > 0, \quad a > 0$$

来说，我们先考虑方程

$$ax^2 + bx + c = 0$$

如果上述方程有两个实数根为 x_1, x_2，只要 x 的取值不是这两个数，那么 $ax^2 + bx + c$ 肯定就不等于 0；既然不等于 0，那么要么大于 0，要么小于 0。现在要做的就是把大于 0 或者小于 0 的部分区分开来。由因式分解的知识我们知道，方程可以变成：

$$a(x - x_1)(x - x_2) = 0$$

于是不等式可以写成

$$a(x - x_1)(x - x_2) > 0$$

由于 $a > 0$，所以我们可以两边约去 a，得到

$$(x - x_1)(x - x_2) > 0$$

此时，如果两根相等，左边变成完全平方，因此只要 $x \neq x_1 = x_2$，不等式恒成立；不然，我们不妨设 $x_1 > x_2$，于是需要考虑这样的问题：什么时候两数之积是正的？答曰：两个数同号即可，即 $x - x_1 > 0$ 和 $x - x_2 > 0$ 同时成立，或者 $x - x_1 < 0$ 和 $x - x_2 < 0$ 同时成立。可知当 $x > x_1$ 或者 $x < x_2$ 时，不等式成立。

那么

$$ax^2 + bx + c < 0, \, a > 0$$

的解是多少？

很简单，把 x 大于 0 和等于 0 的情况全部排除掉，自然就是小于 0 的解

了，即 $x_2 < x < x_1$。

细心的读者会发现，这一切是建立在一个大前提之下：和不等式对应的方程有实数解。

如果这个不等式的判别式小于 0，即对应的方程无实数解，那又该怎么办？如果不等式大于 0，那么恒成立；如果小于 0，那么恒不成立。

所以我们总结一下。

对于一元二次不等式

$$ax^2 + bx + c > 0, \quad a > 0$$

来说，其解如下：

(1) 若对应的方程有两个不相等的实根，则 x 的取值范围大于大根，小于小根；

(2) 若对应的方程有两个相等的实根，则 x 不等于根即可；

(3) 若对应的方程没有实根，则 x 可以取任意实数。

对于一元二次不等式

$$ax^2 + bx + c < 0, \quad a > 0$$

来说，其解如下：

(1) 若对应的方程有两个不相等的实根，则 x 的取值范围小于大根，大于小根；

(2) 若对应的方程的判别式小于等于 0，则不等式无解。

对于不严格的不等式，稍作调整即可，作为练习，请大家自行归纳总结。

当然，如果学过二次函数之后，用数形结合的观点来看的话就更加具有几何直观：图像位于 x 轴下方的自然就是小于 0 的，上方自然就是大于 0 的，和 x 轴的交点就是方程的解。

正是由于不等式和方程有着千丝万缕的联系，所以我们可以把方程中的所有运算技巧原封不动地照搬到不等式中来。

首先我们来看一个最简单的解不等式。

例 1 $x^2 - 3x + 2 < 0$

原式可以因式分解成

$$(x-1)(x-2) < 0$$

于是得到 $1 < x < 2$。

例 2 解不等式 $x^2 - 4|x| + 3 > 0$

好了，这是一个新的问题，我们该怎么解决？天空飘来两个字：化归。

怎么个化归法呢？有绝对值的情况下，第一步总是去掉绝对值符号。我们首先考虑 $x > 0$ 的情况，此时不等式变成

$$x^2 - 4x + 3 > 0$$

解得 $x>3$ 或者 $x<1$。但是，此时有 $x>0$ 的限制，所以得到 $x>3$ 或者 $0<x<1$。

然后考虑 $x<0$ 的情况

$$x^2 + 4x + 3 > 0$$

得到 $x>-1$ 或者 $x<-3$，加上 $x<0$ 的条件，得到 $-1<x<0$ 或者 $x<-3$。而当 $x=0$ 的时候，不等式显然是成立的，所以综合起来就是：$x<-3$，$-1<x<1$，$x>3$。

当然，我们可以换一个角度来看——仍然是化归的思想。

$$x^2 = |x|^2$$

这个没问题吧？于是不等式变成了

$$x^2 - 4|x| + 3 = |x|^2 - 4|x| + 3 = (|x|-1)(|x|-3) > 0$$

于是 $|x|>3$ 或者 $|x|<1$，得到上述解。

是不是看起来更方便一些？再看一个解不等式。

例3 解不等式

$$|x^2 - 2x - 3| > 2$$

还是那句话：先按部就班地做。去掉绝对值符号后，不等式变成了

$$x^2 - 2x - 3 > 2 \text{ 或者 } x^2 - 2x - 3 < -2$$

当然，第一个不等式有限制，即 $x>3$ 或者 $x<-1$；第二个不等式限制在 $-1<x<3$ 上，分别求出两个不等式的解，然后和各自的限制取交集，就可以

得到不等式的解。

　　当然，我们还有一种更便于操作的办法。绝对值最大的特性就是非负性，因此，不等式两边平方后得到的不等式与原式是等价的，即

$$(x^2 - 2x - 3)^2 > 4$$

于是得到

$$(x^2 - 2x - 3 + 2)(x^2 - 2x - 3 - 2) > 0$$

可以继续分解成四个一次式。

等等，贼老师，这不就变成高次不等式了？怎么越来越复杂了？

其实，高次不等式和一元二次不等式的解法差不多。我们先来补充一下解一元高次不等式的知识。

　　首先来补充一个定理：所有的多项式在实系数范围内一定能分解成若干个一次和二次多项式幂的乘积，即

$$a_p x^p + a_{p-1} x^{p-1} + \cdots + a_1 x + a_0$$
$$= a_p (x - b_1)^{k_1} (x - b_2)^{k_2} \cdots (x - b_m)^{k_m} (x^2 + c_1 x + d_1)^{g_1} (x^2 + c_2 x + d_2)^{g_2} \cdots$$
$$(x^2 + c_n x + d_n)^{g_n}$$

这里所有幂的和恰好等于 p。

　　这个定理被默认为正确的，就不要大家证明了……接下来看一个一元高次多项式：

$$a_p x^p + a_{p-1} x^{p-1} + \cdots + a_1 x + a_0 > 0 \, , \, a_p > 0$$

之前讲因式分解的时候，我们提到一元二次多项式如果不能在实系数内分解，那就意味着其判别式小于 0；而且，由于二次项系数均为 1，因此所有二次式的若干次幂都是非负的。所以原不等式等价于

$$(x - b_1)^{k_1} (x - b_2)^{k_2} \cdots (x - b_m)^{k_m} > 0$$

这些幂 k_i 中，如果是偶数就不用考虑了，因为在 $(x - b_q)^{k_q}$ 中，若 k_q 是偶数，只要 $x \neq b_q$，那么这项就恒正了，所以我们只需要考虑 k_i 为奇数的情况。

这时候，我们把那些奇数次的项都挑出来，然后按照从大到小排列好，不妨设

$$b_{j_1} > b_{j_2} > \cdots > b_{j_l}$$

于是当 $x > b_{j_1}$ 时，不等式大于 0。这是显然的，那剩下的呢？如下图所示：

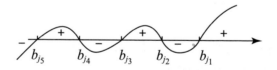

这个就叫"穿针法"。标有"＋"的区间就表示大于 0 的部分，标有"－"的区间表示小于 0 的部分；如果要把偶次的都考虑上，效果是这样的：

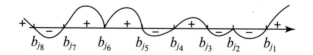

穿针法的要求就是"穿奇不穿偶"。在第二张图中，b_{j_2}，b_{j_6} 是偶次幂，所以就不穿过它们，点到为止。我们来看一个具体的例子：

解不等式 $(x-1)^3(x-3)^2(x-5)(x-4)^4(x-6)^7<0$

不等式的零点从大到小排好就是 6, 5, 4, 3, 1，其中 $x-3$ 和 $x-4$ 是偶数次，因此在穿的时候这两个忽略，我们得到：$x<1$ 以及 $5<x<6$ 时，不等式成立，其他时候均为非负。

有了一元高次的不等式的解法，我们再来看上一节中的例子：

$$(x^2-2x-1)(x^2-2x-5)>0$$

很显然，其对应的方程一共有四个零点：$1+\sqrt{6}, 1+\sqrt{2}, 1-\sqrt{2}, 1-\sqrt{6}$。根据穿针法，得到不等式的解为

$$x>1+\sqrt{6}, 1-\sqrt{2}<x<1+\sqrt{2}, x<1-\sqrt{6}$$

所以，以后碰到带绝对值的不等式，两边平方是个极好的选择。

例 4 **解不等式**
$$|2x-3|>x-1$$

首先考虑 $x-1<0$ 的情况，此时不等式恒成立，得到 $x<1$；然后在 $x\geq 1$ 的假设下，我们可以两边平方，然后移项变平方差公式，省去了去绝对值符号的麻烦。因此绝对值不等式的解的标准流程是：

情形 1. 如果不等式两边都是带绝对值的，那么直接两边平方移项，然后用平方差公式分解，转化成一元高次不等式来做。

情形 2. 如果不等式的一边带绝对值，一边符号是不定的，那么需要对另一边进行分类讨论，就像在上面的例子中，排除掉恒不成立的情况，然后剩下的就转化成情形 1；假如例 4 变成如下形式

$$|2x-3|<x-1$$

那么当 $x<1$ 时，不等式恒不成立，这时候直接排除掉即可。

情形 3. 如果不等式的一边带绝对值，一边符号是确定的，那么有几种可能。

(1) 恒成立，比如

$$|2x-3|>-1$$

(2) 恒不成立，比如

$$|2x-3|<-1$$

如果不是这两种，那么直接将两边平方即可，比如

$$|2x-3|<x^2+1$$

当然，解带绝对值的高次不等式的题确实比较难，但是，再难的题目也不过是由一个个基本的知识点组合起来的。庖丁解牛，这是我第几次说这个词儿了？

我们继续往下看关于一元二次不等式的知识拓展。上面这些题目只能说烦琐，但还称不上难。为什么？因为所有的数都是固定的。数学题最麻烦的地方之一在于带参数的讨论。

例 5 解不等式
$$x^2-(a+3)x+3a<0$$

假设你的因式分解已经过关了，那么你就能很容易看出可以进行因式分解变成

$$(x-3)(x-a)<0$$

所以

当 $a>3$ 时，解为 $3<x<a$；

当 $a<3$ 时，解为 $a<x<3$；

当 $a=3$ 时，无解。

例6 设 n，a 为参数，
解不等式 $n^2(x^2+1)+6>a^2+2(n^2x+3)$

所有能转化成多项式的题目，都要养成习惯先看看能不能因式分解，如果可以的话就能省很多事情；如果不能因式分解，再想其他办法。（这里是指有理系数内的因式分解。）

我们把不等式整理一下得到

$$n^2x^2-2n^2x+n^2-a^2>0$$

因式分解，显然，当 $n=0$ 时，不等式恒不成立；当 $n\neq0$ 时，可得到

$$(nx-n-a)(nx-n+a)>0$$

其对应方程的两个根为 $1+\dfrac{a}{n}$ 和 $1-\dfrac{a}{n}$。

此时我们需要考虑的是两个根谁大谁小的问题，换句话说，就是考虑 $\dfrac{a}{n}$ 的符号问题。

当 $\dfrac{a}{n}>0$ 时，$1+\dfrac{a}{n}>1-\dfrac{a}{n}$，此时解为 $x>1+\dfrac{a}{n}$，$x<1-\dfrac{a}{n}$；

当 $\dfrac{a}{n}<0$ 时，此时解为 $x>1-\dfrac{a}{n}$，$x<1+\dfrac{a}{n}$；

当 $\dfrac{a}{n} = 0$ 时，即当 $a = 0$ 时，此时解为 x 不等于 1 的全体实数。

因式分解管用吧？再看一例。

例 7 要使不等式 $x^2 + mx - 6m^2 < 0$ 的解包含 $1 < x < 2$，求 m 的取值范围。

首先还是因式分解，得到 $(x + 3m)(x - 2m) < 0$。仿照上一题，我们先把不等式的解表示出来。

当 $m = 0$ 时，无解；

当 $m < 0$ 时，$2m < x < -3m$；

当 $m > 0$ 时，$-3m < x < 2m$。

然后，我们考虑 $1 < x < 2$ 是怎么被包含进去。当 $m < 0$ 时，问题等价于 $2m \leqslant 1$ 及 $-3m \geqslant 2$，得到 $m \leqslant -2/3$；当 $m > 0$ 时，问题等价于 $2m \geqslant 2$ 及 $-3m \leqslant 1$，解得 $m \geqslant 1$。所以，当 $m \geqslant 1$ 或者 $m \leqslant -2/3$ 时，不等式的解中包含 $1 < x < 2$。

无处不在的因式分解哟。

总结一下一元二次不等式的知识点：

- 要考虑系数 a 的符号和不等号之间的关系；
- 善用因式分解；
- 熟练掌握穿针法"穿奇不穿偶"的技巧；
- 熟练掌握绝对值不等式的两边平方法，以及恒（不）成立的情况。

结束语：论努力

有头有尾，是做人做事的一个基本准则，既然是自己开的篇，那么也由自己来收个尾。

一直以来，很多人在谈论教育时喜欢用这么一句话："只要努力了，就会成功。"可是你回想自己的过往，真的是努力了就能成功吗？

我们焦虑的根源往往在于坚守付出就要回报的理念，却往往忽视了一条：努力只是最基本的要素。如果连努力都被拿上台面了，那说明其他条件可能真的是一无是处了。

学生要考出好成绩，和很多因素有关：对知识点的掌握、心理素质、考场环境、身体状况、考题分布，等等。你会发现，除了平时努力这一点是自己能把握的，其他任何一个条件都不是你能完全决定的，忽视考试中的偶然性并不是什么科学的行为。

当然，在这一切影响学生成绩的因素中，还有一个重要因素就是智力水平。作为学生，努力程度相同，考出来的分数为什么大相径庭？因为每个人的智力水平有差异——哪怕是总体程度差不多，但是到了具体的科目，也许就会千差万别。

很多时候，人们避而不谈孩子的智力因素，这本身就是不科学的做法。中考和高考的实质是选拔性的考试，区分的标准就是智力选拔。因此我们必须要明白这样一个事情：真的不是每个学生都能学好数学的。

不要绝望，当你真的想明白这个事情以后，也许就不会那么焦虑了。

那么努力的意义何在？

和自己比。

这就是努力的最大意义。别再说"邻居家的孩子长、邻居家的孩子短"了，那样对你自己的孩子的成长没有任何好处。如果孩子反问你："邻居家的老王在你这个年纪都功成名就了，你怎么还混成这个样子？"你又该如何教育孩子呢？

家长要允许孩子努力了也学不会，这样对孩子、对家长都是个好事情。数学这个东西，对大多数人来说真的是太难了，所以数学才是拉分的科目。

试想一下，你原来要被高手拉开 40 分，通过自己的不懈努力，最后只被拉开了 35 分，那就是胜利啊。所以努力当然有意义，而且很有意义。只要摒弃"努力就能战胜其他人"这种错误观念，转变成"只有努力才有可能

相信自己，认清自己，每个人都有破茧成蝶的一天

比有些人考得好"这种正确的想法，自然心态就好了。

当然，努力也要努力对方向，这点也非常重要。你要从海南往黑龙江走，必须得往北，你如果往南，得绕地球大半圈还多！虽然地球是圆的，但是这样的努力真的是要不得。有多少看起来的努力是徒劳无功？有多少看起来的努力是感动自己？没错，孩子们在很多时候只是"看起来努力"，而更糟糕的是，有时候他们努力错了方向。只有是真的在努力，并且朝着正确的方向努力，那才是有效的。

尽人事，听天命。承认自己是一个普通人，在自己的能力范围内做到最好，你，将不再焦虑。